安全QR码设计方法研究

张丽娜　程方明 ◎ 著

清华大学出版社

北京

内容简介

本书主要介绍 QR 码的基本性质、安全 QR 码设计的基础工具、基础纠错码和秘密共享技术、安全 QR 码方案设计与实现和安全 QR 码编码方法。第 1 章为绪论；第 2 章介绍了 QR 码的版本信息、参数标准、安全性衡量标准和常见攻击类型；第 3 章介绍了基础纠错编码和秘密共享技术；第 4~7 章介绍了数字水印、信息隐藏、秘密共享和机器学习等在安全 QR 码设计中的应用技术；第 8 章和第 9 章介绍了安全 QR 码的方案设计和实现方法，并指出了未来的研究方向；第 10 章介绍了 QR 码的编码流程、生成 QR 码的库函数源码详解和基于 QR 码的其他实现技术的源代码。

本书适合作为普通高等院校信息安全及相关专业的教材，也可作为各类安全 QR 码设计培训班的培训资料，还能满足安全编码工程师、QR 码技术研究人员和 QR 码应用开发者学习安全 QR 码设计技术的需求。

图书在版编目（CIP）数据

安全 QR 码设计方法研究 / 张丽娜，程方明著. -- 北京：清华大学
出版社，2025. 7. -- ISBN 978-7-302-69876-0
　Ⅰ. TP391.44
中国国家版本馆 CIP 数据核字第 2025A9W085 号

责任编辑：温明洁　薛　阳
封面设计：刘　键
责任校对：韩天竹
责任印制：宋　林

出版发行：清华大学出版社
　　　　　网　　　址：https://www.tup.com.cn，https://www.wqxuetang.com
　　　　　地　　　址：北京清华大学学研大厦 A 座　　　邮　　编：100084
　　　　　社 总 机：010-83470000　　　　　　　　　邮　　购：010-62786544
　　　　　投稿与读者服务：010-62776969，c-service@tup.tsinghua.edu.cn
　　　　　质量反馈：010-62772015，zhiliang@tup.tsinghua.edu.cn
　　　　　课件下载：https://www.tup.com.cn，010-83470236
印 装 者：三河市铭诚印务有限公司
经　　销：全国新华书店
开　　本：185mm×260mm　　印张：14.5　　插页：2　　字　　数：327 千字
版　　次：2025 年 9 月第 1 版　　　　　　　　　　　印　　次：2025 年 9 月第 1 次印刷
印　　数：1~1000
定　　价：79.90 元

产品编号：103303-01

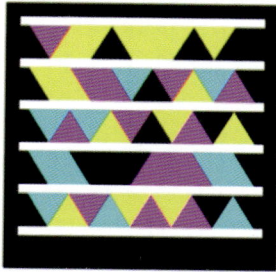

图 9-1　微软 Tag 码

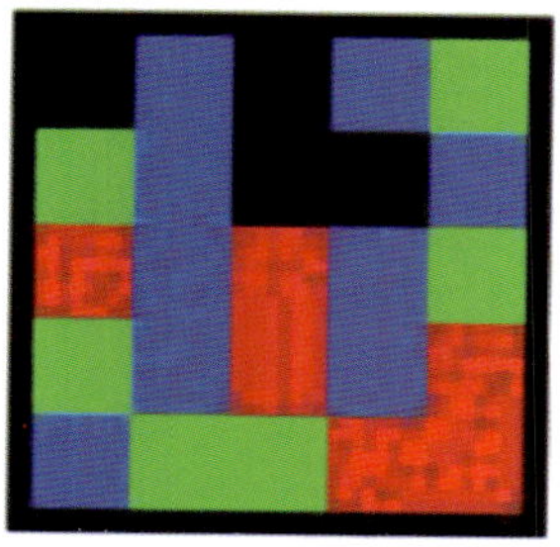

图 9-2　ColorZip 的彩色码

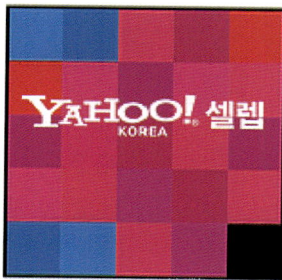

图 9-3　具有视觉意义的彩色码

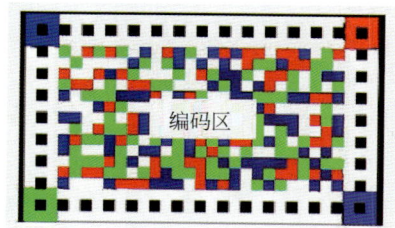

图 9-4　可见光通信领域的一种彩色 QR 码

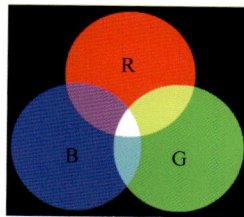

图 9-5　RGB 模型

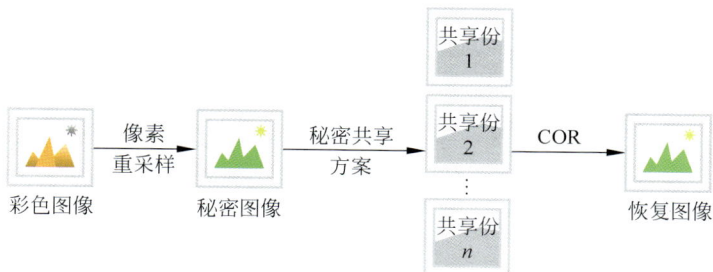

图 9-6　秘密图像共享方案

(a)   (b)   (c)

图 9-7 彩色 QR 码的实现

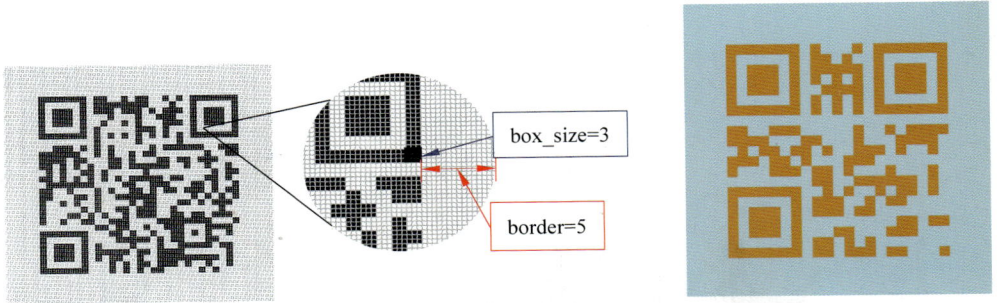

box_size=3

border=5

图 10-4 生成 QR 码

图 10-5 彩色 QR 码范例

图 10-7 修改 QR 码属性范例

图 10-9　对比度为 1.0 与 0.2 的效果对比

图 10-43　结果展示

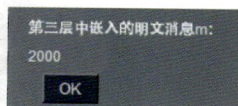

图 10-44　三级秘密信息

图 10-45　窗体图

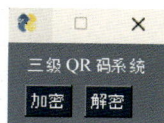

图 10-46　程序示意图

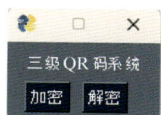

(a) 程序界面图　　(b) 单击"加密"按钮　(c) 单击"解密"按钮

图 10-47　简单响应事件图

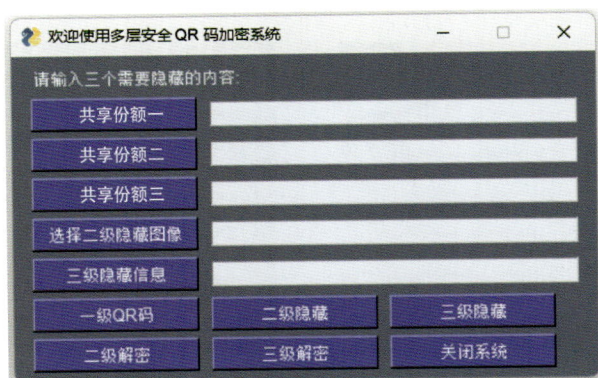

图 10-48　三级 QR 码运行界面

图 10-53　二级信息解密

(a) "111"　　　　　(b) "222"　　　　　(c) "333"

图 10-55　普通 QR 码

(a) "111"　　　　(b) "222"

图 10-56　QR 码隐藏

前 言

　　QR 码的广泛应用所带来的安全及信息泄露问题已经成为当前的研究热点。随着信息技术的不断更新和优化,加密技术和安全策略的应用将会在 QR 码的安全设计和实现方案中扮演重要角色。未来,QR 码作为一种重要的信息交换方式,其应用领域也将不断扩大,包括金融服务、身份验证、物流管理、广告营销等各个领域。随着 QR 码应用的广泛和深入,QR 码的安全技术和实现方案也正逐渐成为信息安全领域的研究热点。因此,QR 码安全设计的相关研究和实践具有广阔的市场需求和良好的发展前景。

　　本书是一本介绍 QR 码的基本性质、安全 QR 码设计的典型方法和方案设计的专著,也可以为普通高等院校的信息安全及相近专业提供课程服务。本书选题精炼,内容覆盖安全 QR 码的主要涉及范围,同时也兼顾不同专业背景和自学读者学习的需要。本书首先给出 QR 码的各种安全性衡量标准,将从秘密载荷量、信息熵、鲁棒性、访问结构灵活性、峰值信噪比(PSNR)、直方图、相关性分析等方面衡量 QR 码的安全属性。给出了对 QR 码的常见攻击,如污染、噪声、模糊、裁剪、旋转以及压缩等,以此判断其抗攻击能力。在介绍主流密码学算法以及矩阵理论在安全 QR 码设计应用的基础上,分别对数字水印、信息隐藏、秘密共享和机器学习结合 QR 码的技术与实现方法进行论述,帮助安全 QR 码设计的相关研究人员确定研究问题并提供设计思路,并指出大容量、多意义的安全 QR 码设计和应用是未来值得关注的研究方向。最后,本书给出 QR 码的编码流程、生成 QR 码的库函数源码详解和基于 QR 码的其他实现技术的源代码,为读者提供编码基础。

　　在编写本书时,作者从读者的学习角度,对概念尽可能给出简洁的定义,对涉及的技术和方法都提供了比较详细的描述。本书中的各部分相对独立,对每个概念或方法都尽可能一次讲解清楚,基本不需要参引书中的其他部分。

　　本书由西安科技大学张丽娜和程方明共同撰写,第 1、2 章由程方明撰写,第 3～10 章由张丽娜撰写。在本书的撰写过程中,得到了西安科技大学计算机学院和安全与工程学院各位领导和老师的大力支持与帮助;也得到课题组成员的大力支持与帮助,他们是崔晨雨、张晓宇、吴甦、孙佳琪、陈庆鹏、章静、刘苗、辛鹏、岳恒怡和侯明会,在此一并感谢。

　　由于作者水平有限,书中不足之处在所难免,恳请诸位同行、专家和读者指正。

作　者

2025 年 4 月

目录

随书资源

第1章

绪 论

QR 码(Quick Response Code)是一类典型的二维码。作为一种快速、便捷的信息交换工具,QR 码具有编码容量大、可靠性高、扫描便捷、快速读取和易于生成等优点,能够携带丰富的文本、链接、应用程序信息,已广泛应用于商品交易、身份识别、电商促销、会员积分、线下支付、智能导览、物流配送和门票管理等场景。

在商品交易领域,QR 码可以通过扫描快速识别商品信息,方便消费者进行购物决策。同时,商家也可以借助 QR 码来实现商品的售后服务和销售统计。在身份识别方面,QR 码可以作为一种安全可靠的身份标识,用于快速识别个人信息,例如,门禁系统、机场安检等。QR 码因其高度可读性和容错性而受到广泛的欢迎和应用。随着移动互联通信的高速发展,QR 码还将继续发挥重要的作用,为各行各业带来更加便捷和高效的信息交流方式。

随着 QR 码功能的不断丰富和应用领域的拓展,QR 码的安全问题也愈发凸显。由于 QR 码技术的开放性,其生成工具和扫描软件普及率高,QR 码内容可被他人轻易复制或修改。一些不法分子利用 QR 码的这一漏洞进行钓鱼网站欺诈,威胁用户信息和财产安全。另外,QR 码作为信息载体,其传播内容也容易遭遇审查制度的限制。这些安全和监管隐患制约了 QR 码技术在更多领域的应用和推广。

针对 QR 码面临的安全威胁,学术界和业内专家开展研究,提出了各类解决方案。QR 码的安全技术和实现方案也正逐渐成为信息安全领域的研究热点,QR 码安全设计的相关研究和实践具有广阔的市场需求和良好的发展前景。

本书根据作者的理论研究和实践经验,给出了较为全面和细致的安全 QR 码设计理论和方法,包括 QR 码的基本性质,评估安全 QR 码的标准和技术,增强 QR 码安全性的主要研究方法和技术手段等。

未来,一方面,QR 码的安全研究需要与前沿技术如人工智能、物联网等相结合,提升其抗攻击能力和可管理性;另一方面,完善相关监管制度,建立信息安全共治和责任追究机制,也是保障 QR 码健康发展的必要手段。

本章主要介绍电子标签和 QR 码相关技术的现状和发展,QR 码本身涉及的相关预备技术以及后续衍生的不同场景的 QR 码的应用技术。

1.1　电子标签

电子标签(Electronic Tag,Etag)是一种基于电子技术实现自动识别和信息传输的智能标签。它将数字信息存储在微型芯片、电路或 QR 码中,利用微型芯片及天线的封装技术,可以无接触或远距离识读存储在芯片内的商品信息、追溯信息等数据,并将这些信息快速传递给读取设备。电子标签根据芯片类型和识读方式的不同,可以分为条形码标签、RFID 标签、NFC 标签和 QR 码标签等多种形式,如图 1-1 所示。与传统纸质标签相比,电子标签可以实现自动扫描和识读,避免了人工录入带来的错误。电子标签还具有重复编码、批量生产的优势,更适合大规模的商品流通和供应链管理。随着信息技术的发展,电子标签正越来越广泛地应用于商品防伪追溯、仓储管理、物流运输等领域,成为实现供应链信息化的重要手段之一。

图 1-1　条形码标签、RFID 卡片和 QR 码标签示意图

电子标签的应用历史可以分为以下几个阶段。

(1) 早期的电子标签:20 世纪 60 年代末,电子标签的雏形开始出现。这些标签是将简单的芯片和天线嵌入塑料外壳中制成的,用于对货车进行收费。这种早期的电子标签具有较小的存储容量和较短的读取距离,同时价格昂贵。

(2) 传统电子标签:20 世纪 80 年代末到 20 世纪 90 年代初,随着技术的发展,电子标签逐渐开始成为可行的技术方案。这些标签采用了被动式射频识别技术,可以追踪和管理物品。然而,这些标签仍然存在存储容量小和读取距离短、使用寿命短等问题。

(3) 具有高存储容量的电子标签:21 世纪初,随着芯片技术的进步,电子标签开始具有更大的存储容量和更长的使用寿命,能够存储更多的信息,并且可以在更长的距离范围内读取。

(4) 可重写电子标签:近年来,可重写电子标签开始出现。这些标签采用了动态存储技术,可以多次写入和擦除数据,使其在物流、库存和零售等领域得到广泛应用。

1.2　条形码

条形码(Bar Code)是一种用于快速识别商品、物品和信息的图形标识符。它是一种将数字和字母等信息编码成一组黑白条纹的技术,通常用于商业、物流、图书管理、票务管理、资产管理和医疗健康等领域。

条形码技术最早起源于 20 世纪 40 年代的美国。1948 年,美国贝尔实验室的科学家们设计了可以使用黑白条纹来编码数字信息的条形码原型。这种条形码取得成功后,美国的一些大型超市链率先将条形码技术应用于商品管理和结账收银。20 世纪 70 年代中期,通用产品代码(UPC)条形码标准在美国超市广泛使用。此后,条形码技术开始传播推广到欧洲、日本等地区。

20 世纪 80 年代,条形码技术从国外引入中国,开始用于仓储物流管理。1987 年,中国制定了第一套国家标准的条形码编码规则。20 世纪 90 年代中期,条形码技术在中国的应用范围扩展到商业流通领域,多家大型超市和连锁店开始使用条形码收银结账。1999 年,中国正式实施《商品条形码应用标准》,要求所有商品采用标准的条形码。如今,经过几十年的发展,条形码仍为商品标识和流通的重要技术手段之一。21 世纪以来,随着 RFID、NFC 和 QR 码等新技术的出现,条形码技术应用逐步减少。但在商品流通环节,条形码技术仍在被广泛使用,特别是在中小商家中更为常见。

1.3　RFID 芯片

RFID(Radio Frequency Identification,射频识别)是一种非接触式自动识别技术,利用无线电波进行数据传输,无须物理接触就能实现标签与阅读器之间的信息交互,可实现对物品或者生物体的无线识别和定位。RFID 系统由三部分组成:读写器、标签和网络系统。其中,读写器通过天线向标签发送射频信号,标签接收到信号后产生电能,激活自身,然后将存储在标签内的信息以射频信号的形式发送回读写器,完成数据的传输。

与条形码等传统识别技术相比,RFID 具有识读距离远、可重复使用、可存储更多信息等优势。RFID 的读取不受环境条件的影响,可全天候自动快速识别,信息交换速率也很快。

RFID 技术在商品防伪追溯、智能图书管理、智能仓储、智慧交通、智能门禁、安防监控、智能家居等领域都有着广泛的应用。

在商品防伪追溯方面,可以在商品标签上植入带有该商品独一无二序列号等防伪信息的 RFID 芯片。借助 RFID 读写器,可以快速读取标签信息,实时监控商品从生产到销售的全供应链流转过程,有效防止假冒产品流入市场。用于智能图书管理时,RFID 标签可被粘贴在图书馆的每一本书的内页上。配合电子门禁系统,RFID 系统可以自动识别书籍信息,精确地进行图书出入库管理,避免人工统计中可能出现的错误。在仓储管理方面,RFID 系统能够自动识别仓库中存放商品的详细信息,并实时更新仓储管理系统数据库,从而实现对仓储的全面监控。通过在车辆上安装 RFID 标签,并设置无人值守的电子收费系统,RFID 技术可以实现不停车快速收费,有效缓解交通拥堵,提高智慧交通水平。与之类似,配合设定了访问权限的 RFID 门禁卡,RFID 可实现更加精确和便捷的社区智慧门禁控制与管理。

随着物联网技术的发展,RFID 技术也有了持续进步。但是其发展仍面临着如标准化、隐私保护、成本和标签容量等问题亟须解决。例如,RFID 技术标准有待统一,不同频段、传输协议可能造成系统间不兼容,阻碍 RFID 的大面积部署;RFID 标签中所含的个人信息可能被他人窃取利用,需要进一步强化标签安全性设计和加密技术的使用；虽然 RFID 的成本已经在降低，但是 RFID 系统仍然相对较为昂贵，需要使用专有设备从 RFID 卡中读取数据，因此 RFID 标签成本较高，也制约了相关应用的发展。

1.4   NFC 芯片

NFC(Near Field Communication，近场通信)是一种短距离无线通信技术。它使用磁场感应来实现设备之间的点对点通信。NFC 技术建立在 RFID 技术的基础之上，具有更高的安全性和可靠性。NFC 系统同样由三部分组成：NFC 启动器、NFC 目标和 NFC 阅读器/写入器。其中，NFC 启动器发出无线信号激活目标，目标获取激活信号后，将存储在内部的信息发送回启动器，完成数据传输。

与 RFID 相比，NFC 的工作距离更短，通常只有 10cm 左右。但 NFC 拥有更强的安全性，传输速度更快，且可以实现终端设备的点对点传输。NFC 可被广泛应用于移动支付、公交刷卡、电子门禁等需要终端感应和数据交互的场景中。目前大部分的中、高端智能手机都装载了 NFC 芯片，可以被用于进行快速数据传输和无线标签读取等应用。

NFC 技术也已应用于移动支付、公交卡、电子票务、门禁考勤、智能家居等多个领域，为用户提供安全便捷的交互体验。在移动支付方面，可将 NFC 芯片植入手机，使手机实现与 POS 机的近距离点对点支付，避免现金和刷卡的不便，使得交易更加安全快捷。在智慧交通系统中，车载 NFC 设备可用于城市公交和地铁的无接触式支付，实现快速通行。配合电子门票和检票器，NFC 也可应用于火车站机场的无纸化电子票务，既减少了打印票据的成本，也使检票登机过程更加高效便利。在办公考勤管理方面，员工可使用 NFC 识别卡在考勤终端感应签到，实时上传考勤数据，提升公司考勤管理的规范化程度。与此同时，NFC 技术也可与智能家居深度结合，通过在家电设备中植入 NFC 芯片，使手机可与智能家电近距离点对点交互，从而实现对各种家电的远程便捷控制。

随着 NFC 技术的不断成熟，其应用场景还将持续扩大，为用户提供更加丰富和智能化的交互体验。NFC 技术简单易用、传输安全，预计会成为连接移动互联网与物联网的关键技术之一。

NFC 技术在其发展过程中也面临一些挑战需要解决。例如，NFC 的技术标准面临碎片化问题。不同厂商或标准机构制定的标准存在差异，使设备间的互操作性难以保证，这将影响到 NFC 技术的大规模应用。此外，NFC 支付中也存在信息安全与用户隐私保护的风险。黑客可能利用技术漏洞盗取用户支付和个人信息。另外，将 NFC 功能集成到移动设备中的成本仍然较高，这也制约了其在智能手机中的普及。

1.5   QR 码

QR 码的英文全称为 Quick Response Code。1994 年，日本 Denso Wave 公司发明 QR 码，目的在于追踪汽车零部件的生产过程。其设计初衷是希望能在小空间内存储大量信息，并实现快速读取。QR 码已成为一项改变世界的革命性技术创新，其影响之广泛和深远超过了最初的预期。

QR 码目前已在各行各业得到广泛应用。在商业领域，QR 码实现了零售快速支付、数字营销等。在供应链管理中，通过 QR 码追踪产品和库存，大幅提升了效率。同时，QR 码也让消费者享受到更便捷的服务体验。QR 码的成功应用，大幅提升了生产和物流的效率，同时也为用户提供了更便捷的服务。

随着智能手机和移动互联网的普及，QR 码的应用也得到了进一步的拓展。通过手机扫描 QR 码，用户可轻松地访问网站、查看产品信息、购买商品、参与活动等。QR 码的便捷性、高效性和低成本，赢得了公众的普遍认可。目前，QR 码已成为全球范围内使用最为广泛的条码技术之一，其将在数字化转型、智能生活、物联网应用等领域发挥更大作用，前景广阔。QR 码凭借其独特优势，正在深刻地改变人们的生活方式、工作方式乃至思维方式。

QR 码相较于条形码、RFID 和 NFC 等，可读性更强，具有更大的存储容量和更强的纠错能力。

首先，QR 码采用 QR 码形式，可支持高达 1800B 的信息编码，存储容量远超条形码和 RFID、NFC 技术。

其次，QR 码拥有强大的纠错能力，可实现在码面受损情况下的正确解码，而条形码技术则难以实现这一点。另外，QR 码的全方位快速识读特性也优于 RFID 和 NFC 技术，在任意角度展示 QR 码，摄像头都可以快速识读；而 RFID 和 NFC 技术则需要将识别标签或终端在特定角度对准读取设备才能成功读写。

与此同时，QR 码的生成与识读成本较低。由于大多数智能手机都内置了 QR 码扫描功能，用户可以直接利用智能手机扫描即可读取 QR 码中的信息，无须购买额外的专门硬件设备。直接利用普通打印与拍照设备即可实现，有利于推广使用。

更重要的是，QR 码可直接被手机扫描识读，对用户极为友好，也可携带复杂应用指令或超链接，功能扩展性很强。

综合而言，QR 码具有编码能力强、成本低廉、易用性高的突出优势。这些特性契合了移动互联网时代对识别技术的要求，有助于 QR 码得到更广泛和深入的应用，真正实现连接物与人的便捷交互。

然而，由于 QR 码的开放性和易读性，也存在一定的安全隐患，如篡改、伪造等问题，对于信息安全提出了挑战。首先，QR 码本身不具备安全防篡改机制，容易被非法篡改伪造。攻击者可以通过生成恶意 QR 码链接，诱使用户扫描后输入隐私信息或下载恶意软件，这将导致用户扫码后暴露自己的隐私信息。其次，QR 码携带的银行卡账号、身份证号码等类似敏感信息，也面临被盗取、非法传播的风险，相关监管措施也有待完善。这些安全隐患，对 QR 码在电子标签、数字水印等场景中的广泛应用构成威胁。

此外，QR 码扫描也面临运动模糊、光影变化等困难，可能导致误检或漏检。这需要从图像处理与识别算法方面进行优化，提高 QR 码的鲁棒性。

1.6　安全 QR 码应用

安全 QR 码是一种具有加密、防伪、防篡改、防复制等特点的二维条形码,可以用于身份认证、信息传递、数据保护、支付和充值等方面,也可为智慧城市、城市公共安全与应急管理提供强有力的技术支持。本节将介绍安全 QR 码在这些方面的应用和优势。

安全 QR 码可以作为一种可靠的身份凭证,用于验证和授权个人或组织的身份,提高安全性和便利性。个人或组织的基本信息,如姓名、性别、年龄、职业、单位、联系方式等,以及一些特定的信息,如指纹、虹膜、声纹等,均可存储在安全 QR 码中。在实际使用中,通过手机、平板、计算机等设备扫码,可实现身份的快速识别和验证。安全 QR 码可以应用于各种场景,如登录应用程序、访问网站、开启门禁等,无须输入密码或验证码,简化操作流程,提高用户体验。

智慧矿山是指利用信息技术、通信技术、物联网技术、大数据技术、人工智能技术等,实现矿山的智能化、数字化、网络化和自动化,提高矿山的安全、效率和环保水平的一种矿山模式。在特定的智慧矿山应用场景中,安全 QR 码可以用于矿山人员的身份认证,即利用安全 QR 码对矿山人员的身份进行验证和授权,如进出矿井、使用设备、接受培训等,可防止矿山人员的身份被冒用或盗用,提高矿山的安全性和管理性。安全 QR 码也可用于矿山设备的信息传递,即利用安全 QR 码对矿山设备的信息进行加密和解密,如设备的状态、参数、报警等,可防止矿山设备的信息被窃取或篡改,保护矿山的数据和知识产权。安全 QR 码还可用于矿山数据的保护,即利用安全 QR 码对矿山数据进行备份和恢复,如矿山的地质、生产、安全等数据。安全 QR 码可以防止矿山数据丢失或损坏,确保矿山的数据完整和可用。安全 QR 码可为矿山的智能化、数字化、网络化和自动化提供强有力的技术支持。

因此,安全 QR 码可作为信息的存储载体,也可充当信息的通信接口,使各种设备和系统能进行兼容和对接,保证信息传输的准确性和稳定性,同时也能在一定程度上保证用户的隐私和安全问题,防止用户的信息被泄露或滥用。

通过采用更先进、灵活的密码算法,数据编码和压缩算法,增加更多的生物特征,引入更多的认证因素等方式,能够提高安全 QR 码的安全性和可靠性,同时也可以通过优化扫描的速度和效果、增加扫描的灵活性和便捷性、提高扫描的普及性和适用性等方式,进一步提高安全 QR 码的便利性和用户体验。

小结

QR 码在移动互联网时代具有广泛的应用前景。为了推动 QR 码的健康发展,应该仔细分析 QR 码本身存在的安全隐患,并在技术层面增强 QR 码的防篡改、防伪造能力,在应用层面加强 QR 码使用中的安全管理,完善监管制度,保障使用 QR 码用户的信息和交易安全。QR 码的结构灵活,安全的设计方法多种多样,未来还会有更多新颖的安全设计方案出现。为了解决 QR 码安全问题,我们撰写了本书,旨在为读者提供详细的安全 QR 码理论分析、设计和实现方法。

第2章

QR码的基本性质

QR 码是一种二维矩阵条码,利用黑白相间的图形格子来编码信息。相较于一维条码,QR 码具有更大的编码容量和更强的可纠错性,可以存储数字、文字、网址、位置、名片等多种内容。QR 码还具有快速解码的能力,在商品追溯、电子票务、移动支付等领域有着广泛的应用。与传统的一维条码相比,QR 码承载的信息类型更丰富,应用场景也更多样。

本章介绍了 QR 码的基本性质、结构、版本和扫描标准等,并系统地给出了评估 QR 码安全性的各种重要指标。在定量指标方面,本书详细解释了如何计算信息熵和秘密载荷来评估 QR 码的载密能力。本书还介绍了如何使用峰值信噪比、均方误差、结构相似性等指标来评估 QR 码经受不同攻击后的恢复能力。此外,本书还给出了直方图分析、相关性分析等多种技术手段,可以从不同方面有效地量化 QR 码的安全强度。在测试 QR 码的抗攻击能力方面,本书考虑了各类安全威胁,并详细说明了信息污染、噪声干扰、图片处理等攻击模式的技术实现原理。基于这些攻击模式,读者可以设计完整的测试方案,例如,在 QR 码中嵌入不同类型的噪声进行干扰测试,或进行不同角度的裁剪、旋转来验证 QR 码的恢复能力。测试结果可以直观地反映 QR 码的鲁棒性和抗攻击能力。

2.1 QR 码的版本及纠错

QR 码是一种由黑白图形格子组成的正方形二维矩阵条码,其主要结构如图 2-1 所示。它有 40 种不同的版本,每个版本的存储容量随着版本号的增大而增大。每个版本的模块数表示了它的存储容量,模块数与版本号有关,即每一边的模块数等于 17 加上版本号乘以 4。最大的版本是 40,模块规格为 177×177。

QR 码的主要结构信息如下。

(1) 三个角落的"回"字定位图形,与分隔符、定位图形一起用于定位 QR 码。

(2) 版本 2 及以上的 QR 码中,校正图形也可辅助定位。

(3) 格式信息区,用于存储格式化数据。

(4) 版本 7 及以上的 QR 码在位置检测图形一侧设置 3×6 的区域来存储版本信息。

(5) 数据编码区和纠错码字区,用于存储数据内容及纠错信息。

QR 码通过上述结构实现了定位、格式化、容错等功能,详细信息如图 2-1 所示。随着版本的升级,存储空间得以增加,以适应更多的数据存储需求。

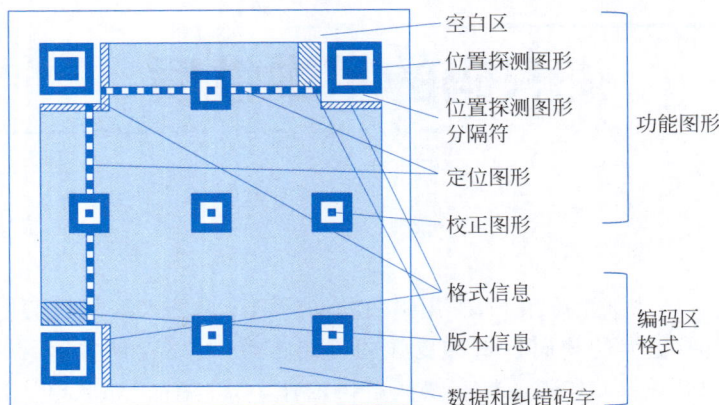

图 2-1　QR 码的结构

在编码 QR 码时,还需创建一些冗余数据,以帮助 QR 码扫描器准确读取 QR 码,即使它的某一部分不可读,也不会影响读取正确的信息。QR 码存在 L(低)、M(中)、Q(标准)以及 H(高)4 种错误纠正等级,分别可恢复 7%、15%、25% 和 30% 的码字比例。纠错等级越高,需要的纠错码字越多,相对使得用来编码信息的码字就越少。版本 1 的 QR 码数据容量如表 2-1 所示。

表 2-1　版本 1 的 QR 码数据容量

错误等级	数字	字母数字	8 位字节	汉字
L	41	25	17	10
M	34	20	14	8
Q	27	16	11	7
H	17	10	7	4

容量最大的 QR 码版本为 40-L,最多包含数字 7096 个字符、字母 4296 个字符、8 位字节数据 2953 个字符、日本汉字 1817 个字符、中国汉字 21 008 个字符。

QR 码纠错思想:附加冗余的信息(即监督码)到被传送的数据信息中,并对两部分信息建立特定的校验关系,传输过程中可以发现并改正被破坏的校验关系。信息编码中,码组的重量(称为码重)被定义为码组中非零码元的数目;两码组的距离(称为码距)被定义为两个码组中对应码位上具有不同二进制码元的位数。在检错纠错编码时需要遵从以下三条原则,设最小码距为 $r_{\min}$,有如下结论。

(1) 在一个码组内检测 x 个错误码,要求最小码距为 $r_{\min} \geq x+1$。

(2) 在一个码组内纠正 y 个错误码,要求最小码距为 $r_{\min} \geq 2y+1$。

(3) 在一个码组内检测 x 个错误码,并纠正 $y(x \geq y)$ 个错误码,要求最小码距为 $r_{\min} \geq x+y+1$。

QR 码采用 RS(Reed-Solomon)纠错码。编码算法是计算信息码多项式除以校验码生成多项式后的余数,即纠错码。译码算法步骤为:①计算校验位的伴随多项式;

②根据伴随多项式得到错误位置多项式；③用钱氏搜索法解出错误位置多项式的根，确定错误位置；④计算错误值并进行纠错。

2.2　QR码扫描器

QR码扫描器即扫描QR码的设备，用于读取QR码所包含的数字信息。目前，QR码扫描器的种类和品牌较多，通过不同的分类方式可以将QR码扫描器分为下面5类。

（1）按照结构样式分为QR码识读引擎（模组）、手持式扫描器、便携式扫描器、固定式扫描器、扫描平台以及支付盒子。

（2）按照扫描原理分为红光CCD扫描器、二维影像条码扫描器以及激光QR码扫描器。红光CCD扫描器的特点：光线看起来较宽。二维影像条码扫描器的特点：照明光通常为白色或者红色瞄准灯，通常为一个点或者线或者激光定位。激光条码扫描器的特点：光线为一个较细的激光线。

（3）按照传输方式分为有线QR码扫描器、无线QR码扫描器。有线QR码扫描器有USB接口、串口以及键盘口等；无线QR码扫描器有蓝牙、2.4G以及433等。

（4）按照使用环境分为商用QR码扫描器、工业QR码扫描器。商用QR码扫描器一般用于商业领域以满足日常的扫描需求，使用环境简单；工业QR码扫描器通常用于工业制造领域，满足工业上复杂的扫描需求，一般使用PC或者金属材质。

（5）按照解码方式分为硬解码、软解码。硬解码能够通过自身芯片的运算获取到条码内容并输出信息；软解码只有获取图像的功能、运算以及解码需要外部设备处理，需要在外部设备系统中安装解码软件。

2.3　QR码参数标准

随着QR码在工业、生活等场景中的广泛应用，QR码阅读器现如今已经广泛应用于超市、物流快递、图书馆等，给很多人提供了方便。但是同时也带来了一些新的问题，例如，在使用过程中发现有些QR码读取不到，因此对QR码的质量判断是至关重要的。按照国家标准，客观评价QR码的质量检测参数包括参考译码、符号反差、调制比、固有图形污损、轴向不一致性以及网格不一致性等。

1. 参考译码等级

该指标用于判断QR码符号能否被正确读取，根据参考译码算法是否能正确读取QR码符号，参考译码等级由低到高依次为0~4。

2. 符号反差（SC）等级

该指标用于判断QR码符号中明暗元素之间的亮度差异是否足够明显。在不同范围内，SC数值对应的等级如表2-2所示。

表 2-2　SC 数值对应的等级

SC	等　　级
SC≥0.70	4
0.55≤SC<0.70	3
0.40≤SC<0.55	2
0.20≤SC<0.40	1
SC<0.20	0

3. 调制比（MOD）等级

该指标用于评价二维条码符号深色和浅色模块反射率的一致性。而 MOD 计算公式如式（2-1）所示。

$$MOD = \frac{2 \mid R - GT \mid}{SC} \tag{2-1}$$

其中，R 为一个码字中最接近整体阈值的模块反射率；GT 为整体阈值；SC 为符号反差。

在不同范围内，MOD 数值对应的等级如表 2-3 所示。

表 2-3　MOD 数值对应的等级

MOD	等　　级
MOD≥0.50	4
0.40≤MOD<0.50	3
0.30≤MOD<0.40	2
0.20≤MOD<0.30	1
MOD<0.20	0

4. 固有图形污损等级

该指标用于判断寻像图形、定位图形、导引图形、空白区以及其他固有图形的污染破损情况。基于不同的码制、模块颜色反转的数目以及应用相应的阈值划分固有图形污损等级。

5. 轴向不一致性（AN）等级

该指标用于判断符号轴向尺寸不均匀的程度，AN 不过关会导致 QR 码识读障碍。在理想情况下，组成矩阵式 QR 码的数据区域模块应该位于一个正多边形的网格中，AN 用于判断每个网格轴向上的相邻模块中心点之间的距离与在不同的轴向之间的差异数量。AN 的计算公式如式（2-2）所示。

$$AN = \frac{2 \mid X_{AVG} - Y_{AVG} \mid}{X_{AVG} - Y_{AVG}} \tag{2-2}$$

其中，X_{AVG} 为 X 轴向的判断间距；Y_{AVG} 为 Y 轴向的判断间距。在不同范围内，AN 的值对应的等级如表 2-4 所示。

表 2-4　AN 数值对应的等级

AN	等　级
AN≤0.06	4
0.06＜AN≤0.08	3
0.08＜AN≤0.10	2
0.10＜AN≤0.12	1
AN＞0.12	0

6. 网格不一致性(GN)等级

网格不一致性用来衡量交叉点位置和理想位置间的偏离程度,会受到矢量偏差最大值的影响,其测量与分级对象建立在采样网格产生的交叉点位置处。GN 的分级情况如表 2-5 所示。

表 2-5　GN 数值对应的等级

GN	等　级
GN≤0.38	4
0.38＜GN≤0.50	3
0.50＜GN≤0.63	2
0.63＜GN≤0.75	1
GN＞0.75	0

2.4　QR 码安全性衡量标准

目前在图像加密与数字水印中应用较为广泛的衡量标准有秘密载荷量、信息熵、鲁棒性、访问结构灵活性、峰值信噪比、直方图、相关性。

2.4.1　秘密载荷量

图像加密和数字水印均为将秘密信息嵌入图像的技术,这些秘密信息可被视为秘密载荷。秘密载荷量指可嵌入图像的秘密信息量,它取决于所选加密算法、嵌入技术以及图像自身的大小与复杂程度。

为保证图像的机密性,加密算法通常在图像中嵌入随机噪声或隐藏信息,这些构成秘密载荷量。但在实际过程中,设置秘密载荷量时需谨慎平衡安全强度与图像质量:若秘密载荷量过高,加密结果可能不够安全,也可能严重损毁图像质量;反之,若秘密载荷量过低,所嵌入信息则会过少而难以提取。

因此,设计图像加密方案时必须考量应用场景需求,选择匹配的加密算法与嵌入技术,并经过综合评估设定最佳秘密载荷量,使安全性与图像质量达到完美平衡。

综上,秘密载荷量的设置直接影响图像加密结果的可用性与安全性。只有为特定应用场景找到最优秘密载荷量,图像加密方案才能发挥最大效用。

常用的秘密载荷量指标如下。

(1) 比特率(Bit rate):比特率是指嵌入在每像素中的秘密信息位数。较高的比特率可以嵌入更多的秘密信息,但同时也会对图像质量产生更大的影响。

(2)嵌入强度(Embedding Strength):嵌入强度是指嵌入秘密信息时所采用的算法的强度。较强的嵌入算法可以保护更多的秘密信息,但也会对图像质量产生更大的影响。

(3)可见度(Visibility):可见度是指嵌入的秘密信息对于人眼是否可见。较高的可见度可以使秘密信息更容易被检测,但也会对图像质量产生更大的影响。

(4)鲁棒性(Robustness):鲁棒性是指嵌入的秘密信息能否抵御常见攻击,如图像处理、压缩、旋转等。较高的鲁棒性可以保护嵌入的秘密信息不被破坏,但也会对图像质量产生更大的影响。

2.4.2 信息熵分析

信息熵分析是一种用于评估数据随机性和不确定性的方法,可用于评估图像加密和数字水印技术的安全性和效率。在图像加密中,信息熵分析可评估加密算法强度和加密后图像的随机性;在数字水印中,可评估数字水印嵌入强度和可见度。信息熵分析在图像加密和数字水印领域有广泛应用,可帮助人们更好地保护和管理数据。

信息熵分析是对消息的随机性的度量,计算每个颜色通道的每个灰度级的像素的扩展。如果分布更均匀,它将更强地抵抗统计攻击。在灰度图像中,信息熵的理论值为8。越接近8,则说明每个灰度值所占比例越均等,对应的随机性也就越强,对于攻击的抵抗能力也就越强。信息熵的计算方法见式(2-3)。

$$H(\boldsymbol{x}) = -\sum_{i=0}^{2^n-1} P(x_i)\log_2 P(x_i) \tag{2-3}$$

其中,x_i 为秘密图像灰度级;$P(x_i)$ 指 x_i 在秘密图像中的概率,且 $\sum_{i=0}^{2^n-1} P(x_i) = 1$。

2.4.3 鲁棒性

鲁棒性即健壮性,指控制系统在某些参数扰动下,仍能维持其他性能的特性。在图像传输过程中,各种噪声干扰造成的失真、退化和污染十分常见,这会对最终图像的恢复产生一定影响,从包含噪声的密文中恢复图像是比较困难的。因此,图像加密算法必须具有足够的鲁棒性,以抵抗实际场景中的噪声攻击。在仿真实验中,研究人员通常会在密文图像中添加不同水平的高斯噪声或椒盐噪声,对带噪声的加密图像进行解密,并与无噪声情况下的解密结果进行比较,以评估算法的抗噪声能力。良好的抗噪声性能是评判图像加密方案优劣的一个关键指标。

若载体图像遭受攻击之后还能较为稳定地提取出水印信息,说明该水印算法的鲁棒性较好;反之,若载体图像遭受攻击之后无法稳定提取水印信息,则说明该水印算法的鲁棒性较差。影响图像水印算法鲁棒性的因素主要有以下4点。

(1)嵌入图像的水印数量。数字图像包含的信息越多,传输过程中就越容易遭受攻击,水印信息受损的可能性也越大,对应的鲁棒性也就越差。

（2）嵌入水印的强度。水印的嵌入强度与透明性存在一定的矛盾性，增强嵌入强度能进一步增强水印的鲁棒性，但水印的不可见性也会减弱。因此，在进行水印嵌入时一定要找到合适的嵌入强度，确保水印的鲁棒性和不可见性均有所保证。

（3）图像的尺寸与特征。数字图像的尺寸变化，其中所嵌水印信息的检测效果也会有所不同。当然，尺寸相同但类型或格式有所差异的图像，水印的检测效果也会有所不同。

（4）水印嵌入位置。图像嵌入水印的位置对其鲁棒性的强弱有影响，因此，选择合适的水印嵌入位置，可以有效地提升水印的鲁棒性。

2.4.4　访问结构灵活性

访问结构灵活性是指系统中访问控制规则的可配置性和可扩展性，以适应不同的安全需求。在访问控制中，访问结构决定了哪些主体可以访问哪些对象，以及访问的方式和权限等。访问结构灵活性的主要目的是使系统能够快速、灵活地适应不同的安全需求，包括不同的访问控制策略、权限模型和安全策略。

图像加密和数字水印技术也需要具备访问结构灵活性，以适应不同的安全需求。在图像加密中，访问结构灵活性需要支持动态修改加密算法和密钥，以便快速响应新的安全需求和攻击。在数字水印中，访问结构灵活性需要支持动态修改数字水印嵌入和提取规则，以便快速响应新的安全需求和攻击。为了实现访问结构灵活性，图像加密和数字水印技术需要具备多种加密算法和数字水印技术，并支持动态修改加密算法、密钥和数字水印嵌入、提取规则，以便快速响应新的安全需求和攻击。此外，还需要提供易于使用和管理的加密算法、密钥和数字水印管理工具，以方便管理员进行配置和管理。

总之，访问结构灵活性是图像加密和数字水印技术中的重要组成部分，可以帮助系统更好地保护图像信息，并提高系统的安全性和可靠性。

2.4.5　峰值信噪比

PSNR(Peak Signal-to-Noise Ratio，峰值信噪比)是一种衡量图像质量的指标，常被用于图像加密和数字水印嵌入的效果检验中。如给定一个像素尺寸为 $m \times n$ 的图像 I 与噪声处理后的图像 T，首先计算两者的均方误差(MSE)为

$$\mathrm{MSE} = \frac{1}{mn} \sum_{i=0}^{m-1} \sum_{j=0}^{n-1} \| I(i,j) - T(i,j) \|^2 \qquad (2\text{-}4)$$

其中，$I(i,j)$ 表示原始图像数据，$T(i,j)$ 表示处理后的图像数据。PSNR 值表示处理前后同位置图像数据差异值。其具体定义为

$$\mathrm{PSNR} = 10 \times \log_{10}\left(\frac{\mathrm{MAX}_I^2}{\mathrm{MSE}}\right) = 20 \times \log_{10}\left(\frac{\mathrm{MAX}_I}{\sqrt{\mathrm{MSE}}}\right) \qquad (2\text{-}5)$$

其中，MAX_I 为图片可能的最大像素值。对于普通的灰度图像来说，其灰度值区间为 $[0,255]$，因此在灰度图像中的信噪比为

$$PSNR = 10 \times \lg \frac{m \times n \times 255^2}{\sum_{i=0}^{m-1} \sum_{j=0}^{n-1} [\boldsymbol{I}(i,j) - \boldsymbol{T}(i,j)]^2} \tag{2-6}$$

PSNR 值与图像失真度成反比,当 PSNR 值越小时,处理后的图像失真度就越高,反之亦然。一般地,当 PSNR≥28 时,处理前后的图像的像素相对差较小;当 PSNR≥40 时,其差异是人类肉眼难以分辨的。因此,PSNR 在图像算法的性能评判中是一个非常重要的指标。

2.4.6　直方图分析

直方图直观地反映了图像中各个灰度值的分布情况。明文图像的直方图会有明显的统计规律,针对这种统计规律的攻击方案被称为统计分析攻击。为了抵抗统计分析攻击,加密图像直方图必须均匀,且完全不同于明文图像的直方图。直方图的方差能对加密算法抵御统计分析攻击能力有效量化。方差越小,像素分布越均匀,秘密信息也将会变得更加不可预测,从而可以避免统计分析攻击。图 2-2 和图 2-3 展示了加密前后图像及其灰度值统计直方图的一个例子。

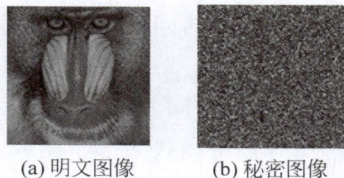

(a) 明文图像　　　　(b) 秘密图像

图 2-2　加密前后明文图像秘密图像

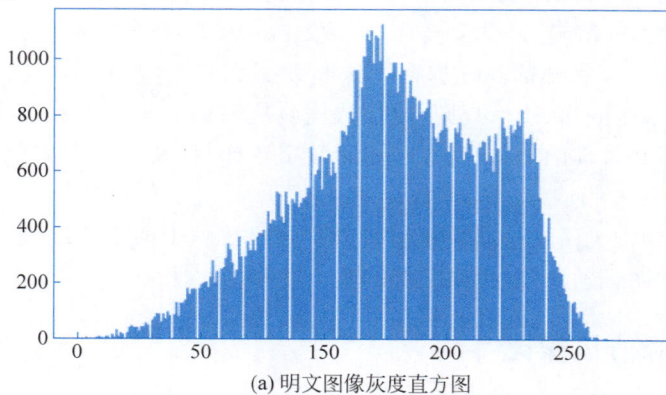

(a) 明文图像灰度直方图

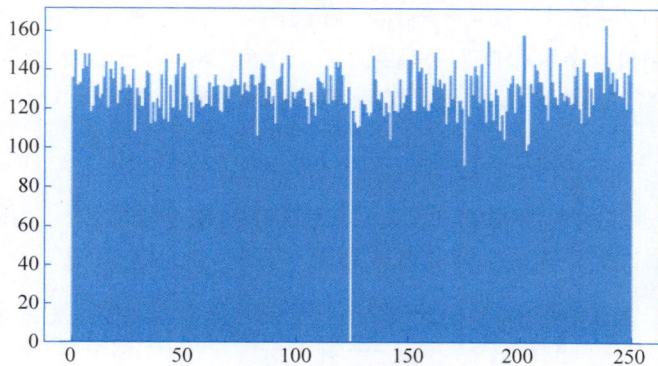

(b) 秘密图像灰度直方图

图 2-3　加密前后明文图像秘密图像灰度值直方图

2.4.7　相关性分析

相关性分析是一种用于评估变量之间相关程度的方法,可应用于图像加密和数字水印技术。在图像加密中,相关性分析可检测加密算法中的置乱和扩散效果。置乱通过改变像素点位置,扩散通过改变像素点值来混淆图像信息。在数字水印中,相关性分析可评估数字水印嵌入前后图像的相似性和稳定性。该分析可评估数字水印嵌入对图像的影响程度和数字水印的稳定性。

相关性分析在评估和改进图像加密和数字水印技术中非常重要,可提高其安全性和可靠性。相关系数的最大值和最小值分别为 1 和 0,对统计攻击进行稳健加密的图像的相关系数值应为 0。式(2-7)～式(2-10)分别表示在水平、垂直和对角线方向上的相关系数的计算。

$$R_{xy} = \frac{\mathrm{cov}(x,y)}{\sqrt{D(x)}\,\sqrt{D(y)}} \tag{2-7}$$

$$E(x) = \frac{1}{N}\sum_{i=1}^{N} x_i \tag{2-8}$$

$$D(x) = \frac{1}{N}\sum_{i=1}^{N}(x_i - E(x))^2 \tag{2-9}$$

$$\mathrm{cov}(x,y) = \frac{1}{N}\sum_{i=1}^{N}(x_i - E(x))(y_i - E(y)) \tag{2-10}$$

其中,y 为 x 的水平相邻像素,N 为 $n \times n$ 图像的总像素数,$\mathrm{cov}(x,y)$ 为 x 和 y 像素位置的协方差,$\sqrt{D(x)}$ 为标准差,$D(x)$ 为方差,$E(x)$ 为均值。

2.5　QR 码应用模式

QR 码通常与移动设备相结合使用,其应用模式可分为读取数据模式、链接模式以及验证模式。在这些模式中,用户只需用一台具有照相功能并预装了 QR 码读取软件的移动设备对 QR 码进行扫描,即可自动识别 QR 码中存储的内容。

1. 读取数据模式

可以通过扫描某物品的 QR 码,得到该物品的电子名片、详细物流信息或追溯从原材料的采购到成品的制作过程等信息。

2. 链接模式

可以通过扫描 QR 码完成网页的跳转浏览,实现 QR 码与传统平面广告相结合的电子广告、电子信息查询以及 QR 码存储商品购买链接等应用。

3. 验证模式

通过银行或第三方支付 App 扫描商品 QR 码完成下单和支付核实;通过对各个

网站或软件的登录界面 QR 码扫描，完成身份验证；采用 QR 码进行售票、检票，并可连接后台查询真伪；将 QR 码作为电子会员卡，通过扫描 QR 码验证会员身份。

2.6　QR 码攻击类型

当利用 QR 码作为秘密信息的载体进行传输时，在实际通信过程中不可避免地会遭受有意或无意的破坏，这将导致隐藏在 QR 码中的秘密信息无法恢复。为了设计一个可靠、安全的秘密传输方案，有必要全面了解 QR 码可能遭受的各种攻击类型。本节将主要介绍针对 QR 码的几种典型攻击方式，如污染攻击、噪声攻击和图像的几何攻击等。这对于分析 QR 码在秘密传输场景下的安全威胁与应对策略具有重要意义。

2.6.1　污染攻击

QR 码因其信息存储量大、可靠性高等优点，在各个领域得到广泛应用，为人们的生产生活带来极大便利。然而，在实际使用环境下，QR 码易受污染、划痕、磨损等物理损伤的影响，导致码图像局部损坏不可识别。

尤其是在物流运输、仓储管理等场景，QR 码更容易在流通过程中遭受各类污损。即使看似轻微的表面污损，也可能导致 QR 码无法被正确识读。常见的图像污染类型包括随机分布的墨点、油污、表面划痕、锈斑、灰尘积垢等。这些污染会给 QR 码图像的信息提取带来不同程度的干扰或阻碍。

QR 码本身具有一定的错误纠正功能，可以容忍部分模块损坏。但是，如果污损面积过大，超出了纠错能力范围，或位于 QR 码的关键识别区域，仍会导致扫描软件无法解析其包含的信息。这将严重影响 QR 码在实际业务中的稳定应用。

因此，在安全 QR 码的设计与应用中，必须充分考虑其抗污染和容错纠错能力。相关研究需要深入分析污染对 QR 码的影响机制。在秘密信息的嵌入过程中加入更多冗余和容错信息，以提高秘密信息在 QR 码中提取时的抗污染鲁棒性，使其能可靠工作于各种复杂环境中。

2.6.2　噪声攻击

数字图像经常会因受到一些随机误差的影响而退化，这种退化通常被称为噪声。一般用概率特征来描述噪声，下面是一些常见的噪声和它们的概率密度函数。

1. 高斯噪声

高斯噪声是指概率密度函数服从高斯分布（即正态分布）的一类噪声，也叫正态噪声，其概率密度函数为

$$p(z) = \frac{1}{\sqrt{2\pi} \cdot \sigma} e^{-(z-\mu)^2/2\sigma^2} \tag{2-11}$$

其中，z 为灰度值；μ 为 z 的平均值；σ 为 z 的标准差。在很多实际情况下，噪声可以

很好地用高斯噪声来近似。

2. 瑞利噪声

瑞利噪声的概率密度函数为

$$p(z) = \begin{cases} \dfrac{2}{b}(z-a)\mathrm{e}^{\frac{-(z-a)^2}{b}}, & z \geqslant a \\ 0, & z < a \end{cases} \tag{2-12}$$

概率密度的均值和方差分别为

$$\mu = a + \sqrt{\pi \times b/4} \tag{2-13}$$

$$\sigma^2 = b(4-\pi)/4 \tag{2-14}$$

3. 均匀分布噪声

均匀分布噪声的概率密度为

$$p(z) = \begin{cases} \dfrac{1}{b-a}, & a \leqslant z \leqslant b \\ 0, & 其他 \end{cases} \tag{2-15}$$

概率密度的均值和方差分别为

$$\mu = \frac{a+b}{2} \tag{2-16}$$

$$\sigma^2 = \frac{(b-a)^2}{12} \tag{2-17}$$

4. 脉冲噪声(椒盐噪声)

脉冲噪声是非连续的,由持续时间短和幅度大的不规则脉冲或噪声尖峰组成。电磁干扰以及通信系统的故障和缺陷、通信系统的电气开关和继电器状态改变都是产生脉冲噪声的原因。(双极)脉冲噪声的概率密度为

$$p(z) = \begin{cases} P_a, & z = a \\ P_b, & z = b \\ 0, & 其他 \end{cases} \tag{2-18}$$

其中,如果 P_a 或 P_b 均不为零,且脉冲可能是正值或负值,则脉冲噪声被称为双极脉冲噪声。如果 $b > a$,灰度值 b 在图像中显示一个亮点;如果 $a > b$,灰度值 a 在图像中显示一个暗点。如果 P_a 或 P_b 均不可能为零,尤其是 P_a 和 P_b 近似相等时,脉冲噪声值在图像上就像随机分布的胡椒和盐粉微粒,故双极脉冲噪声也称为椒盐噪声。

如果 P_a 或 P_b 为零,则脉冲噪声被称为单极脉冲噪声。

2.6.3 模糊

受采集设备、光线等影响,图像在生成、传输过程中可能会出现质量下降、信息丢失的现象,这在理论上是图像主动或被动融入噪声。因此,图像 x 在噪声 n 的作用

下,形成模糊图像 y 的数学表达如下。

$$y = x \otimes k + n \tag{2-19}$$

其中,k 为点扩散函数,表示光源成像系统对点源的解析能力。

受到各种因素的影响,清晰图像形成降质退化或模糊图像。常见的模糊图像类型包括高斯模糊、椒盐模糊、运动模糊等。

(1)高斯模糊:依据高斯曲线加权平均处理图像周围像素去掉细节使图像变得模糊。

(2)椒盐模糊:椒盐噪声也称为脉冲噪声,在图像中随机出现白/黑点。其中,未受到污染的像素仍会保留原始信息,不会影响原有图像的所有像素以及结构等信息。

(3)运动模糊:通常是由于在曝光瞬间镜头与对象之间进行相对运动造成的图像模糊,其中最简单的就是匀速直线运动。用公式表示如下。

$$h(x,y) = \begin{cases} \dfrac{1}{d}, & y = x\tan\theta, 0 \leqslant x \leqslant d\cos\theta \\ 0 \end{cases} \tag{2-20}$$

其中,d 为运动的距离,θ 为运动方向。但是在实际生活中,除速度、角度等变化外,运动模糊产生的原因往往比较复杂。

2.6.4　裁剪

图像裁剪是指攻击者将图像的某一部分按照某种规则进行切割,使原图像失去该部分图像,从而造成图像缺失以至于图像无法识别。图像裁剪有规则裁剪和不规则裁剪两种。

规则裁剪,是指裁剪图像的边界范围是一个矩形,如图 2-4(a)所示。

不规则裁剪,是指裁剪图像的边界范围是一个任意多边形,如图 2-4(b)所示。

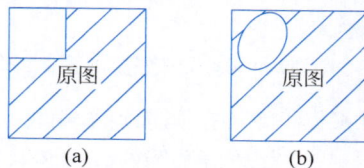

图 2-4　图像裁剪示意图

2.6.5　旋转

图像旋转变换是指以图像的中心为原点,将图像中的所有像素(也即整幅图像)旋转一个相同的角度。

图像旋转变换的结果分为两种情况:一是旋转后的图像幅面被放大,如图 2-5 所示;二是保持图像旋转前后的幅面大小,把旋转后图像被转出原幅面大小的那部分截断,如图 2-6 所示。

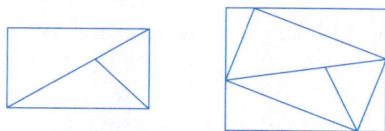

图 2-5　整幅图像旋转后图像幅面放大示例

图 2-6　整幅图像旋转后图像部分截断示例

2.6.6　压缩

图像压缩按照压缩后的图像是否能够完全恢复可以分为无损压缩和有损压缩两种。

无损压缩：消除或减少的各种形式的冗余可以重新插入数据中，是可逆过程。统计编码是根据消息出现的概率分布特性而进行的压缩编码。常用的统计编码有 Huffman 编码、行程编码、算术编码等。

有损压缩：会减少信息量，且不能再恢复，是不可逆过程。有损压缩主要包括预测编码、变换编码以及混合编码。

小结

本章首先通过案例分析了 QR 码在商品溯源、身份认证、移动支付等领域中的广泛应用，可以看出，QR 码技术已经深入生产生活各个方面，为用户带来很大的便利性。但同时，高频使用也使 QR 码成为被滥用和伪造的重要目标。

为使读者全面了解 QR 码及其应用中面临的安全威胁，本章介绍了 QR 码的基础知识和安全性衡量标准。随后根据 QR 码可能遭受的各类攻击，如污染、噪声和几何攻击等，强调了设计可靠的 QR 码安全解决方案以及防范各种威胁的重要性。

本章内容系统全面地分析了 QR 码的应用场景、面临的安全威胁及重要的防护对策，有助于读者对 QR 码安全性有完整的了解。相关研究人员和技术研发人员可以在此基础上，采取有效对策，提升 QR 码系统的抗攻击能力和安全性，设计出更加鲁棒和可靠的 QR 码安全技术方案，推动 QR 码技术在各领域的健康发展。

第3章

基础纠错编码和秘密共享技术

本章介绍了设计安全 QR 码涉及的基础纠错编码和秘密共享技术。纠错编码能够在信息的传输或存储过程中检测和纠正错误,提高了 QR 码的可靠性和鲁棒性。秘密共享技术是将一个秘密信息分割成多个部分,只有当收集到足够多的部分时才能恢复出原始信息的技术,增强了 QR 码的安全性和保密性。

3.1 节~3.3 节介绍编码技术,包括汉明码、RS 码和湿纸码等,3.4 节和 3.5 节介绍秘密共享技术和视觉密码技术,包括 Shamir 方案、中国剩余定理方案、Blakey 方案、二次剩余方案、Bernstein 多项式方案和视觉密码方案等,并给出相关数学原理和实例应用。

3.1　汉明码

汉明码(Hamming Code)是一种可以改正在信号传输中产生的错误的编码,它具有多个校验位,检测并纠正一个错误。汉明码检错和纠错的基本思路是将有效信息按一定规则分成若干组,每组有一个校验码进行奇偶检验,然后产生一定量的检验信息,得出具体的错误位置。最后通过反转错误位(原来的 0 变成 1,原来的 1 变成 0)进行纠正。

3.1.1　汉明码编码步骤

1. 计算校验位的数量

采用汉明码进行纠错之前,必须先确定所传送的信息所需的校验码(即"汉明码")位。假定由 N 表示二进制位数(加入校验代码后的整个信息长度),K 表示有效信息的比特,r 表示增加的检验代码的比特,并且必须满足公式:

$$N = K + r \leqslant 2^r - 1$$

例如,$K = 5$,则要求 $2^r - r \geqslant 5 + 1 = 6$,故 r 的最小值是 4,即当要检验 5b 的信息代码时,要插入 4b 的校验位。再如,$K = 4$,则得出 $2^r - r \geqslant 4 + 1 = 5$,可以得知 r 的最小值为 3。

2. 确定校验码的位置

在前面的步骤中,校验码的数量已经被确定。校验码的插入位置在汉明码中有明确规定,即在 2^n 处,如第 $1,2,4,8\cdots$ 位(从最左边的位数起),故信息码在非 2^n 的位置,如第 $3,5,6,7\cdots$ 位。

假设现有一个8位信息码需要进行汉明编码,即

$$b_1,b_2,b_3,b_4,b_5,b_6,b_7,b_8$$

由上述式子可以计算得知,8b信息码需要插入4b的校验码 (p_1,p_2,p_3,p_4) ,即编码后数据码共有12b:

$$p_1,p_2,b_1,p_3,b_2,b_3,b_4,p_4,b_5,b_6,b_7,b_8$$

可把原始8b的代码设定为10011101,因为目前还没有得到所有的校验码,所以可以假设所有的校验码都是"?",最后的代码是??1?001?1101。

3. 确定校验码

通过上述步骤,可以确定所需的校验码位数和插入校验码的位置,但还需要决定各个校验码的数值。这些检查代码的值也不是随机的,每一个检查比特的数值表示代码字中的一些数据比特的奇偶校验(最后要看是用偶校验还是奇校验),奇偶校验位的位置决定要检验的位序列。一般原理是:从第 ib 开始,每依次检查 ib 之后再跳过 ib。最终,根据使用的是偶检验还是奇检验,得到第 ib 检验代码的数值。

校验码的具体计算方法如下。

p_1 (第1位校验位,也是所有码字的第1位)校验规则是:从第1位开始,每检查1b之后再跳过1b,即 p_1 校验码位可以校验的码字位包括第1位,第3位,第5位,第7位…最后需要根据提前确定好的奇偶校验位,确定第一位校验位的值。

p_2 (第2个校验位,也是整个码字的第2位)校验规则是:从第2位开始,每检查2b之后再跳过2b,即 p_2 校验码位可以校验的码字位包括第2位,第3位,第6位,第7位…同样根据预先选定好的奇偶校验位的设定,确定该校验位的值。

以此类推,可以计算出其他的校验位。

3.1.2　汉明码纠错和检错

根据上述步骤可以明确汉明码的编码原理,而汉明码的纠错以及检错也是根据其配奇原则和配偶原则进行的。

配奇原则:使得每组进行检查的码字中"1"的个数为奇数个。

配偶原则:使得每组进行检查的码字中"1"的个数为偶数个。

假设收到的错误汉明码(按照配偶原则)是001101001,然后根据表3-1来确定出错位。

表 3-1　出错位对应表

序号	1	2	3	4	5	6	7	8	9
接收到的汉明码	0	0	1	1	0	1	0	0	1

则可以根据检测位分为4组。

第一组:(第1位,第3位,第5位,第7位…进行异或操作)即 $0\oplus1\oplus0\oplus0\oplus1=0$。

第二组:(第2位,第3位,第6位,第7位…进行异或操作)即 $0\oplus1\oplus1\oplus0=0$。

第三组：（第 4 位，第 5 位，第 6 位，第 7 位…进行异或操作）即 1⊕0⊕1⊕0＝0。

第四组：（第 8 位，第 9 位，第 10 位，第 11 位…进行异或操作）即 0⊕1＝1。

再根据每个得数构成一个二进制（从上往下）1000，将 1000 转换成十进制，即为 8，这时就说明该组汉明码出错的位置是第 8 位。因此应该将第 8 位的"0"改为"1"，那么正确的汉明码就应该为 001101011。

3.2　Reed-Solomon 纠错码

Reed-Solomon 编码（又称 RS 编码，里德-所罗门编码）作为一种前向纠错编码，是一种很常见的数据冗余技术。最典型的应用就是 QR 码的编码设计。

3.2.1　Reed-Solomon 基础原理

1. 伽罗华域

又称有限域，是进行加减乘除运算都有定义并且满足特定规则的集合，是一个封闭的区域，里面的数无论怎么计算都不会得到域之外的结果。

在伽罗华域中的加法和减法都是异或算法，将被加数与被减数做异或运算，得到的即运算结果。

以 $GF(2^3)$ 为例，一共有 8 个数 0,1,2,3,4,5,6,7。不管怎么运算，其结果都是在 0~7 这 8 个数中。表 3-2 为 $GF(2^3)$ 域的加法运算结果。

表 3-2　$GF(2^3)$ 域的加法运算结果

+	0	1	2	3	4	5	6	7
0	0	1	2	3	4	5	6	7
1	1	0	3	2	5	4	7	6
2	2	3	0	1	6	7	4	5
3	3	2	1	0	7	6	5	4
4	4	4	5	6	0	1	2	3
5	5	4	7	6	1	0	3	2
6	6	7	4	5	2	3	0	1
7	7	6	5	4	3	2	1	0

例如：

$7+5=(111)⊕(101)=(010)$

$4-3=(100)⊕(011)=(111)$

2. 伽罗华域的乘法

将数据用多项式表示，如 $3→011→0x^2+1x^1+1x^0$，$5→101→1x^2+0x^1+1x^0$，然后将两个多项式相乘，即 $(0x^2+1x^1+1x^0)×(1x^2+0x^1+1x^0)=1x^3+1x^2+1x^1+1x^0$。

将该结果模固定值 1011（本原多项式）可以得到三位结果：

$(1x^3+1x^2+1x^1+1x^0) \bmod (1x^3+0x^2+1x^1+1x^0)=1x^2+0x^1+0x^0$

故 $3 \times 5 = 4$。表 3-3 表示的是 $GF(2^3)$ 域的乘法运算结果。

表 3-3　$GF(2^3)$ 域的乘法表

×	0	1	2	3	4	5	6	7
0	0	0	0	0	0	0	0	0
1	0	1	2	3	4	5	6	7
2	0	2	4	1	6	7	4	5
3	0	3	6	5	7	4	1	2
4	0	4	3	7	6	2	5	1
5	0	5	1	4	2	7	3	6
6	0	6	7	1	5	3	2	4
7	0	7	5	2	1	6	4	3

3.2.2　计算 R-S 纠错码

基本思路：

$$M(x) \div g(x) = h(x) \cdots p(x)$$

其中，$M(x)$ 为原始数据加纠错码，$g(x)$ 是固定值（本原多项式），$h(x)$ 是商，$p(x)$ 是余数。

1. 计算纠错码

$g(x) = (x - 2^0)(x - 2^1)(x - 2^2)(x - 2^3) = 1x^4 + 4x^3 + 7x^2 + 7x^1 + 5x^0$ 是在伽罗华域上的固定值（本原多项式）。

若算得余数为 0，说明没有错误；若算得余数不为 0，说明有错误，需要通过纠错计算出正确的数据。

假设原始数据为 $m = 3301$，用多项式表示，即 $m(x) = 3x^3 + 3x^2 + 0x^1 + 1x^0$。

然后执行以下除法（注意运算要遵循伽罗华域的规则）：

$$
\begin{array}{r}
3x^3 + 4x^2 + 4x^1 + 4x^0 \\
\hline
\end{array}
$$

$$1x^4 + 4x^3 + 7x^2 + 7x^1 + 5x^0 \enclose{longdiv}{
\begin{array}{l}
3x^7 + 3x^6 + 0x^5 + 1x^4 + 0x^3 + 0x^2 + 0x^1 + 0x^0 \\
3x^7 + 7x^6 + 2x^5 + 2x^4 + 4x^3 \\
\hline
\quad\quad 4x^6 + 2x^5 + 3x^4 + 4x^3 + 0x^2 \\
\quad\quad 4x^6 + 6x^5 + 1x^4 + 1x^3 + 2x^2 \\
\hline
\quad\quad\quad\quad 4x^5 + 2x^4 + 5x^3 + 2x^2 + 0x^1 \\
\quad\quad\quad\quad 4x^5 + 6x^4 + 1x^3 + 1x^2 + 2x^1 \\
\hline
\quad\quad\quad\quad\quad\quad 4x^4 + 4x^3 + 3x^2 + 2x^1 + 0x^0 \\
\quad\quad\quad\quad\quad\quad 4x^4 + 6x^3 + 1x^2 + 1x^1 + 2x^0 \\
\hline
\quad\quad\quad\quad\quad\quad\quad\quad 2x^3 + 2x^2 + 3x^1 + 2x^0
\end{array}
}$$

其中：

$$g(x) = 1x^4 + 4x^3 + 7x^2 + 7x^1 + 5x^0$$

$$M(x) = 3x^7 + 3x^6 + 0x^5 + 1x^4 + 0x^3 + 0x^2 + 0x^1 + 0x^0$$
$$p(x) = 2x^3 + 2x^2 + 3x^1 + 2x^0$$

通过上一步的除法得到余数即纠错码 $p = 2232$，将纠错码字拼接在原始数据 m 后可以得到 $M = 33\,012\,232$。此时得到的 M 就会嵌在 QR 码上，到此纠错码计算完毕。

2. 纠错过程

如果此时 QR 码受到污染，导致错误扫描了两个数字，使得 M 变成 $33\,025\,232$，则需要通过计算求出出错位置。

首先判断数据是否有错，用 M 除以固定值（本原多项式）发现余数 p 不等于 0，说明 M 中存在错误。

$g(x)$ 的表达式为 $(x - 2^0)(x - 2^1)(x - 2^2)(x - 2^3)$，根据 $M(x) = h(x) \cdot g(x)$ 可以知道，当 $g(x) = 0$ 时，$M(x) = 0$，根据 $g(x)$ 的表达式，$x = 2^0$ 或 $x = 2^1$ 或 $x = 2^2$ 或 $x = 2^3$ 时，$g(x) = 0$。将 4 个 x 的值代入 $M(x)$ 中，得到

$$M(2^0) = 3 \times (1)^7 + 3 \times (1)^6 + 0 \times (1)^5 + 2 \times (1)^4 + 5 \times (1)^3 +$$
$$2 \times (1)^2 + 3 \times (1)^1 + 2 \times (1)^0 = 4$$

$$M(2^1) = 3 \times (2^1)^7 + 3 \times (2^1)^6 + 0 \times (2^1)^5 + 2 \times (2^1)^4 + 5 \times (2^1)^3 +$$
$$2 \times (2^1)^2 + 3 \times (2^1)^1 + 2 \times (2^1)^0 = 3$$

$$M(2^2) = 3 \times (2^2)^7 + 3 \times (2^2)^6 + 0 \times (2^2)^5 + 2 \times (2^2)^4 + 5 \times (2^2)^3 +$$
$$2 \times (2^2)^2 + 3 \times (2^2)^1 + 2 \times (2^2)^0 = 0$$

$$M(2^3) = 3 \times (2^3)^7 + 3 \times (2^3)^6 + 0 \times (2^3)^5 + 2 \times (2^3)^4 + 5 \times (2^3)^3 +$$
$$2 \times (2^3)^3 + 3 \times (2^3)^1 + 2 \times (2^3)^0 = 3$$

将与上步计算好的 4 个结果组成方程组。

若 $x = 2^0$，则 $n_1 = 0 \times e_1$，$n_2 = 0 \times e$。若 $x = 2^1$，则 $n_1 = 1 \times e_1$，$n_2 = 1 \times e_2$。

若 $x = 2^2$，则 $n_1 = 2 \times e_1$，$n_2 = 2 \times e_2$。若 $x = 2^3$，则 $n_1 = 3 \times e_1$，$n_2 = 3 \times e_2$。

即：

$$\begin{cases} y_1 \times 2^{0 \times e_1} + y_2 \times 2^{0 \times e_2} = 4 \\ y_1 \times 2^{1 \times e_1} + y_2 \times 2^{1 \times e_2} = 3 \\ y_1 \times 2^{2 \times e_1} + y_2 \times 2^{2 \times e_2} = 0 \\ y_1 \times 2^{3 \times e_1} + y_2 \times 2^{3 \times e_2} = 3 \end{cases}$$

经过计算，该四元一次方程组可以解得：

$$\begin{cases} e_1 = 3 \\ e_2 = 4 \\ y_1 = 7 \\ y_2 = 3 \end{cases}$$

该结果表示将第 3 位数加 7，第 4 位数加 3，可得到正确数据，即：

$$位数：7654\quad 3210$$
$$数据：3302\quad 5232$$
$$+\qquad 3\quad 7$$
$$3301\quad 2232$$

此时可以得到正确的码字 $M = 33\,012\,232$。

3.3　湿纸码

自 Kuznetsov 和 Tsybakov 两人首次提出了类似湿纸码思想以来，特别是 Fridrich 等首次将湿纸码引入信息隐藏领域并给出了实现方法（Writing on Wet Paper，WWP），将湿纸码要解决的问题理解为如何利用多处"被雨打湿了"的纸进行通信的问题：对于信息的发送者来说，纸上只有干的部分是可写的，而在信息的传递过程中，载有信息的纸被风干了，而接收者虽然不知道纸的哪一部分被写入了信息，但利用一定的密钥就可以获取秘密信息，从而正确提取秘密信息。

3.3.1　湿纸码的原理

湿纸码是通过随机二进制线性码实现的，其基本原理可简要描述为：令载体数据 X 是由 n 个元素组成的集合 $X = \{x_i, i = 1, 2, \cdots, n\}$，$x_i \in J$，$J$ 是 x_i 取值集合，对于一个 8b 灰度图像，$J = \{0, 1, \cdots, 255\}$，$n$ 是载体 X 的像素数，发送者利用一定的规则选择 k 个可改变的像素承载秘密信息，嵌入秘密信息过程中可能将 x_i 修改为 y_i，而其他 $n-k$ 个像素在嵌入过程中不能修改。

将隐写前后图像元素的最低有效位用矢量形式表示，令 $\boldsymbol{b} = \{\mathrm{LSB}(x_i), i = 1, 2, \cdots, n\}$，$\boldsymbol{b}' = \{\mathrm{LSB}(y_i), i = 1, 2, \cdots, n\}$。假设秘密信息长度为 q 的二进制秘密信息 $\boldsymbol{m} = \{m_1, m_2, \cdots, m_q\}$，发送方利用密钥 key 生成一个 $q \times n$ 维伪随机二进制矩阵 $\boldsymbol{D}_{q \times n}$，则 $\boldsymbol{b}$ 一定满足：

$$\boldsymbol{D}_{q \times n} \times \boldsymbol{b}_{n \times 1} = \boldsymbol{m}_{q \times 1} \tag{3-1}$$

令 $\boldsymbol{v}$ 为修改矢量，则 $\boldsymbol{v} = b \oplus b'$（$\oplus$ 表示模 2 加），式（3-1）可以转换为

$$\boldsymbol{D} \times \boldsymbol{v}_{n \times 1} = \boldsymbol{m} \oplus \boldsymbol{D} \times \boldsymbol{b} \tag{3-2}$$

对于发送者而言，$\boldsymbol{m}$、$\boldsymbol{D}$、$\boldsymbol{H}$、$\boldsymbol{b}$ 都是已知的，因此可以计算出 $\boldsymbol{m}' = \boldsymbol{m} \oplus \boldsymbol{D} \times \boldsymbol{b}$，由于 $\boldsymbol{b}$ 中存在不可更改元素，其修改矢量的相应位置应为 0，因此 $\boldsymbol{D}$ 中相应的列矢量对方程的结果没有影响。移去 $\boldsymbol{D}$ 中 $n-k$ 个列矢量得到子矩阵，则式（3-2）变为

$$\boldsymbol{H} \times \boldsymbol{v}_{k \times 1} = \boldsymbol{m}' \tag{3-3}$$

在隐写时，发送方首先利用式（3-3）求解出修改矢量，然后以此将载体数据进行修改。而接收者则只需要利用式（3-3）即可提取出秘密信息。湿纸码的基本原理如图 3-1 所示。

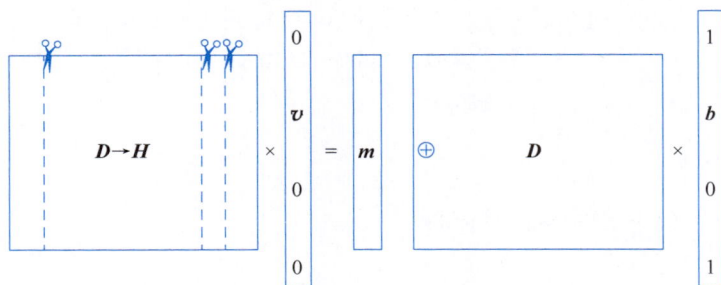

图 3-1 湿纸码的基本原理

3.3.2 湿纸码实现

湿纸码实现的难点在于二元域 q 个方程组成的 k 元线性方程组的求解复杂度,利用高斯消元法解方程的复杂度通常表示为 $O(q^3)$ 或 $O(qk^2)$。湿纸码算法提供了一种可执行方案:首先采用结构高斯消元法解方程,将比特流分成多个不相交的伪随机子集,即对每个子集采用高斯消元法,具体流程如下。

假设通信双方知道嵌入率的典型值为 $r=k/n, r\in[r_1,r_2]$。为了降低算法复杂度,每个子集中可改变元素数近似地取为 $k_{\mathrm{avg}}=250$,则子集个数为 $\beta=\lceil nr_2/k_{\mathrm{avg}}\rceil$。每个子集中元素的个数为 $n\in\{\lfloor n/\beta\rfloor,\lceil n/\beta\rceil\}$ 且满足 $n_1+n_2+\cdots+n_\beta=n$。收发双方利用同一个密钥产生的伪随机过程将 $\boldsymbol{b}$ 划分为子集。利用另一个密钥产生二进制随机矩阵 $\boldsymbol{D}$,$\boldsymbol{D}$ 的行数为 $\max(k_i), i=1,2,\cdots,\beta$,式中 k_i 表示每一子集可更改元素的个数,$\boldsymbol{D}$ 的列数为 $\lfloor n/\beta\rfloor$。利用高斯消元法解每个子集对应的方程,计算相应的修改矢量 $\boldsymbol{v}$。而当方程无解时,通过不断削减 q 及 $\boldsymbol{H}$ 来保证编码的成功率。

由于每个子集中可更改的比特数并不全部相同,所以各子集能够承载的秘密比特数也具有一定差异,因此各子集嵌入量 q_i 是动态分配的。而方程是否有解的不确定性使发送者只有在嵌入过程将结束时才能确定该子集的实际嵌入量,为使接收方正确提取秘密信息,必须将各子集的实际嵌入量写入最后一个子集,而最后一个子集隐藏的信息量作为最后一段秘密信息嵌入,结构如图 3-2 所示。

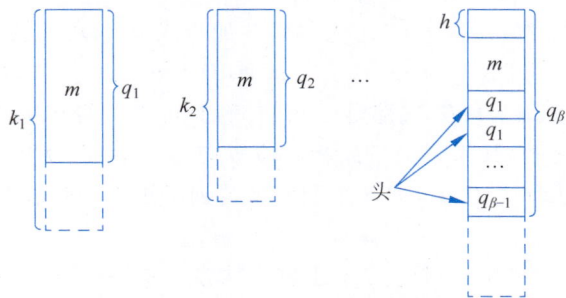

图 3-2 湿纸码实现中各子集消息比特及头信息的结构

接收者利用和发送者同样的密钥划分数据并生成随机矩阵。为了得到各子集的实际嵌入量,从最后一段数据开始通过矩阵乘法运算提取所有的秘密消息。

由上述分析可知,从提高编码性能的角度考虑,湿纸码的研究方向有两个:一是根据湿纸码算法研究新的编码实现方法,削弱对结构设计的依赖性和减少额外时间开销;二是利用湿纸码思想研究新的编码模式,在保证湿纸码特性的同时也能有效提高效率。

3.4　秘密共享技术

秘密共享(Secret Sharing,SS)是由 Shamir 和 Blakey 于 1979 年提出的,并在此之后 40 多年被广泛认识和深入研究,同时也给出了(k,n)门限秘密共享方案。(k,n)门限秘密共享方案是把一个秘密分成若干秘密份额分给 n 个参与者掌管,这些参与者中 $k(k\leqslant n)$个或 k 个以上所有构成的子集可以通过合作重构这个秘密。

目前,主要的秘密共享技术有 Shamir 门限、中国剩余定理、Blakey、二次剩余定理、Bernstein 多项式等。

3.4.1　Shamir 门限秘密共享方案

Shamir 秘密共享是 1979 年由 Shamir 提出的。它通过将秘密分成多个部分,并将这些部分分配给不同的参与者来实现秘密共享。Shamir 秘密共享方案的特点是可以根据需要指定任意数量的参与者和分配的部分,只要满足部分数量不少于秘密的阈值,就可以恢复出完整的秘密。具体来说,Shamir 秘密共享方案将秘密看作一个多项式,并将多项式的系数分配给不同的参与者,只有当参与者的数量大于或等于设定的阈值,才能恢复出完整的多项式,从而得到秘密。

除了插值法以外,还有其他很多方案,如基于中国剩余定理的方案,使用矩阵法和几何矢量法等。Shamir 提出秘密共享概念的同时,也给出了门限秘密共享体制的概念。如果满足:

(1) 任何 k 个或更多个参与者合作可以恢复秘密;

(2) 任何 $k-1$ 个或更少个参与者合作无法恢复秘密;

称这种方案为(k,n)门限秘密共享方案,简称为门限方案,k 称为方案的门限值。

1. 子秘密生成

假设 S 为所持有的秘密;n 是子秘密的持有者的数量,也就是参与者;k 是门限值;p 是一个大素数,同时要求 $p>n$。

构造多项式:任取随机数 $a_1,a_2,\cdots,a_n$,令 $a_0=S$,构造多项式如下。

$$f(x)=[a_0+a_1x+a_2x^2+\cdots+a_{k-1}x^{k-1}] \bmod p \qquad (3\text{-}4)$$

其中,所有满足的运算都在有限域 GF(p)中进行,任取 n 个数 $x_1,x_2,\cdots,x_n$ 分别代入多项式得 $f(x_1),f(x_2),\cdots,f(x_n)$,将$(x_1,f(x_1)),(x_2,f(x_2)),\cdots,(x_n,f(x_n))$分别分发给 n 个参与者。

2. 秘密恢复

已知 n 个参与者分别对应持有 n 个子秘密 $(x_1, f(x_1)), (x_2, f(x_2)), \cdots, (x_n, f(x_n))$，任意取 k 个参与者持有的子秘密利用插值公式 $f(x) = \sum_{j=1}^{r} f(i_j) \prod_{\substack{l=1 \\ l \neq j}}^{r} \dfrac{x - i_l}{i_j - i_l} \bmod p$ 进行恢复。恢复后令 $x = 0$ 就可以得到 $S = a_0 = f(0)$，即恢复出秘密。

3.4.2 中国剩余定理秘密共享方案

在中国剩余定理的基础上，可以提出一种门限秘密共享方案，该方案将秘密 k 分成 n 个子秘密，利用中国剩余定理，使得如果已知任意 t 个值，则很容易恢复出 k，如果已知任意 $t-1$ 个或更少个值，则不能够恢复出 k。

1. 中国剩余定理

中国剩余定理（Chinese Remainder Theorem，CRT）又称孙子定理，是一种解决同余方程组问题的算法。最早见于公元 5-6 世纪，我国南北朝时期的一部经典数学著作《孙子算经》中的"物不知数"问题："今有物不知其数，三三数之剩二，五五数之剩三，七七数之剩二，问物几何"。

这其实就是求解一个一次同余方程组，即：

$$\begin{cases} x \equiv 2 \bmod 3 \\ x \equiv 3 \bmod 5 \\ x \equiv 2 \bmod 7 \end{cases} \tag{3-5}$$

《孙子算经》中简要给出了该问题的解法和答案，首先将问题用算式求解出即可表示，即 $70 \times 2 + 21 \times 3 + 15 \times 2 - 105 \times 2 = 23$。

但是在《孙子算经》中对于该问题并未总结成文。在《数书九章》中秦九部将"孙子定理"形成"中国剩余定理"，归纳了一次同余组的计算步骤，并提出了乘率、定数、衍母和衍数等一系列数学概念。到此，"物不知数"所引出的一次同余方程组问题，才真正得到了一般的解法，上升到中国剩余定理的高度。

【定理 3-1】 设 $m_1, m_2, \cdots, m_k$ 是 k 个两两互素的正整数，令 $m = \prod_{i=1}^{k} m_i$，$M_i = \dfrac{m}{m_i}$，$(i = 1, 2, \cdots, k)$，则对任意的整数 $a_1, a_2, \cdots, a_k$，同余方程组：

$$\begin{cases} x \equiv a_1 \bmod m_1 \\ x \equiv a_2 \bmod m_2 \\ \cdots \\ x \equiv a_k \bmod m_k \end{cases} \tag{3-6}$$

有唯一解 $x = \prod_{i=1}^{k} M_i \cdot M_i^{-1} \cdot a_i (\bmod m)$，其中，$M_i \cdot M_i^{-1} \equiv 1 (\bmod m_i)$

证明：由于 $(m_i, m_j) = 1, i \neq j$，可以得到 $(M_i, m_I) = 1$，且对于每个 M_i，都有个

M_i^{-1} 存在,使得 $M_i \cdot M_i^{-1} \equiv 1 \pmod{m_i}$。另外,由于 $m = m_i M_i$,因此,$m_j \mid M_i$,$i \neq j$,故 $\prod\limits_{i=1}^{k} M_i \cdot M_i^{-1} \cdot a_i \equiv M_i \cdot M_i^{-1} \cdot a_i \equiv a_i \pmod{m_i}$,$i = 1, 2, \cdots, k$。 即上述同余方程组是上述唯一解的解。

若 x_1、x_2 是满足上述唯一解的任意两个整数,则 $x_1 \equiv x_2 \pmod{m_i}$ $(i = 1, 2, \cdots, k)$,因为 $(m_i, m_j) = 1, i \neq j$,于是 $x_1 \equiv x_2 \pmod{m}$,故上述同余方程组仅由上述唯一解决定。

2. 基于中国剩余定理的秘密共享方案

对于一个 (t, n) 门限的秘密共享方案,一个秘密 k 被分成 n 个子秘密,然后再进行以下的计算。

1）生成子秘密

n 个子秘密组成一个同余方程组:

$$\begin{cases} k_1 \equiv k \pmod{d_1} \\ k_2 \equiv k \pmod{d_2} \\ \qquad \vdots \\ k_n \equiv k \pmod{d_n} \end{cases} \tag{3-7}$$

其中,子秘密为 (d_i, k_i)。

要求一:选择 n 个整数 $d_1, d_2, \cdots, d_n$ 满足①$d_1 < d_2 < \cdots < d_n$,d_i 严格递增;②$(d_i, d_j) = 1, i \neq j$,d_i 两两互素;③$N = d_1 \times d_2 \times \cdots \times d_t$,$M = d_{n-t+2} \times d_{n-t+3} \times \cdots \times d_n$,有 $N > M$。

要求二:$N > k > M$。

2）秘密恢复

从 n 个子秘密中任意选择 t 个 $(k_{i_1}, d_{i_1}), (k_{i_2}, d_{i_2}), \cdots, (k_{i_t}, d_{i_t})$ 恢复出秘密 k,利用中国剩余定理计算:

$$\begin{cases} x \equiv k_{i_1} \pmod{d_{i_1}} \\ x \equiv k_{i_2} \pmod{d_{i_2}} \\ \qquad \vdots \\ x \equiv k_{i_t} \pmod{d_{i_t}} \end{cases} \tag{3-8}$$

恢复出秘密 $x \equiv k \pmod{N_1}$,其中,$N_1 = d_{i_1} d_{i_2} \cdots d_{i_t}$。如果任意选择 $t-1$ 个子秘密 $(k_{j_1}, d_{j_1}), (k_{j_2}, d_{j_2}), \cdots, (k_{j_t}, d_{j_{t-1}})$,$x \equiv k \pmod{M_1} M_1 = d_{j_1} d_{j_2} \cdots d_{j_t}$,其中,$N_1 > N > k > M > M_1$,但是由于没有足够的信息去确定 k,则任意 $t-1$ 个或者更少个子秘密无法恢复秘密。

3.4.3　Blakey 门限秘密共享方案

Blakey 等的方案是将共享秘密看成 t 维空间中的一点,每个子秘密为包含这个点

的 $t-1$ 维超平面的方程,任意 t 个 $t-1$ 维超曲面的交点可以唯一确定该秘密,而 $t-1$ 个子秘密(即 $t-1$ 个 $t-1$ 维超平面)不能确定其交点,仅能确定其交线,因此不能得到秘密,n 为分解的子秘密个数,也是超曲面的总数。具体方案如下。

将 t 维空间中的点表示为矢量形式 $\boldsymbol{Y}=(y_1,y_2,\cdots,y_t)$(待分解的秘密),$n$ 个含有此点的 $t-1$ 维超曲面对应 n 个 t 元线性方程,于是有线性方程组 $\alpha X=\beta$,$\alpha=(\alpha_{i,j})_{n\times t}$,且任意 t 阶子式不等于 0,$\boldsymbol{X}=(x_1,x_2,\cdots,x_t)^{\mathrm{T}}$,$\boldsymbol{\beta}=(b_1,b_2,\cdots,b_n)^{\mathrm{T}}$(分解的子秘密),则根据方程组中的任意 t 个方程(已知任意 t 个 b_i)可求出唯一解,此解即确定点 $\boldsymbol{Y}=(y_1,y_2,\cdots,y_t)$。与 Shamir 门限体制和同余类体制不同的是,Blakey 秘密门限方案可以同时对 r 个秘密进行分解。

【例 3-1】 对于一个 $(3,5)$ 的秘密共享方案,其秘密是 $(3,10,5)$,则通过线性方程组 $\alpha X=\beta$,$\alpha=(\alpha_{i,j})_{n\times t}$,其中假设:

$$\boldsymbol{\alpha}=\begin{bmatrix}1 & 1 & 1\\1 & 1 & 2\\1 & 1 & 3\\1 & 2 & 1\\1 & 3 & 1\end{bmatrix}$$

$$\boldsymbol{\alpha X}=\begin{bmatrix}1 & 1 & 1\\1 & 1 & 2\\1 & 1 & 3\\1 & 2 & 1\\1 & 3 & 1\end{bmatrix}\cdot\begin{bmatrix}3\\10\\5\end{bmatrix}=\boldsymbol{\beta}=\begin{bmatrix}18\\23\\28\\28\\38\end{bmatrix}$$

将 $\boldsymbol{\beta}$ 中第 i 个子秘密分配给第 i 个人。

恢复阶段:任意选择 t 个参与者,这里选择 $\boldsymbol{\beta}_3=(\boldsymbol{\beta}[1],\boldsymbol{\beta}[2],\boldsymbol{\beta}[5])^{\mathrm{T}}$,然后求解 t 个变量的 t 个方程。即 $\boldsymbol{\alpha}_3\boldsymbol{X}=\boldsymbol{\beta}_3$。

$$\begin{bmatrix}1 & 1 & 1\\1 & 1 & 2\\1 & 3 & 1\end{bmatrix}\cdot\begin{bmatrix}X\\Y\\Z\end{bmatrix}=\begin{bmatrix}18\\23\\38\end{bmatrix}$$

求解该线性方程组得 $X=3,Y=10,Z=5$,则可恢复秘密 $(3,10,5)$。

3.4.4　二次剩余定理秘密共享方案

Rabin 首次根据二次剩余问题设计出了一种密码体制,称为 Rabin 密码。Rabin 密码是 RSA 密码体制的一种特殊情况,是对 RSA 密码体制的一种修正,与 RSA 不同的是,RSA 中选取的公开密钥 e 满足 $1<e<\varphi(n)$,且 $\gcd(e,\varphi(n))=1$,而在 Rabin 密码体制中则取 $e=2$。

1. 二次剩余定理

设 p 是一个整数,如果存在 x 使得同余式

$$x^2\equiv a(\bmod\ p),\quad(a,p)=1 \tag{3-9}$$

有解,那么就称 a 为模 p 的平方剩余(也可以称为二次剩余);否则就称 a 为模 m 的平方非剩余(也称为二次非剩余)。

平方剩余的判定法则如下(一般只讨论奇素数 p 下的情况)。

(1) Euler 判断法则。

设 p 为素数,a 为整数,且 p 不能整除 a,则有:

$$a^{(p-1)/2} \equiv \begin{cases} 1(\bmod p), & a \text{ 是模 } p \text{ 的平方剩余} \\ -1(\bmod p), & a \text{ 是模 } p \text{ 的非平方剩余} \end{cases} \tag{3-10}$$

(2) Legendre 符号判断。

设 p 为素数,a 为整数,则 Legendre 符号定义如下。

$$\left(\frac{a}{p}\right) = \begin{cases} 1, & \text{若 } a \text{ 是模 } p \text{ 的平方剩余} \\ -1, & \text{若 } a \text{ 是模 } p \text{ 的非平方剩余} \\ 0, & \text{若 } p \mid a \end{cases} \tag{3-11}$$

2. 基于二次剩余定理的秘密共享方案(Rabin 密码体制)

(1) 密钥产生。

随机选择两个大素数 p,q 满足 $p \equiv q \equiv 3(\bmod 4)$,即这两个素数的形式为 $4k+3$,计算 $n = p \times q$。以 n 作为公开钥,p,q 作为私密钥。

(2) 加密。

$$c \equiv m^2 \bmod n \tag{3-12}$$

其中,m 为明文分组,c 为对应的密文分组。

(3) 解密。

解密就是求 c 模 n 的平方根,即解 $x^2 \equiv c \bmod n$,该方程组等价于方程组

$$\begin{cases} x^2 \equiv c \bmod p \\ x^2 \equiv c \bmod q \end{cases} \tag{3-13}$$

由于 $p \equiv q \equiv 3(\bmod 4)$,则方程组的解可容易地求出,其中每个方程组都有两个解,即

$$x \equiv y \bmod p \quad x \equiv -y \bmod p$$
$$x \equiv z \bmod q \quad x \equiv -z \bmod q \tag{3-14}$$

经过组合能够得到 4 个同余方程组:

$$\begin{cases} x \equiv y \bmod p \\ x \equiv z \bmod q \end{cases} \quad \begin{cases} x \equiv y \bmod p \\ x \equiv -z \bmod q \end{cases}$$
$$\begin{cases} x \equiv -y \bmod p \\ x \equiv z \bmod q \end{cases} \quad \begin{cases} x \equiv -y \bmod p \\ x \equiv -z \bmod q \end{cases} \tag{3-15}$$

再根据中国剩余定理能够得到每个方程组的解,共 4 个,即每一密文对应的明文不唯一。因此为了能够有效确定明文,可以在其中加入一些标志信息如发送者的身份号、接收者的身份号、时间和日期等。

3.4.5 Bernstein 多项式秘密共享方案

除了一些初等多项式的线性组合之外。在多项式空间还有另外一种常用的基——伯恩斯坦基（Bernstein basis）。

n 次的 Bernstein 多项式可以被定义为

$$B_{i,n}(t) = \binom{n}{i} t^i (1-t)^{n-i}, \quad i = 0, 1, \cdots, n \tag{3-16}$$

其中，$\binom{n}{i} = \dfrac{n!}{i!(n-i)!}$。

通过定义可以看出。共有 $n+1$ 个 n 次 Bernstein 多项式。为了方便当 $i < 0$ 或 $i > n$ 时，令 $B_{i,n} = 0$，同时，因为 n 的取值不同，会出现不同的 Bernstein 多项式。

（1）当 $n = 1$ 时，一次 Bernstein 多项式为

$$\begin{cases} B_{0,1}(t) = 1-t \\ B_{1,1}(t) = t \end{cases} \tag{3-17}$$

当 $0 \leqslant t \leqslant 1$ 时，其图像如图 3-3 所示。

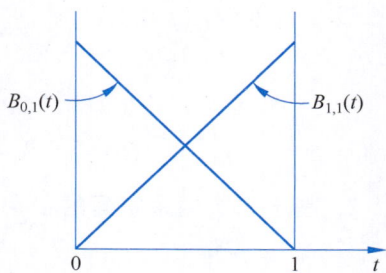

图 3-3　一次 Bernstein 多项式

（2）当 $n = 2$ 时，可以得到二次 Bernstein 多项式为

$$\begin{cases} B_{0,2}(t) = (1-t)^2 \\ B_{1,2}(t) = 2t(1-t) \\ B_{2,2}(t) = t^2 \end{cases} \tag{3-18}$$

当 $0 \leqslant t \leqslant 1$ 时，其图像如图 3-4 所示。

（3）当 $n = 3$ 时，可以得到三次 Bernstein 多项式为

$$\begin{cases} B_{0,3}(t) = (1-t)^3 \\ B_{1,3}(t) = 3t(1-t)^2 \\ B_{2,3}(t) = 3t^2(1-t) \\ B_{3,3}(t) = t^3 \end{cases} \tag{3-19}$$

当 $0 \leqslant t \leqslant 1$ 时，其图像如图 3-5 所示。

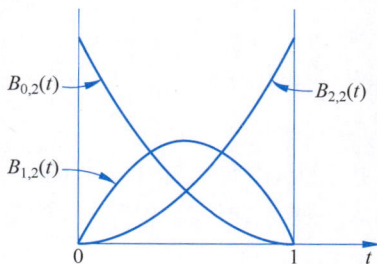

图 3-4　二次 Bernstein 多项式

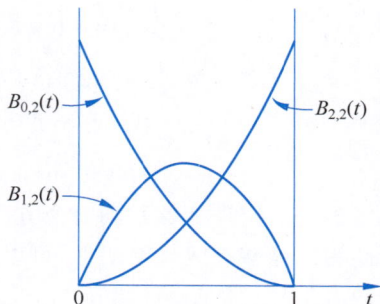

图 3-5　三次 Bernstein 多项式

递归定义：n 阶 Bernstein 多项式可以定义为两个 $n-1$ 阶 Bernstein 多项式的混合。也就是说，第 k 个 n 阶 Bernstein 多项式可以写成

$$B_{k,n}(t)=(1-t)B_{k,n-1}(t)+tB_{k-1,n-1}(t) \tag{3-20}$$

3.5　视觉密码技术

视觉密码(Visual Cryptography)由 Naor 和 Shamir 在 1994 年欧洲密码学年会上提出，它是一种将秘密共享和数字图像结合起来，以门限秘密共享思想为基础，形成的一个新的研究热点。该技术的秘密分享算法是将秘密图像按像素点编码到若干称为共享份(Shares)的图像中，共享份中的黑、白像素点随机分布，从中得不到任何关于秘密图像的信息。其秘密恢复算法非常简单，只需将一定数目的共享份打印至透明胶片上并进行叠加，人的视觉系统就可以直接辨认出秘密信息。由于视觉密码的理论安全性和秘密恢复的简单性，其应用前景非常广阔。

经过近几年的不断丰富和发展，视觉密码已经从最初的(2,2)方案发展为一个内容丰富的研究方向，由此产生的经典的视觉密码方案不仅限于原始(2,2)视觉密码，还包括 (k,n) 视觉密码、无扩展的视觉密码、多秘密视觉密码等，这些经典的视觉密码方案为加密领域提供了更多选择。

3.5.1　随机网格方案

随机网格方案是一种视觉密码方案，基于随机性加密信息。该方案的基本思路是将秘密信息划分为若干个子像素块，对每个子像素块生成一个与之对应的随机网格，并将其合并到一张随机背景图像中，得到一组共享份。每个共享份包含由背景图像和对应的随机网格所组成的图像，这些共享份呈现随机噪声图像。只有将一定数量的共享份叠加在一起时，才能恢复出秘密信息。

Kafri 和 Keren 首先提出基于随机网格的可视密码共享方案，他们主要采取了三种不同的算法对秘密图片进行加密，这三种算法结构类似，都是先产生一个与秘密图片尺寸相同的随机网格。此随机网格的每个像素以 1/2 的概率独立产生黑色像素或者白色像素。然后根据秘密图像的信息产生另一个随机网格，使得两个随机网格叠加后的结果能够被人眼恢复出秘密图片，这三个算法如下。

(1) 算法 1 的具体步骤。

输入：一幅二值秘密图像。

输出：两幅随机网格共享份 R_1 和 R_2。

Step1：生成一幅随机网格 R_1，其中：

$$R_1(i,j)\in\{0,1\}, \quad P(R_1(i,j)=0)=P(R_1(i,j)=1)=\frac{1}{2}$$

Step2：对于 S 中的每个像素，计算

$$R_2(i,j)\begin{cases} R_1(i,j), & S(i,j)=0 \\ \overline{R_1(i,j)}, & S(i,j)=1 \end{cases} \tag{3-21}$$

具体规则如表 3-4 所示。

表 3-4　使用算法 1 将秘密像素加密为两个随机网格像素

S	R_1	R_2
0	0	0
	1	1
1	0	0
	1	1

Step3：输出两幅随机网格(R_1,R_2)。

（2）算法 2 的具体步骤。

输入：一幅二值秘密图像。

输出：两幅随机网格共享份R_1和R_2。

Step1：生成一幅随机网格R_1，其中：

$$R_1(i,j) \in \{0,1\}, \quad P(R_1(i,j)=0)=P(R_1(i,j)=1)=\frac{1}{2}$$

Step2：对于S中的每个像素，计算

$$R_2(i,j)\begin{cases} R_1(i,j), & S(i,j)=0 \\ P(R_1(i,j)=0)=P(R_1(i,j)=1)=\dfrac{1}{2}, & S(i,j)=1 \end{cases} \tag{3-22}$$

具体规则如表 3-5 所示。

表 3-5　使用算法 2 将秘密像素加密为两个随机网格像素

S	R_1	R_2
0	0	0
	1	1
1	0	0
	0	1
	1	0
	1	1

Step3：输出两幅随机网格(R_1,R_2)。

（3）算法 3 的具体步骤。

输入：一幅二值秘密图像。

输出：两幅随机网格共享份R_1和R_2。

Step1：生成一幅随机网格R_1，其中：

$$R_1(i,j) \in \{0,1\}, \quad P(R_1(i,j)=0)=P(R_1(i,j)=1)=\frac{1}{2}$$

Step2：对于S中的每个像素，计算：

$$R_2(i,j)\begin{cases} P(R_1(i,j)=0)=P(R_1(i,j)=1)=\dfrac{1}{2}, & S(i,j)=0 \\ \overline{R_1(i,j)}, & S(i,j)=1 \end{cases} \tag{3-23}$$

具体规则如表 3-6 所示。

表 3-6　使用算法 3 将秘密像素加密为两个随机网格像素

S	R_1	R_2
	0	0
0	0	1
	1	0
	1	1
1	0	0
	1	1

Step3：输出两幅随机网格(R_1,R_2)。

如图 3-6 所示为三种算法的比较结果。

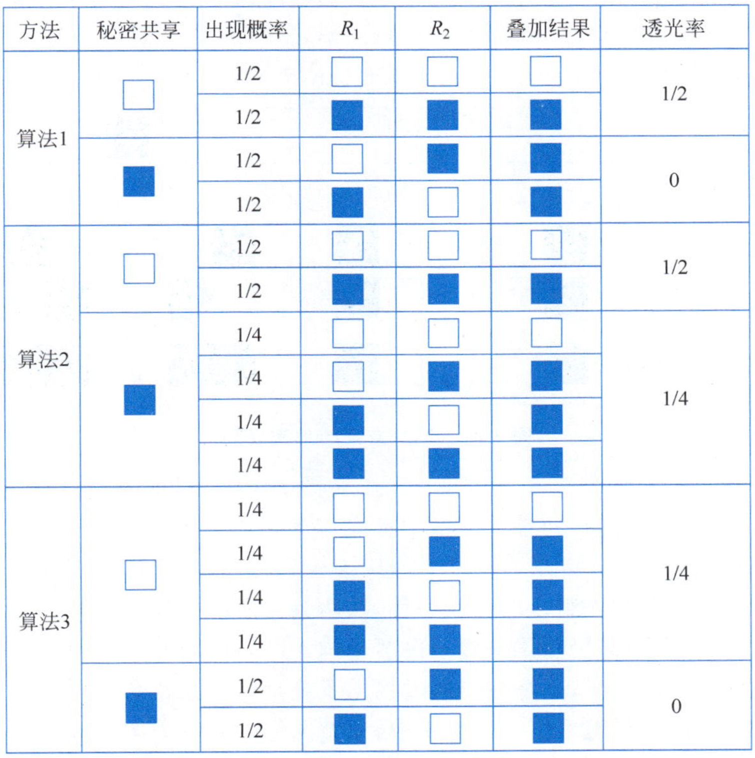

图 3-6　三种算法的比较结果

在三种模型中，不管秘密像素的颜色是什么，它在共享图像中为黑色的概率都是 1/2，这样可以保证秘密映像的安全性。三种模型产生的对比度分别为 50%、25% 和 25%，这些对比度足以使观察者用肉眼识别堆栈图像中的机密信息。

3.5.2　(2,2)视觉密码方案

(2,2)方案是一种基本的视觉密码，包括加密和解密两个操作。在加密过程中，将秘密图像分成若干个大小相等的块，每个块中的像素值为 0 或 1，形成一个黑白图像。然后，将每个块随机地分配给两个接收者，形成两个共享份。一个共享份被称为密文，

另一个被称为密钥。在解密过程中,两个接收者需要将他们拥有的共享份合并成一幅图像,以恢复原始的秘密图像。(2,2)方案具体加解密操作流程如图 3-7 所示。

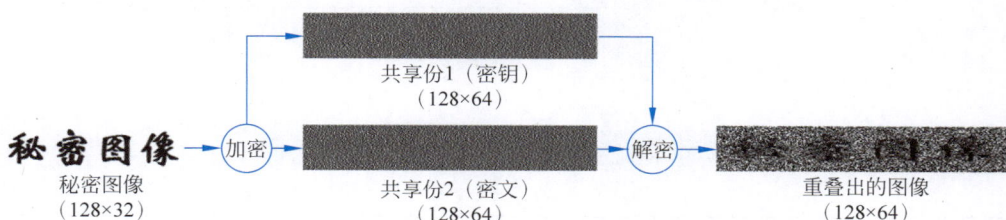

秘密图像　　加密　　共享份1（密钥）　　　　　　解密　　重叠出的图像
秘密图像　　　　　　（128×64）　　　　　　　　　　（128×64）
（128×32）　　　　　共享份2（密文）
　　　　　　　　　　（128×64）

图 3-7　视觉密码加解密流程示意图

在(2,2)-VCS(Visual Cryptography Scheme,视觉密码方案)中,原始图像中的每个像素(原始像素,Pixel),都被分享到两幅共享份中,在共享份中该像素被加密成两个像素(称为子像素,Subpixel)。黑、白像素加密规则如图 3-8 所示。

图 3-8　（2,2）方案的加密规则

当原始图像中的某像素 X 为黑像素时,在图 3-8 中随机选择对应于黑像素的两种像素组合的任意一种,在两幅共享份中都对应为一黑一白两子像素,共享份重叠后得到的是两个黑子像素;当原始图像中的某像素 Y 为白像素时,在图 3-8 中随机选择对应于白像素的两种像素组合的任意一种,在两幅共享份中都对应为一黑一白两子像素,共享份重叠后得到的仍然是一黑一白两子像素。因而当原始图像中的像素都用这种方法加密到共享份中时,重叠后可通过视觉系统辨认出原始图像中的黑白像素。通过这一过程也可以清晰地看出在共享份中,原始图像中的一个像素被扩展成两个子像素,所以共享份的面积是原始图像的两倍。由于随机性,原始图像中的黑像素或白像素在共享份中都被加密成一黑一白两个子像素,因而从一幅共享份中得不到原始图像的任何信息,只有当两幅共享份对齐后重叠才能得出原始图像中的信息。

可用数学符号描述上述视觉密码的加解密过程。首先构造两个矩阵集合:

$$\boldsymbol{C}_0 = \left\{ \begin{bmatrix} 0 & 1 \\ 0 & 1 \end{bmatrix}, \begin{bmatrix} 1 & 0 \\ 1 & 0 \end{bmatrix} \right\}, \quad \boldsymbol{C}_1 = \left\{ \begin{bmatrix} 1 & 0 \\ 0 & 1 \end{bmatrix}, \begin{bmatrix} 0 & 1 \\ 1 & 0 \end{bmatrix} \right\} \tag{3-24}$$

其中的元素值 0、1 分别代表白色和黑色。$\boldsymbol{C}_0$ 的矩阵元素,表示对应像素在第 i 幅共享份中的第 j 个子像素的颜色。将矩阵中第 j 列的所有元素做"或"运算,得到的结果是重叠后共享份中第 j 个子像素的颜色。共享份是按序处理原始图像的每个像素得到的。如果原始图像中的像素为白色,则从 $\boldsymbol{C}_0$ 中随机挑选出一个矩阵;如果是黑色,则从 C_1 中随机挑选出一个矩阵。矩阵的第 i 行代表原始像素在第 i 幅共享份中对应位置子像素的颜色。重复上述步骤,直至原始图像中所有像素均处理完,得到两幅共享份 Share1 和 Share2。

观察任意单幅共享份,无论原始像素的颜色是 1 还是 0,在共享份中子像素都是 $(1,0)$ 或 $(0,1)$,而 $(1,0)$ 和 $(0,1)$ 出现的概率相同,与原始图像无关。因此,在不能得到另一幅共享份的情况下,攻击者无法解密出原始图像。

图 3-9 给出了 Naor 和 Shamir 的 $(2,2)$ 方案在对具体图片加密中的应用。图 3-9(a)为原始图像,图 3-9(b)和图 3-9(c)为其中的两个共享份,图 3-9(d)为两个共享份叠放在一起合成的解密图片。

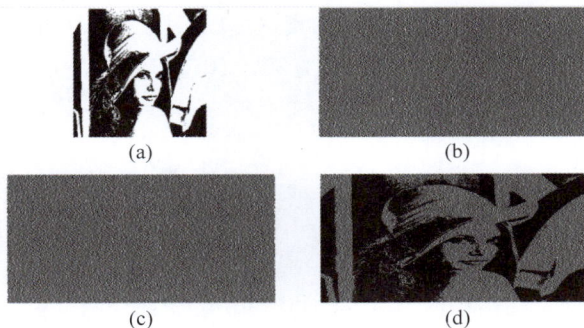

图 3-9 $(2,2)$ 视觉密码方案加解密示意图

3.5.3 (k,n) 视觉密码方案

将 $(2,2)$ 方案的思想扩展到 (k,n) 门限结构即得到了 (k,n)-VCS,即将秘密图像加密产生 n 幅共享份,只有当任意 k 幅或大于 k 幅共享份重叠在一起时原始图像才能被人类视觉系统识别,任意小于 k 幅共享份都不能恢复出原始图像。Shamir 等首次定义了 (k,n)-VCS,见定义 3-1。

【定义 3-1】 一个 (k,n)-VCS 由两个集合 C_0 和 C_1 组成,它们的元素是 $n \times m$ 布尔矩阵。为了加密一个白像素,随机从 C_0 中选择一个矩阵;为了加密一个黑像素,随机从 C_1 中选择一个矩阵。选择的矩阵确定了 n 幅共享份中相应 m 个像素的颜色。该方案被视为有效的,如果满足下列条件。

(1) $\forall M \in C_0, \{i_1, i_2, \cdots, i_p\} \subseteq \{1, 2, \cdots, n\}(p \geq k), V = M[i_1] + M[i_2] + \cdots + M[i_k]$(其中,"+"表示逻辑运算中的"或",$M[i]$ 表示 M 的第 i 行),则 $W(V) \leq d - \alpha m$(表示 V 的汉明重量);而 $\forall M \in C_1, W(V) \geq d$。

(2) 对任意 $\{i_1, i_2, \cdots, i_q\} \subseteq \{1, 2, \cdots, n\}(q < k)$,$C_0$ 和 C_1 中的所有矩阵对应于行 $i_1, i_2, \cdots, i_q$ 的子矩阵所组成的集合是相等的。

条件(1)为方案的对比性条件,条件(2)为安全性条件。其中的重要参数门限值 d,像素扩展度 m 和相对差 α 说明如下。

(1) 门限值 d:解密后图像中像素被人眼解析为黑色与白色的灰度临界值。当解密后图像中像素的灰度值大于或等于 d 时,该像素被人眼解析为黑色;相应地,当像素的灰度值小于 $d - \alpha m$ 时,它被解析为白色。

（2）像素扩展度 m：原始像素在共享份中被扩展成的子像素的数目，代表原始图像在面积上的失真，越小越好。

（3）相对差 α：恢复图像中原始黑白像素对应的灰度差值同扩展度的比值，它表征解密后图像的黑白差异。当然，α 越大越好。Naor 和 Shamir 定义 $\alpha = \dfrac{(h-1)}{m}$（$h$ 表示 m 个像素的汉明重量）。当 $\alpha = 0$ 时，表明解密后的图像对比性无失真，与原始图像相同；当 $\alpha = 0$ 时，表明解密后的图片无法辨认。对任意一个视觉密码方案来说，$0 < \alpha < 1$。

在定义 3-1 中，条件（1）说明了在有 k 幅或超过 k 幅共享份叠加时，可以分辨出秘密图像中的黑白像素，进而得到秘密图像的信息；条件（2）说明了当共享份的数目少于 k 幅时，分辨不出秘密图像中的黑白像素，也就无法得到秘密图像的信息。

由定义 3-1 构造一个（2,3）视觉密码方案。首先构造两个 3×3 的矩阵集合为

$$C_0 = \left\{ \begin{bmatrix} 1 & 0 & 0 \\ 1 & 0 & 0 \\ 1 & 0 & 0 \end{bmatrix}, \begin{bmatrix} 0 & 1 & 0 \\ 0 & 1 & 0 \\ 0 & 1 & 0 \end{bmatrix}, \begin{bmatrix} 0 & 0 & 1 \\ 0 & 0 & 1 \\ 0 & 0 & 1 \end{bmatrix} \right\}$$

$$C_1 = \left\{ \begin{bmatrix} 1 & 0 & 0 \\ 0 & 1 & 0 \\ 0 & 0 & 1 \end{bmatrix}, \begin{bmatrix} 0 & 1 & 0 \\ 1 & 0 & 0 \\ 0 & 0 & 1 \end{bmatrix}, \begin{bmatrix} 0 & 0 & 1 \\ 1 & 0 & 0 \\ 0 & 1 & 0 \end{bmatrix}, \begin{bmatrix} 1 & 0 & 0 \\ 0 & 0 & 1 \\ 0 & 1 & 0 \end{bmatrix}, \begin{bmatrix} 0 & 0 & 1 \\ 0 & 1 & 0 \\ 1 & 0 & 0 \end{bmatrix}, \begin{bmatrix} 0 & 1 & 0 \\ 0 & 0 & 1 \\ 1 & 0 & 0 \end{bmatrix} \right\}$$

$$(3-25)$$

类似于（2,2）方案，如果原始图像中像素为白色，则从 C_0 中随机挑选出一个矩阵；如果是黑色，则从 C_1 中随机挑选出一个矩阵。矩阵的第 i 行代表原始像素在第 i 幅共享份中对应位置子像素的颜色。重复上述步骤，直至原始图像中所有像素均处理完，得到三幅共享份 Share1、Share2 和 Share3。

图 3-10 给出了 Naor 和 Shamir 的（2,3）方案在对具体图片加密中的应用。图 3-10(a) 为原始图像，图 3-10(b)～图 3-10(d) 为其中的三幅共享份，图 3-10(e) 为三幅共享份叠放在一起合成的解密图片，图 3-10(f) 为三幅共享份叠放在一起合成的解密图片。

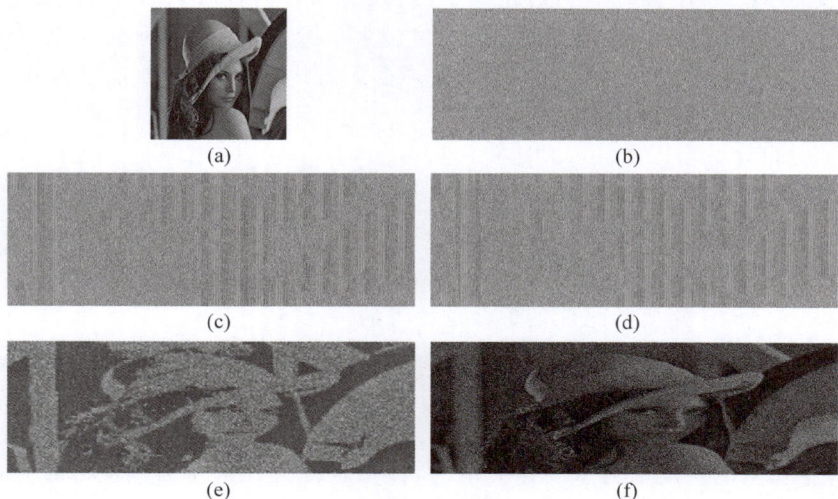

(a)　　　　　　　　　　　　　　　(b)

(c)　　　　　　　　　　　　　　　(d)

(e)　　　　　　　　　　　　　　　(f)

图 3-10　　**（2,3）视觉密码方案加解密示意图**

小结

本章对基础纠错编码秘密共享技术进行了全面归纳。首先介绍了汉明码、RS 编码和湿纸码的概念和原理，并深入分析了 QR 码的编码设计问题。在秘密共享部分，详细介绍了目前广泛应用的经典秘密共享技术，如 Shamir 门限、中国剩余定理、Blakey 秘密共享技术、基于二次剩余定理的秘密共享和 Bernstein 多项式，对每种技术都提供了相关的秘密生成和恢复方案。而在视觉密码部分，阐述了底层必要的随机网格方案，总结了基础的(2,2)视觉密码方案、通用的(k,n)视觉密码方案。

第4章

基于矩阵分解的QR码生成方法

    矩阵在密码学中有着较为久远的应用历史,目前已有的密码中有许多基于矩阵属性所构建的依旧是安全的,如 McEliece 密码、格密码等。基于矩阵运算的密码体制的安全性与矩阵分解的困难性紧密相关,并且这一特性在一定程度上具有抵抗量子计算攻击的潜力,在应用的过程中也可以通过矩阵的相关特性进行密钥验证。除此之外,基于矩阵运算的相关方案也具有较高的效率。因此,许多研究者将矩阵的相关理论应用到了数字加密以及图像加密中,可以在保证方案安全性的同时进一步提升整体效率。

    矩阵在传统的图像加密中被用于置换和混淆图像像素,通过增加图像加密的复杂性以提高图像加密的安全性。例如,在像素置换算法中,矩阵被用于对图像像素进行置换;在数字水印中被用于生成和提取水印。数字水印可以嵌入在图像中,用于验证图像的真实性和版权。在数字水印中,矩阵被用于生成水印,将水印嵌入图像中,以及从图像中提取水印。

    QR 码作为一种高效的信息载体获得了广泛的应用,其本质为一种具有特定属性的二值图像,在计算机数字图像处理程序中,通常是将图像转为二维数组来进行存放以及处理的。在存放的过程中,二维数组的行、列与图像的高度和宽度相对应,每个元素对应图像中一个像素的灰度值。这种表示方式方便了程序对图像的寻址和处理,也更适合计算机图像编程。在此基础上,利用矩阵的理论以及相关分解算法,可以对数字图像进行分析与处理,例如,增强、滤波、分割、压缩、重建等。这也使得矩阵在数字加密和图像加密中得到了广泛的应用,并且更加安全可靠。

    矩阵运算中通常需要使用特征分解将原始矩阵转换为多个矩阵的乘积形式,目前,对于矩阵分解的方法主要有 LU(三角)分解、QR 分解、SVD(奇异值)分解、满秩分解、UR 分解和 Jordan 分解等。其中,LU 分解、QR 分解和 SVD 分解在图像加密和数字水印中都有广泛的应用,可以提高图像和数据的安全性和鲁棒性。但是,需要根据具体的问题和应用场景选择合适的方法和参数。如何利用矩阵理论构建更为安全且高效的 QR 码加密以及数字水印方法成为学者们的研究热点。

4.1 数学相关知识

4.1.1 矩阵的特征值和特征矢量

设 A 为 n 阶方阵,若存在数 λ 与 n 维非零列矢量 p 使得满足式(4-1):

$$Ap = \lambda p \rightarrow (A - \lambda E)p = 0 \tag{4-1}$$

则称 λ 为矩阵 A 的特征值,而非零矢量 p 则称为 A 对应特征值 λ 的特征矢量。

4.1.2 相似矩阵

设 A,B 均为 n 阶方阵,若存在可逆矩阵 P 使其满足式(4-2):

$$P^{-1}AP = B \tag{4-2}$$

则称 A 与 B 相似(记为 $A \sim B$),可逆矩阵 P 为由 A 到 B 的相似变换矩阵。

推论 4-1 若 n 阶矩阵 A 与对角矩阵 N 相似,通过上述定义,则存在可逆矩阵 P,

使得 $P^{-1}AP = N = \begin{bmatrix} \lambda_1 & & & \\ & \lambda_2 & & \\ & & \ddots & \\ & & & \lambda_n \end{bmatrix}$,而 $\lambda_1, \lambda_2, \cdots, \lambda_n$ 是矩阵 A 的 n 个特征值。若

将 P 通过列矢量的组成表示 $P = (p_1, p_2, \cdots, p_n)$,于是有式(4-3):

$$p_i^{-1}Ap_i = \lambda_i, \quad i = 1, 2, \cdots, n \tag{4-3}$$

由此可以看出,P 的列矢量 p_i 就是 A 的对应于 λ_i 的特征矢量。

定理 4-1 n 阶矩阵 A 与对角阵相似的充要条件为 A 有 n 个线性无关的特征矢量。

定理 4-2 若 n 阶矩阵 A 与 B 相似,则 A 与 B 的特征值相同。

4.1.3 矢量组的线性相关性

若给定一组矢量 $\alpha_1, \alpha_2, \cdots, \alpha_n$,存在不全为零的数 $k_1, k_2, \cdots, k_n$,使得满足式

$$k_1 a_1 + k_2 a_2 + \cdots + k_n a_n = 0 \tag{4-4}$$

则称矢量组 $\alpha_1, \alpha_2, \cdots, \alpha_n$ 线性相关,反之则这组矢量线性无关。

4.1.4 标准正交化

设 $\alpha_1, \alpha_2, \cdots, \alpha_n$ 是矢量空间 V 中的一组基,若要求一组 V 的标准正交基,即找到一组等价于 $\alpha_1, \alpha_2, \cdots, \alpha_n$ 的两两正交的单位矢量 $e_1, e_2, \cdots, e_n$,也就是将基 $\alpha_1, \alpha_2, \cdots, \alpha_n$ 标准正交化。具体过程如式(4-5)所示。

$$\beta_1 = \alpha_1$$

$$\beta_2 = \alpha_2 - \frac{[\beta_1, a_2]}{[\beta_1, \beta_1]}\beta_1$$

$$\vdots$$

$$\boldsymbol{\beta}_n = \boldsymbol{\alpha}_n - \frac{[\boldsymbol{\beta}_1, \boldsymbol{a}_n]}{[\boldsymbol{\beta}_1, \boldsymbol{\beta}_1]}\boldsymbol{\beta}_1 - \frac{[\boldsymbol{\beta}_2, \boldsymbol{a}_n]}{[\boldsymbol{\beta}_2, \boldsymbol{\beta}_2]}\boldsymbol{\beta}_2 - \cdots - \frac{[\boldsymbol{\beta}_{n-1}, \boldsymbol{a}_n]}{[\boldsymbol{\beta}_{n-1}, \boldsymbol{\beta}_{n-1}]}\boldsymbol{\beta}_{n-1} \qquad (4\text{-}5)$$

容易验证$\boldsymbol{\beta}_1, \boldsymbol{\beta}_2, \cdots, \boldsymbol{\beta}_n$两两正交,并且$\boldsymbol{\beta}_1, \boldsymbol{\beta}_2, \cdots, \boldsymbol{\beta}_n$与$\boldsymbol{\alpha}_1, \boldsymbol{\alpha}_2, \cdots, \boldsymbol{\alpha}_n$是等价的。

接下来就是将$\boldsymbol{\beta}_1, \boldsymbol{\beta}_2, \cdots, \boldsymbol{\beta}_n$单位化,即取$e_1 = \dfrac{\boldsymbol{\beta}_1}{\|\boldsymbol{\beta}_1\|}, e_2 = \dfrac{\boldsymbol{\beta}_2}{\|\boldsymbol{\beta}_2\|}, \cdots, e_n = $

$\dfrac{\boldsymbol{\beta}_n}{\|\boldsymbol{\beta}_n\|}$,是$V$的一组标准正交基。

4.1.5 矩阵分解

1. 三角分解（LU 分解）

若n阶方阵A的各阶顺序主子式$\Delta_k \neq 0 (k = 1, 2, \cdots, n)$,则存在唯一的单位下三角矩阵$L$和非奇异上三角矩阵$U$,使得$A = LU$。该分解称为矩阵的$LU$分解,其中,$k$阶顺序主子式为

$$\begin{bmatrix} a_{11} & a_{12} & \cdots & a_{1k} \\ a_{21} & a_{22} & \cdots & a_{2k} \\ \vdots & \vdots & \ddots & \vdots \\ a_{k1} & a_{k2} & \cdots & a_{kk} \end{bmatrix}$$

2. 正交三角分解法（QR 分解）

若n阶非奇异等阶矩阵$A_{n \times n}$可以分解为正交矩阵$Q_{n \times n}$和非奇异上三角矩阵$R_{n \times n}$乘积的形式,即$A = QR$,则该分解称为矩阵$A_{n \times n}$的 QR 分解。

对于非等阶矩阵$A_{m \times n}(m \neq n)$,若其为列满秩矩阵,则也可以分解为$A_{m \times n} = Q_{m \times n} R_{n \times n}$,其中,$Q_{m \times n}$为正交矢量组,$R_{n \times n}$为非奇异上三角矩阵,该分解也叫作 QR 分解。分解的具体步骤如下。

Step1:列举原始矩阵A的列矢量。

Step2:将列矢量组按照施密特正交化的方法得到正交矢量组(q_1, q_2, q_3, q_4),由此构成的矩阵为正交矩阵Q。

Step3:将矩阵A的列矢量表示为上述矢量组(q_1, q_2, q_3, q_4)的线性组合,过渡矩阵为R。

Step4:写出上述矩阵的乘积形式。

3. 奇异值分解

设一个$m \times n$的实数矩阵$A, A \in \boldsymbol{R}^{m \times n}$,由于$m \times n$矩阵$A'A$是半正定的,其特征值的非负平方根称为$A$的奇异值,记作$\sigma_1 \geqslant \sigma_2 \geqslant \cdots \geqslant \sigma_n \geqslant 0$,并用$\sigma(A)$表示$A$的所有奇异值:

$$\sigma(\boldsymbol{A}) = \{\sigma \geqslant 0 : \boldsymbol{A}'\boldsymbol{A}x = \sigma^2 x, x \in \boldsymbol{R}^n, x \neq 0\} \qquad (4\text{-}6)$$

设矩阵 $A \in R^{m \times n}$,则存在正交矩阵 $U = [u_1, u_2, \cdots, u_m] \in R^{m \times n}$ 及正交矩阵 $V = [v_1, v_2, \cdots, v_m] \in R^{n \times n}$,使得

$$U^{\mathrm{T}} A V = \mathrm{diag}(\sigma_1, \sigma_2, \cdots, \sigma_p) = S \tag{4-7}$$

即 $S = U^{\mathrm{T}} A V$,由于 U 和 V 都是正交矩阵,所以

$$A = U S V^{\mathrm{T}} \tag{4-8}$$

其中, $p = \min\{m, n\}$, $\sigma_1 \geqslant \sigma_2 \geqslant \cdots \geqslant \sigma_p \geqslant 0$,这里 σ_i 称为 A 的奇异值, u_i 、v_i 分别称为相应于奇异值 σ_i 的左右奇异矢量,且满足式(4-9):

$$\begin{cases} A v_i = \sigma_i u_i \\ A u_i = \sigma_i v_i \end{cases} \quad (i = 1, 2, \cdots, p) \tag{4-9}$$

因此矩阵 U 和 V 的列分别为 $A A^{\mathrm{T}}$ 和 $A^{\mathrm{T}} A$ 的特征矢量。式(4-9)称为 A 的奇异值分解式。

4. 满秩分解

设 $A_{m \times n}$ 的秩为 r ,则存在矩阵 $B_{m \times r}$ 与矩阵 $C_{r \times n}$ 且 $\mathrm{rank}(A) = \mathrm{rank}(B) = r$,满足

$$A_{m \times n} = B_{m \times r} C_{r \times n} \tag{4-10}$$

其中, $B_{m \times r}$ 称为列满秩矩阵(列数等于秩), $C_{r \times n}$ 称为行满秩矩阵(行数等于秩),而这样的分解并不是唯一的。

满秩分解的步骤如下。

Step1:首先对矩阵 $A_{m \times n}$ 进行初等行变换,并求得矩阵 $A_{m \times n}$ 的秩为 r 。

Step2:找出矩阵 $A_{m \times n}$ 的列矢量组的极大线性无关组构成的矩阵,这个矩阵就是满秩分解的 $B_{m \times r}$ 。

Step3:取原始矩阵的行最简矩阵 A_1 的前 r 行构成的矩阵,这个矩阵就是满秩分解的 $C_{r \times n}$ 。

Step4:由此得式(4-10)的矩阵分解形式。

5. Jordan 分解

设 A 为 n 阶方阵,则存在 n 阶可逆矩阵 T 使得

$$A = T J T^{-1} \tag{4-11}$$

其中, $J = \mathrm{diag}(J_{n_1}(\lambda_1), J_{n_2}(\lambda_2), \cdots, J_{n_k}(\lambda_k))$, $n_1 + n_2 + \cdots + n_k = n$,则称式(4-11)为矩阵 A 的 Jordan 分解, J 称为 A 的 Jordan 标准型, T 称为变换矩阵。

因为相似矩阵具有相同特征值,所以矩阵 J 中的对角元素 $\lambda_1, \lambda_2, \cdots, \lambda_k$ 也是矩阵 A 的特征值。需要注意的是,在 Jordan 标准型中,不同的 Jordan 块的对角元素 λ_i 可能相同,因此, λ_i 不一定是 A 的 n_i 重特征值。

4.2　基于矩阵属性的可验证秘密共享方案

矩阵不但可以被用于图像属性之上的加密,还可以通过其本身的特殊属性进行密钥验证,该方案便是利用了矩阵的特征方程中具有重根的特点,在子密钥分发以及主

密钥恢复的过程中,通过构造的黑盒子对子密钥特性进行分析,进而判断参与者身份的真伪,若子密钥之间满足矩阵线性无关以及对应的特征值相等,则说明参与者身份是真实的,否则判定该参与者存在欺骗行为。

4.2.1 Shamir 门限秘密共享方案

1979 年,Shamir 在 Lagrange 插值公式的基础上提出了一种 (t, n) 门限秘密共享方案,该方案的详细介绍如下。

设 GF(p) 是有限域(p 为素数,且 $p > 0$),共享的密钥为 K。参与恢复此密钥的参与者共 n 个,而重构该密钥 K 至少需要 t 个人。

1. 秘密分割

Step1:随机选择 $t-1$ 个元素 $a_1, a_2, \cdots, a_{t-1} \in$ GF(p),构造一个 $t-1$ 次多项式为 $s(x) \equiv K + a_1 x + a_2 x + \cdots + a_{t-1} x^{t-1} (\bmod p)$,该多项式满足 $s(0) \equiv K \bmod p$。

Step2:选择 n 个不同的非零元素 $x_i \in$ GF(p),$1 \leqslant i \leqslant n$。对于每个非零元素 x_i 分别计算 $y_i \equiv s(x_i) \bmod p$,并将 (x_i, y_i) 作为子密钥。

Step3:将 n 个数对 (x_i, y_i),$1 \leqslant i \leqslant n$,分别秘密发送给 n 个参与者。

2. 秘密恢复

在 n 个参与者中选取任意 t 个参与者进行密钥 K 的恢复。

Step1:t 个参与者出示他们的子密钥后,得到 t 个点对 $(x_1, y_1), (x_2, y_2), \cdots, (x_t, y_t)$。

Step2:将第一步中的 t 个点对代入多项式(4-12)中,

$$f(x) \equiv \sum_{k=1}^{t} y_k \prod_{\substack{j=1 \\ j \neq k}}^{t} \frac{x - x_j}{x_k - x_j} (\bmod p) \tag{4-12}$$

并将 $x = 0$ 代入多项式 $f(x)$ 中得常数项 $f(0)$,即为所求的密钥 K。

4.2.2 $(n_1 + n_2 + \cdots + n_t, 1 + 1 + \cdots + 1)$ 特殊门限秘密共享方案

定义 4-1 设在秘密共享中 t 个相互独立的参与者集合 $B_1, B_2, \cdots, B_t$,即 $\boldsymbol{B}_e \bigcap \boldsymbol{B}_f = \Phi (1 \leqslant e, f \leqslant t)$,其中,$|\boldsymbol{B}_1| = n_1$,$|\boldsymbol{B}_2| = n_2, \cdots, |\boldsymbol{B}_t| = n_t (n_1 + n_2 + \cdots + n_t = n)$。每个集合的参与者均携带一个子密钥。在进行主密钥恢复时,需从每个集合中选出至少一位参与者,才能恢复密钥 K,缺少任何一个集合的参与者均无法恢复密钥 K,则称这种方案为 $(n_1 + n_2 + \cdots + n_t, 1 + 1 + \cdots + 1)$ 特殊门限秘密共享方案。

4.2.3 方案具体过程

1. 生成阶段

方案包含一个密钥分发者 Q 和 n 个秘密参与者。这 n 个参与者构成的集合 B 被

划分为 t 个不相交的集合 $B_i(1\leqslant i\leqslant t)$，其中，$|\boldsymbol{B}_i|=n_i(1\leqslant i\leqslant t, n_1+n_2+\cdots+n_t=n)$。

Step1：设 GF(p) 是有限域（p 为素数，且 $p>0$），密钥分发者 Q 在 GF(p) 中随机地选择 $t-1$ 个元素 $a_1,a_2,\cdots,a_{t-1}\in$GF$(p)$，并构造一个 $t-1$ 次多项式：

$$f(x)\equiv K+a_1x+\cdots+a_{t-1}x^{t-1}(\bmod p) \tag{4-13}$$

其中，K 为共享秘密主密钥。

Step2：在 GF(p) 中选择 t 个互不相同的非零元素 $x_1,x_2,\cdots,x_t$，并分别计算 $\lambda_i=f(x_i)\bmod p,(i=1,2,\cdots,t)$，得到 $2n$ 阶对角矩阵 $\boldsymbol{\Lambda}$ 如式（4-14）所示。

$$\boldsymbol{\Lambda}=\begin{pmatrix}\lambda_1 & & & & & & & & & \\ & \ddots & & & & & & & & \\ & & \lambda_1 & & & & & & & \\ & & & \lambda_2 & & & & & & \\ & & & & \ddots & & & & & \\ & & & & & \lambda_2 & & & & \\ & & & & & & \lambda_t & & & \\ & & & & & & & \ddots & & \\ & & & & & & & & \lambda_t & \end{pmatrix}_{2n\times 2n} \tag{4-14}$$

其中，$\lambda_1,\lambda_2,\cdots,\lambda_t$ 是特征方程 $(\boldsymbol{A}-\lambda\boldsymbol{E})x=0$ 对应的特征根，并且 λ_1 有 $2n_1$ 个，λ_2 有 $2n_2$ 个，$\cdots,\lambda_t$ 有 $2n_t$ 个。

Step3：随机生成一个 $2n$ 阶可逆矩阵 $\boldsymbol{P}$，求得 $\boldsymbol{A}=\boldsymbol{P}^{-1}\boldsymbol{\Lambda}\boldsymbol{P}$，则矩阵 $\boldsymbol{\Lambda}$ 与 $\boldsymbol{A}$ 为相似矩阵，并具有相同的特征根，而每个特征根 $\lambda_i(i=1,2,\cdots,t)$ 有对应的 $2n_i$ 个线性无关的特征矢量，其中，λ_1 所对应特征矢量为 $\boldsymbol{p}_{1,1},\boldsymbol{p}_{1,2},\cdots,\boldsymbol{p}_{1,2n_1}$，$\lambda_2$ 所对应特征矢量为 $\boldsymbol{p}_{2,1},\boldsymbol{p}_{2,2},\cdots,\boldsymbol{p}_{2,2n_2},\cdots,\lambda_t$ 所对应特征矢量为 $\boldsymbol{p}_{t,1},\boldsymbol{p}_{t,2},\cdots,\boldsymbol{p}_{t,2n_t}$。

Step4：将子密钥 $(x_i,\boldsymbol{p}_{i,j})$ 和 $(x_i,\boldsymbol{p}_{i,j+1})(1\leqslant i\leqslant t,1\leqslant j\leqslant 2n_i)$ 依次分发给第 i 个集合的参与者 $B_{i,j}$。

2. 恢复阶段的具体步骤

Step1：从每个参与者集合中选择一位参与者将手中对应的密钥 $p_{i,j}$ 和 $p_{i,j+1}$ 输入黑盒子中进行身份验证。若 $\lambda_i=\lambda_{ij}=\lambda_{ij+1}$ 与 $p_{i,j}$ 和 $p_{i,j+1}$ 线性无关时进行下一步，否则该参与者为欺骗者，过程终止。

Step2：通过参与者输入的密钥对恢复出对应的 $(x_i,\lambda_i)(1\leqslant i\leqslant t)$。

Step3：将 $(x_1,\lambda_1),(x_2,\lambda_2),\cdots,(x_t,\lambda_t)$ 代入 $f(x)\equiv K+a_1x+\cdots+a_{t-1}x^{t-1}$ $(\bmod p)$ 构建方程组如式（4-15）所示。

$$\begin{cases}f(x_1)\equiv K+a_1x_1+\cdots+a_{t-1}x_1^{t-1}=\lambda_1 \\ f(x_2)\equiv K+a_1x_2+\cdots+a_{t-1}x_2^{t-1}=\lambda_2 \\ \quad\quad\quad\quad\vdots \\ f(x_t)\equiv K+a_1x_t+\cdots+a_{t-1}x_t^{t-1}=\lambda_t\end{cases} \tag{4-15}$$

对上述方程组进行求解,当恢复所有多项式系数之后,可通过 $K \equiv f(0) \pmod{p}$ 共享密钥 K。

4.3　基于 SVD 分解的 QR 码加密算法

QR 码作为一种存储和识别信息的技术已经在很多领域有着广泛的应用。但是由于 QR 码的相关编码算法是公开的,内部的信息并未加密,使得其在一些应用场景中存在信息安全问题。因此需要基于 QR 码这一特殊图像进行加密,奇异值分解在信息加密中多用于图像分解加密。

矩阵的奇异值分解是唯一的,它是将矩阵数据的特征以及分布进行分解,也可看作对于矩阵 $A_{m \times n}$ 进行了一种线性变换,将 m 维空间的点映射到了 n 维空间中。通过奇异值的分解之后 $A_{m \times n}$ 被分成了 U、S 和 V 三部分,其中矩阵 U 和 V 都是标准正交矩阵。

4.3.1　奇异值分解的图像性质

若 A 为数字图像,则可将其视为二维矩阵,而对 A 的奇异值分解如式(4-16)所示。

$$A = USV^{\mathrm{T}} = U \begin{pmatrix} \delta & 0 \\ 0 & 0 \end{pmatrix} V^{\mathrm{T}} = \sum_{i=1}^{r} A_i = \sum_{i=1}^{r} \sigma_i u_i v_i^{\mathrm{T}} \tag{4-16}$$

其中,u_i 与 v_i 分别为 U 与 V 的中列矢量,σ_i 为矩阵 A 的非零奇异值。在式(4-16)中所表示的图像 A 可以被看作 r 个秩为 1 的子图 $u_i v_i^{\mathrm{T}}$ 叠加构成的,其中,奇异值 σ_i 为对应的权系数。

由矩阵范数理论可知,奇异值能与矢量 2-范数和矩阵 F-范数相联系。

$$\lambda_1 = \| A \|_2 = \max(\| AX \|_2 / \| X \|_2)$$

$$A = USV^{\mathrm{T}} = U \begin{pmatrix} \delta & 0 \\ 0 & 0 \end{pmatrix} V^{\mathrm{T}} = \sum_{i=1}^{r} A_i = \sum_{i=1}^{r} \sigma_i u_i v_i^{\mathrm{T}} \tag{4-17}$$

$$\| A \|_F = \left(\sum_{mn} | a_{mn} |^2 \right)^{\frac{1}{2}} = \left(\sum_{i=1}^{r} \lambda^2 \right)^{\frac{1}{2}} \tag{4-18}$$

若以 F-范数的平方表示图像的能量,则通过矩阵奇异值分解的定义可得式(4-19):

$$\| A \|_F^2 = tr(A^{\mathrm{T}}A) = tr \left(V \begin{bmatrix} \delta & 0 \\ 0 & 0 \end{bmatrix} U^{\mathrm{T}} U \begin{bmatrix} \delta & 0 \\ 0 & 0 \end{bmatrix} V^{\mathrm{T}} \right) = \sum_{i=1}^{r} \delta_i^2 \tag{4-19}$$

综上所述,数字图像 A 在进行奇异值分解之后,其特征信息大多集中在 U 与 V^{T} 之中,而图像的能量信息则是通过 δ 中的奇异值所表示的。

性质 1:矩阵的奇异值代表着图像的能量信息,因此它具有很高的稳定性。

设 $A \in C^{m \times n}$,$B = A + \delta$,其中,δ 为矩阵 A 的一个扰动矩阵。矩阵 A 与 B 的非零奇异值分别记作 $\delta_{11} \geqslant \delta_{12} \geqslant \cdots \geqslant \delta_{1p}$ 和 $\delta_{21} \geqslant \delta_{22} \geqslant \cdots \geqslant \delta_{2p}$。并且 $r = \mathrm{rank}(A)$,σ_1 是 δ 的最大奇异值,则有 $|\delta_{1i} - \delta_{2i}| \leqslant \| A - B \|_2 = \| \delta \|_2 = \sigma_1$。

通过上述推论可知,在对图像进行较小的扰动时,在一般情况下,图像矩阵奇异值的变换都是小于扰动矩阵的最大奇异值。因此,图像的奇异值具有较强的稳定性。

性质 2:矩阵的奇异值具有比例不变性。

设 $\boldsymbol{A} \in \boldsymbol{C}^{m \times n}$,矩阵 $\boldsymbol{A}$ 的奇异值为 $\sigma_i(i=1,2,\cdots,p)$,$r=\mathrm{rank}(\boldsymbol{A})$,矩阵 $k\boldsymbol{A}(k \neq 0)$ 的奇异值为 $\alpha_i(i=1,2,\cdots,p)$,则有 $|k|(\sigma_1,\sigma_2,\cdots,\sigma_p)=(\alpha_1,\alpha_2,\cdots,\alpha_p)$。

性质 3:矩阵的奇异值具有旋转不变性。

设 $\boldsymbol{A} \in \boldsymbol{C}^{m \times n}$,矩阵 $\boldsymbol{A}$ 的奇异值为 $\sigma_i(i=1,2,\cdots,p)$,$r=\mathrm{rank}(\boldsymbol{A})$。若 $\boldsymbol{U}_p$ 是酉矩阵,则矩阵 $\boldsymbol{U}_p\boldsymbol{A}$ 的奇异值与矩阵 $\boldsymbol{A}$ 的奇异值相同,具体如式(4-20)所示。

$$| \boldsymbol{A}\boldsymbol{A}^{\mathrm{T}}-\sigma_i^2 |=| \boldsymbol{U}_p\boldsymbol{A}(\boldsymbol{U}_p\boldsymbol{A})^{\mathrm{T}}-\sigma_i^2\boldsymbol{E} |=0 \tag{4-20}$$

性质 4:设 $\boldsymbol{A} \in \boldsymbol{C}^{m \times n}$,$r=\mathrm{rank}(\boldsymbol{A}) \geqslant s$。若 $\boldsymbol{S}_t=\mathrm{diag}(\sigma_1,\sigma_2,\cdots,\sigma_t)$,$\boldsymbol{A}_t=\sum\limits_{i=1}^{t}\sigma_i\boldsymbol{u}_i\boldsymbol{v}_i^{\mathrm{T}}$,$\mathrm{rank}(\boldsymbol{A}_t)=\mathrm{rank}(\boldsymbol{S}_t) \geqslant s$,所以可得式(4-21):

$$\| \boldsymbol{A}-\boldsymbol{A}_t \|_F=\min\{ \| \boldsymbol{A}-\boldsymbol{B} \|_F \mid \boldsymbol{B} \in \boldsymbol{C}^{m \times n} \}=\sqrt{\sigma_{t+1}^2+\sigma_{t+2}^2+\cdots+\sigma_p^2} \tag{4-21}$$

4.3.2　奇异值分解的 QR 码加解密过程

QR 码作为一种存储和识别信息的技术已经被广泛应用于多个领域。但是由于 QR 码的相关编码算法是公开的,内部的信息并未加密,使得其在一些应用场景中存在信息安全问题,因此需要对 QR 码进行一定的加密。利用奇异值分解进行的 QR 码加密流程如下。

Step1:读入由秘密信息所生成的 QR 码图片,如图 4-1(a)所示,并将其转换为灰度图像,并将此灰度图像转换为像素矩阵 $\boldsymbol{A}$,即转换成数据矩阵形式。

Step2:计算灰度 QR 码图像中的整体像素均值,并用像素矩阵 $\boldsymbol{A}$ 中的值依次减去像素均值,得到新的像素矩阵 $\boldsymbol{A}_1$。

Step3:对矩阵 $\boldsymbol{A}_1$ 进行奇异值分解操作,分解得 $\boldsymbol{A}_1=\boldsymbol{USV}^{\mathrm{T}}$,利用公式 $\boldsymbol{X}_1=\boldsymbol{U}'\boldsymbol{X}$ 将 $\boldsymbol{X}_1$ 形成加密后的 QR 码图像如图 4-1(b)所示。

对加密后的 QR 码进行解密,只需要对加密后的图像乘以矩阵 $\boldsymbol{U}$,再对运算后的矩阵加上像素均值,便可恢复原图像。恢复后的 QR 码如图 4-1(c)所示。

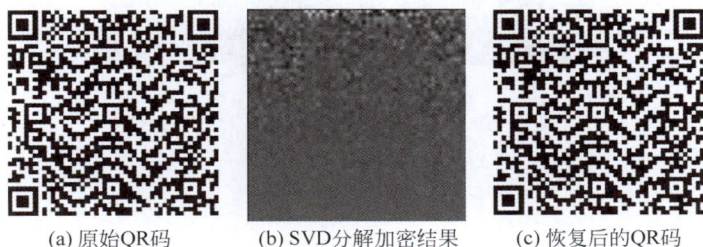

(a) 原始QR码　　　　(b) SVD分解加密结果　　　　(c) 恢复后的QR码

图 4-1　QR 码的 SVD 分解加密

4.4　基于 SVD 分解的 QR 码水印嵌入

奇异值分解（Singular Value Decomposition，SVD）是一种对矩阵进行对角化的数值计算方法，被应用于图像处理的主要优点在于：①图像的奇异值相对稳定，当图像被施加较小扰动时，图像的奇异值也不会有较大变动；②奇异值所表现的是图像的内蕴特性，而并非视觉特性。本节将对利用 SVD 算法来进行水印的嵌入以及提取进行表述。奇异值分解的相关定义及特性在 4.3 节已做描述，接下来是对于水印的嵌入以及恢复。

SVD 分解水印嵌入的具体原理：将水印转换为灰度矩阵形式并嵌入原始图像进行 SVD 分解之后的奇异值矩阵中，具体嵌入步骤如下。

Step1：将像素值为 $n \times n$ 的灰度图像 A 进行奇异值分解，得到两个正交矩阵 U、V 以及对角矩阵 S（SVD 对比于其他矩阵分解算法的优势在于其也可以对不等阶矩阵进行同种分解）。

Step2：将水印 $W \in R^{n \times n}$ 叠加到矩阵 S 上，通过矩阵运算 $S_1 = S + \alpha W$（常数 $\alpha > 0$，用于调节水印的嵌入强度）生成嵌入水印的矩阵 S_1。

Step3：将 U、S_1、V^{T} 矩阵相乘，得到包含水印的图像 A_1。

恢复水印图像的过程为 $A = USV^{\mathrm{T}}$，$W = (UA_1V - S)/\alpha$，水印嵌入及恢复图如图 4-2 所示。

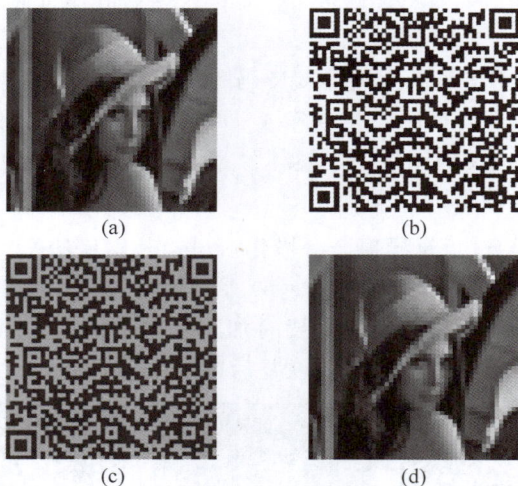

(a)　　　　　　　　　　(b)

(c)　　　　　　　　　　(d)

图 4-2　QR 码的 SVD 分解水印嵌入及恢复图

小结

矩阵在密码学和图像加密中扮演着重要角色。它不仅能够传达直观的秘密信息，还可以通过线性变换、代数运算等操作进一步提升原始信息的安全性。

本章首先介绍了矩阵的相关特性和原理,然后从基于矩阵属性的加密方案设计和基于矩阵运算的 QR 码水印设计两方面进行了分析。本章详细探讨了如何利用矩阵的相关特性生成共享份并进行秘密重构中的身份验证,如何通过将秘密信息作为水印嵌入 QR 码中以及提取信息来进行矩阵化运算。列举不同矩阵运算对于矩阵原始属性的要求,并在安全 QR 码的影响下展示了安全 QR 码的优点和应用场景。

本章的内容为 QR 码的安全性提供了一种有效的解决方案,同时也为矩阵运算在信息隐藏领域的应用提供了新的思路。在未来的工作中,可以进一步探索矩阵运算对 QR 码的容错性、可识别性和可扩展性等特性的影响,以及如何优化矩阵运算的效率和复杂度,以提高安全 QR 码的性能和实用性。

第 **5** 章

基于特征提取的水印嵌入QR码设计方法

目前,研究者们可以通过数字水印技术来判断 QR 码是否不合规或被篡改。将有效的数字水印嵌入 QR 码中,可以通过提取隐藏的数字水印信息来判断 QR 码的完整性和真实性,并可应用于版权保护等。然而,QR 码内嵌的水印图像大小受限,同时在载体图像中选择适当的位置嵌入水印也至关重要。选择合适的位置进行水印嵌入可以确保水印的鲁棒性、安全性和不可见性。

图像特征提取是一种利用计算机分析和处理图像的方法,以提取图像的不变特征并解决实际问题。这类方法涉及多个领域的知识,包括物理学、数学、计算机科学和控制理论等。目前,图像特征提取技术在生活的各个领域都得到了广泛应用。在 QR 码设计方面,特征提取方法不仅可以压缩水印图像,还能帮助找到合适的位置在载体图像中嵌入水印。因此,基于特征提取的水印嵌入 QR 码方法成为学术界关注的研究方向。

5.1 图像特征提取

图像处理技术日趋成熟,数字图像可定义为由多个集合图像组成的像素点之和,而图像特征提取的方法可以对像素点之和进行分析,因此该方法的种类也越来越多,图像特征提取方法大致可归纳为代数特征、变换系数特征、滤波器系数特征、纹理或边缘特征以及颜色或灰度的统计特征几种。在数字水印嵌入 QR 码的应用中多使用到代数特征和变换系数特征或滤波器系数特征。

5.1.1 代数特征

图像的代数特征是从表示图像的矩阵中提取出的特征。由于计算机内的数字化图像文件以矩阵形式存储,因此图像代数特征提取的基础是图像数据的数据结构。在图像矩阵中,每个元素表示图像中对应坐标位置的像素值。例如,一个由 8 位无符号整型元素构成的二维矩阵可表示一幅 256 级的灰度图像。因此,计算机对数字图像的处理可以转换为对一系列非负矩阵的运算。一些典型的利用矩阵理论提取图像特征的方法包括主成分分析、奇异值分解、独立成分分析和线性判别分析。在数字水印嵌入 QR 码的应用中多使用前三种。

1. 主成分分析

主成分分析（Principal Component Analysis，PCA）方法利用了降维的思想将原本多个相关的参数指标，重新转换成为一组不相关的指标。主成分分析方法对数据信息的压缩效果明显。从几何角度分析，主成分分析相当于将原始的坐标轴进行旋转变换，从而得到了互相正交的新坐标轴。在新的坐标轴下，所有的数据点尽可能地分散开来，而这新的坐标轴是根据相对应的特征值数值的大小依次排列得到的。主成分分析算法过程清晰明了，没有参数范围的限制，是它的关键性的优势，所以主成分分析方法运用于各种领域之中。另外，利用主成分分析提取的主成分系数不仅包括图像的高频分量，还包括低频分量。因此，在经过主成分分析的图像主成分系数中嵌入水印可以在一定程度上优化普通频域水印算法的缺陷。

以代数角度分析主成分分析即对给定的数据样本点集合 $\boldsymbol{X}=\{x_1,x_2,\cdots,x_n\}$，数据集合中有 n 个样本点，每个样本点含有 p 个指标，即 $x_i\in R^p$，$i=1,2,\cdots,n$，则如式（5-1）所示。

$$\boldsymbol{X}=\begin{bmatrix} x_{11} & x_{12} & \cdots & x_{1p} \\ x_{21} & x_{22} & \cdots & x_{2p} \\ \cdots & \cdots & \ddots & \cdots \\ x_{n1} & x_{n2} & \cdots & x_{np} \end{bmatrix}=\begin{bmatrix} x_1 & x_2 & \cdots & x_p \end{bmatrix} \tag{5-1}$$

其中，$\boldsymbol{X}_i=(x_{1i},x_{2i},\cdots,x_{ni})^{\mathrm{T}}$，$i=1,2,\cdots,p$。

主成分分析方法就是将原始的 p 个指标进行线性组合，进而得到新的 p 个综合指标，式（5-2）所示。

$$\begin{cases} z_1=w_{11}x_1+w_{21}x_2+\cdots+w_{p1}x_p \\ z_2=w_{12}x_1+w_{22}x_2+\cdots+w_{p2}x_p \\ \quad\vdots \\ z_p=w_{1p}x_1+w_{2p}x_2+\cdots+w_{p1}x_p \end{cases} \tag{5-2}$$

可转换为

$$z_i=w_{1i}x_1+w_{2i}x_2+\cdots+w_{pi}x_p,\quad i=1,2,\cdots,p \tag{5-3}$$

其中，$\boldsymbol{X}_i$ 是 n 维的，$\boldsymbol{Z}_i$ 也是 n 维的。而且 w_{ij} 需要满足以下条件。

（1）z_i，z_j 不相关，其中，$i\neq j$，$i,j=1,2,\cdots,p$。

（2）变量的方差是逐次递减的，变量 z_1 的方差大于或等于变量 z_2 的方差。

（3）$w_{k1}^2+w_{k2}^2+\cdots+w_{kp}^2$，$k=1,2,\cdots,p$。

主成分分析过程是一种去相关性的过程，当满足了三个条件时，变换后所得到的新变量指标两两之间是不相关的，并且方差是依次递减的。

综上所述，可得到 $p\times p$ 的变换矩阵如式（5-4）所示。

$$\boldsymbol{W}=\begin{bmatrix} X_{11} & X_{12} & \cdots & X_{1p} \\ X_{21} & X_{22} & \cdots & X_{2p} \\ \vdots & \vdots & \ddots & \vdots \\ X_{n1} & X_{n2} & \cdots & X_{np} \end{bmatrix} \tag{5-4}$$

因此有式(5-5)：

$$Z = [z_1, z_2, \cdots, z_p] = W^T X \tag{5-5}$$

2. 奇异值分解

奇异值分解方法是一种将矩阵对角化的数值方法,主要用于对图像的代数信息进行描述。相比其他图像描述方法,SVD对于图像的几何变换具有较高的容错能力,因此被广泛应用于图像处理领域。将该方法应用于水印嵌入中可以有效地抵御几何攻击。

若 A 为 $m \times n$ 阶实数矩阵,即 $A \in R_k^{m \times n}$,矩阵 A 的秩为 $k = \mathrm{rank}(A)$,则存在正交矩阵 $U = [u_1, u_2, \cdots, u_n] \in R_k^{m \times n}$,及正交矩阵 $V = [v_1, v_2, \cdots, v_n] \in R_k^{m \times n}$,使得 $U^T A V = \mathrm{diag}(\lambda_1, \lambda_2, \cdots, \lambda_k) = S$,即如式(5-6)所示。

$$S = U^T A V \tag{5-6}$$

其中,$q = \min\{m, n\}$,$\lambda_1 \geqslant \lambda_2 \geqslant \cdots \geqslant \lambda_k \geqslant 0$。

由于 U 和 V 都是正交的,从而有式(5-7)：

$$A = U S V^T \tag{5-7}$$

这里 λ_i 称为 A 的奇异值,u_i、v_i 分别称为相应于奇异值 λ_i 的左右奇异矢量,且满足式(5-8)：

$$A v_i = \lambda_i u_i \quad A u_i = \lambda_i v_i \quad (i = 1, 2, \cdots, q) \tag{5-8}$$

因此 U 和 V 分别是 AA^T 和 $A^T A$ 的特征矢量,式(5-6)则称为 A 的奇异值分解。

3. 独立成分分析

独立成分分析(Independent Components Analysis, ICA)方法是将数据变换到相互独立的方向上,使各个分量之间不仅两两正交,而且相互独立。在数字水印领域,ICA将水印图像和原始图像视为观测信号和源信号,这样水印的提取过程就可以转换为盲源分离的过程。

ICA的基本模型：假设有 n 个统计独立的源信号 $s_1, s_2, \cdots, s_n$ 和 m 个观测信号 $x_1, x_2, \cdots, x_m$,观测信号 X 和未知的源信号 S 之间的关系则如式(5-9)所示。

$$x_i = a_{i1} s_1 + a_{i2} s_2 + \cdots + a_{in} s_n, \quad i = 1, 2, \cdots, m \tag{5-9}$$

其矩阵形式则如式(5-10)所示。

$$X = AS \tag{5-10}$$

其中,X 为 m 维的观测信号矢量,A 为未知的 $m \times n$ 的混合矩阵,S 为未知的 n 维独立源信号矢量。ICA的目的就是通过观测数据 X 来估计混合矩阵 A 或估计位置的源信号,即求解一个解混矩阵 W,使得 $Y = WS$ 的各分量尽可能相互独立,并且源信号 S 的估计为 Y。

5.1.2 变换系数特征和滤波器系数特征

图像变化系数体征提取,即对图像进行各种滤波变换如离散余弦变换、离散傅里叶变换、K-L 变换、小波变换以及小波包变换等,之后令图像进行变换后的系数作为图像的一种特征。

1. 离散余弦变换

离散余弦变换是信号处理中经常采用的线性变换方法,可作用于实数信号,且具有正交变换的性质,能有效地去除信号之间的相关性。此外,离散余弦变换还具有良好的能量压缩能力,因此在语音和图像压缩等领域得到广泛应用。数字图像的 JPEG 压缩的标准就是基于离散余弦变换的,而基于 JPEG 压缩标准模型的图像水印算法可有效对抗 JPEG 压缩过程中引入的失真。因此,基于离散余弦变换的图像水印算法受到广泛关注和研究。

一维离散余弦变换的定义如式(5-11)所示。

$$X_v = \alpha_v \sum_{i=0}^{N-1} x_i \cos\left[\frac{(2i+1)v\pi}{2N}\right] \tag{5-11}$$

其中,N 为一维离散序列的长度 x_i,$0 \leqslant v \leqslant N-1$ 为变换域变量。相应逆变换如式(5-12)所示。

$$X_i = \sum_{i=0}^{N-1} \alpha_v x_i \cos\left[\frac{(2i+1)v\pi}{2N}\right] \tag{5-12}$$

二维离散余弦变换定义如式(5-13)所示。

$$X_{uv} = \alpha_u \alpha_v \sum_{i=0}^{N-1}\sum_{l=0}^{N-1} x_{il} \cos\left[\frac{(2i+1)u\pi}{2N}\right] \cos\left[\frac{(2i+1)v\pi}{2N}\right] \tag{5-13}$$

其中,$N \times N$ 为二维离散余弦变换前的图像尺寸大小;x_{il} 为时空域变量,$0 \leqslant i \leqslant N-1$,$0 \leqslant l \leqslant N-1$;$X_{uv}$ 为变换域变量,$0 \leqslant u \leqslant N-1$,$0 \leqslant v \leqslant N-1$。相应二维逆变换如式(5-14)所示。

$$x_{il} = \sum_{u=0}^{N-1}\sum_{v=0}^{N-1} \alpha_u \alpha_v X_{uv} \cos\left[\frac{(2i+1)u\pi}{2N}\right] \cos\left[\frac{(2i+1)v\pi}{2N}\right] \tag{5-14}$$

其中,系数 α_u 和 α_v 定义如式(5-15)所示。

$$\alpha_v = \begin{cases} \sqrt{1/N}, & v=0 \\ \sqrt{2/N}, & v=1,2,\cdots,N-1 \end{cases} \tag{5-15}$$

$$\alpha_u = \begin{cases} \sqrt{1/N}, & u=0 \\ \sqrt{2/N}, & u=1,2,\cdots,N-1 \end{cases}$$

二维离散余弦变换可以将数字图像的大部分信息集中到较少的中、低频系数上,同时对图像的块效应影响最小,计算复杂度低。

2. 傅里叶变换

傅里叶变换分为两种:连续傅里叶变换和离散傅里叶变换。在图像处理方面,因为计算机中保存的图像是数字图像,所以使用离散傅里叶变换进行图像处理。结合实际图像,离散傅里叶变换及其逆变换可用式(5-16)和式(5-17)表示。

$$F(u,v) = \frac{1}{MN} \sum_{x=0}^{M-1}\sum_{y=0}^{N-1} f(x,y) e^{-j2\pi(ux/M+vy/N)} \tag{5-16}$$

$$f(x,y) = \sum_{x=0}^{M-1} \sum_{y=0}^{N-1} F(u,v) e^{-j2\pi(ux/M+vy/N)} \tag{5-17}$$

其中，$f(x,y)$是图像像素值与像素点坐标的函数，M 和 N 表示图像的大小，通常用方阵来表示数字图像即 $M=N$，其中，u 和 v 是频域变量。当 u 和 v 都为 0 时，$F(0,0)$ 表示的图像傅里叶变换的直流分量即图像的平均灰度，当 u 和 v 逐渐增大时，$F(u,v)$ 则表示图像频域由低变高的交流分量值，图像的频率反映了空域图像的灰度变换梯度值。通常来讲，如果空域上该点梯度大，那么频域上该点则亮度也越大，反之则越弱。如果一幅图像的傅里叶频谱图中亮的点比较多，那么该图像是比较尖锐的；反之图像则比较柔和。为了便于对图像进行研究分析处理，需要把图像的频谱进行中心化，也就是把 $F(0,0)$ 移到 $(M/2,N/2)$ 处，此时可以将原始图像乘以 $(-1)^{x+y}$ 再进行傅里叶变换，便可得到中心化的傅里叶频谱。经过平移中心化后的频谱图，频谱图的中心点附近部分是低频，离中心点越近，频率越高，反之则相反。

离散傅里叶变换是基于复数的，因而无法直接显示变换结果。通常将变换结果分解为实部和虚部，如式(5-18)，或者幅度式(5-19)和相位式(5-20)来显示其结果。幅度表示这个频率分量强度的高低，而相位表示的则是位置信息。

$$F(u,v) = R(u,v) + I(u,v) \tag{5-18}$$

$$\text{Magnitude}(u,v) = \sqrt{R^2(u,v) + I^2(u,v)} \tag{5-19}$$

$$\text{Phase}(u,v) = \arctan\left[\frac{I(u,v)}{R(u,v)}\right] \tag{5-20}$$

其中，$R(u,v)$表示实部，$I(u,v)$表示虚部。此外，它也可以用幅度和虚部表示，$\text{Magnitude}(u,v)$为幅度，$\text{Phase}(u,v)$为相位。

在变换域嵌入水印能把水印能量扩散到空域的所有像素，而且可以更方便地将人类感知系统的某些特征结合到水印中。此外，因为傅里叶变换特有的性质，其常被用来嵌入水印抵抗 RST 攻击。

3. K-L 变换

K-L 变换(Karhunen-Loeve Transform，KLT)是一种基于统计特征的最优正交变换，常用于数据分析、数据压缩和主成分分析(PCA)降维。K-L 变换拥有一个重要的特性，即通过该变换可以得到一组具有最小均方差的正交基，从能量压缩的角度来看，这是一种最优变换。

K-L 变换是一种正交变换，它基于数据的统计特性。通过应用这种变换，变换矩阵可以将原始变量的协方差矩阵对角化，从而消除它们之间的相关性。这能够得到多个相互独立的信号子带，从而有效地分离原始信号的相关性。在接下来的部分中，将探讨 K-L 变换在信号分离方面的应用，以及它在多重水印嵌入中的作用。n 个随机变量 $x_1,x_2,\cdots,x_n$ 构成随机矢量 $\boldsymbol{X}=[x_1,x_2,\cdots,x_n]^{\mathrm{T}}$，每个随机变量有 m 个样本，则样本矩阵如式(5-21)所示。

$$\boldsymbol{S} = [\boldsymbol{\alpha}_1,\boldsymbol{\alpha}_2,\cdots,\boldsymbol{\alpha}_n]^{\mathrm{T}} = [\boldsymbol{\beta}_1,\boldsymbol{\beta}_2,\cdots,\boldsymbol{\beta}_m] \tag{5-21}$$

其中，$\boldsymbol{\alpha}_i(i=1,2,\cdots,n)$ 为随机变量 x_i 的所有样本构成的矢量，$\boldsymbol{\beta}_j(j=1,2,\cdots,m)$ 是

随机矢量 $\boldsymbol{X}$ 的第 j 个样本矢量。变量 x_i 和 x_j 之间的协方差如式(5-22)所示。

$$c_{ij} = E\big[(x_i - E(x_i))(x_j - E(x_j))\big] \tag{5-22}$$

根据变量的样本值,所得到协方差的估计值如式(5-23)所示。

$$
\begin{aligned}
c_{ij}^* &= \frac{1}{m}\sum_{k=1}^{m}\left[\left(S_{ij} - \frac{1}{m}\sum_{a=1}^{m}S_{ia}\right)\left(S_{jk} - \frac{1}{m}\sum_{b=1}^{m}S_{jb}\right)\right] \\
&= \frac{1}{m}\sum_{k=1}^{m}S_{ik}S_{jk} - \frac{1}{m^2}\sum_{a=1}^{m}S_{ia}\sum_{b=1}^{m}S_{jb} \\
&= \frac{1}{m}\alpha_i^{\mathrm{T}}\alpha_j - \frac{1}{m^2}\sum_{a=1}^{m}S_{ia}\sum_{b=1}^{m}S_{jb}
\end{aligned}
\tag{5-23}
$$

样本矩阵的协方差矩阵如式(5-24)所示。

$$
\begin{aligned}
\boldsymbol{\Sigma}_x &=
\begin{bmatrix}
c_{11}^* & c_{12}^* & \cdots & c_{1n}^* \\
c_{21}^* & c_{22}^* & \cdots & c_{2n}^* \\
\vdots & \vdots & \ddots & \vdots \\
c_{n1}^* & c_{n2}^* & \cdots & c_{nn}^*
\end{bmatrix} \\
&=
\begin{bmatrix}
\dfrac{1}{m}\boldsymbol{\alpha}_1^{\mathrm{T}}\boldsymbol{\alpha}_1 - \dfrac{1}{m^2}\sum\limits_{a=1}^{m}S_{1a}\sum\limits_{b=1}^{m}S_{1b} & \cdots & \dfrac{1}{m}\boldsymbol{\alpha}_1^{\mathrm{T}}\boldsymbol{\alpha}_n - \dfrac{1}{m^2}\sum\limits_{a=1}^{m}S_{1a}\sum\limits_{b=1}^{m}S_{1b} \\
\vdots & \ddots & \vdots \\
\dfrac{1}{m}\boldsymbol{\alpha}_n^{\mathrm{T}}\boldsymbol{\alpha}_1 - \dfrac{1}{m^2}\sum\limits_{a=1}^{m}S_{na}\sum\limits_{b=1}^{m}S_{1b} & \cdots & \dfrac{1}{m}\boldsymbol{\alpha}_n^{\mathrm{T}}\boldsymbol{\alpha}_n - \dfrac{1}{m^2}\sum\limits_{a=1}^{m}S_{na}\sum\limits_{b=1}^{m}S_{nb}
\end{bmatrix} \\
&= \frac{1}{m}[\boldsymbol{\beta}_1,\boldsymbol{\beta}_2,\cdots,\boldsymbol{\beta}_m][\boldsymbol{\beta}_1,\boldsymbol{\beta}_2,\cdots,\boldsymbol{\beta}_m]^{\mathrm{T}} = \frac{1}{m^2}[\boldsymbol{\beta}_1 + \boldsymbol{\beta}_2 + \cdots + \boldsymbol{\beta}_m][\boldsymbol{\beta}_1 + \boldsymbol{\beta}_2 + \cdots + \boldsymbol{\beta}_m]^{\mathrm{T}} \\
&= \frac{1}{m}\sum_{i=1}^{m}[\boldsymbol{\beta}_i - \boldsymbol{\beta}_0][\boldsymbol{\beta}_i - \boldsymbol{\beta}_0]^{\mathrm{T}}
\end{aligned}
\tag{5-24}
$$

其中,$\boldsymbol{\beta}_0 = \dfrac{1}{m}[\boldsymbol{\beta}_1 + \boldsymbol{\beta}_2 + \cdots + \boldsymbol{\beta}_m]$。根据式(5-24)可以得到采样矩阵的协方差矩阵。协方差矩阵中的元素 c_{ij}^* 实际上就是根据样本所求得的变量 x_i 和 x_j 之间的协方差,也就是两个变量之间的相关性。由于协方差矩阵 $\boldsymbol{\Sigma}_x$ 是一个 Hermite 矩阵,根据 Hermite 矩阵的性质,可知存在酉矩阵 $\boldsymbol{\Phi}$ 使 $\boldsymbol{\Sigma}_x$ 对角化如式(5-25)所示。

$$\boldsymbol{\Phi}^{-1}\boldsymbol{\Sigma}_x\boldsymbol{\Phi} = \boldsymbol{\Lambda} = \mathrm{diag}(\lambda_1,\lambda_2,\cdots,\lambda_n) = \boldsymbol{\Lambda} \tag{5-25}$$

其中,$\boldsymbol{\Lambda}$ 为一个除主对角线之外,其他元素皆为 0 的矩阵,即对角矩阵;$\lambda_1,\lambda_2,\cdots,\lambda_n$ 为对角线矩阵中对角线元素值,也即协方差矩阵 $\boldsymbol{\Sigma}_x$ 的特征值。特征值 $\lambda_1,\lambda_2,\cdots,\lambda_n$ 所对应的特征矢量分别为 $\boldsymbol{\phi}_1,\boldsymbol{\phi}_2,\cdots,\boldsymbol{\phi}_n$,$\boldsymbol{\phi}_1,\boldsymbol{\phi}_2,\cdots,\boldsymbol{\phi}_n$ 是经过标准正交化后得到的标准正交基,则 $\boldsymbol{\phi}_i$ 满足式(5-26)。

$$\langle\boldsymbol{\phi}_i,\boldsymbol{\phi}_j\rangle = \boldsymbol{\phi}_i^{*\mathrm{T}}\boldsymbol{\phi}_j = \begin{cases} 1, & i=j \\ 0, & i\neq j \end{cases} \tag{5-26}$$

可以得到酉矩阵 $\boldsymbol{\Phi} = [\boldsymbol{\phi}_1,\boldsymbol{\phi}_1,\cdots,\boldsymbol{\phi}_n]$,满足 $\boldsymbol{\Phi}^{*\mathrm{T}} = \boldsymbol{\Phi}^{-1}$,酉矩阵 $\boldsymbol{\Phi}$ 就是所要求的

K-L 变换矩阵，原始信号表示成 $\boldsymbol{\phi}_1, \boldsymbol{\phi}_2, \cdots, \boldsymbol{\phi}_n$ 的线性形式。对于原始信号矢量 $\boldsymbol{X}$，K-L 变换定义如式(5-27)所示。

$$Y = \begin{bmatrix} y_1 \\ y_2 \\ \vdots \\ y_n \end{bmatrix} = \boldsymbol{\Phi}^{*\mathrm{T}} \boldsymbol{X} = \begin{bmatrix} \boldsymbol{\phi}_1^{*\mathrm{T}} \\ \boldsymbol{\phi}_2^{*\mathrm{T}} \\ \vdots \\ \boldsymbol{\phi}_n^{*\mathrm{T}} \end{bmatrix} \begin{bmatrix} x_1 \\ x_2 \\ \vdots \\ x_n \end{bmatrix} \tag{5-27}$$

其中，$\boldsymbol{Y}$ 为原始信号矢量的输出信号矢量，y_i 为输入信号在基 $\boldsymbol{\phi}_i$ 上的映射，也就是输入信号在第 i 个子空间的信号强度。式两边同乘以 $\boldsymbol{\Phi} = (\boldsymbol{\Phi}^{*\mathrm{T}})^{-1}$ 得到 K-L 变换的逆变换如式(5-28)所示。

$$X = \boldsymbol{\Phi} Y = [\boldsymbol{\phi}_1, \boldsymbol{\phi}_1, \cdots, \boldsymbol{\phi}_n] \begin{bmatrix} y_1 \\ y_2 \\ \vdots \\ y_n \end{bmatrix} = \sum_{i=1}^{n} y_i \boldsymbol{\phi}_i \tag{5-28}$$

通过式(5-28)，可以发现输入信号 $\boldsymbol{X}$ 被表示为以 $\boldsymbol{\phi}_1, \boldsymbol{\phi}_2, \cdots, \boldsymbol{\phi}_n$ 为基的线性形式，y_i 为信号在 $\boldsymbol{\phi}_i$ 正交基上的分量。在所有的正交变换中，K-L 变换在均方差意义下是最优的变换，可以有效地分离信号的相关性并得到相关性最小、相互独立的信号子带。设 m_y 为输出信号 $\boldsymbol{Y}$ 的均值矢量，设 m_x 为输出信号 $\boldsymbol{X}$ 的均值矢量，$\boldsymbol{\Sigma}_y$ 是 $\boldsymbol{Y}$ 的协方差矩阵，对于实矩阵 $\boldsymbol{\Phi}$，$\boldsymbol{\Phi}^{*\mathrm{T}} = \boldsymbol{\Phi}^{\mathrm{T}}$。

$$m_y = E(\boldsymbol{Y}) = E(\boldsymbol{\Phi}^{\mathrm{T}} \boldsymbol{X}) = \boldsymbol{\Phi}^{\mathrm{T}} E(\boldsymbol{X}) = \boldsymbol{\Phi}^{\mathrm{T}} m_x$$

$$\begin{aligned} \boldsymbol{\Sigma}_y &= E(\boldsymbol{Y}\boldsymbol{Y}^{\mathrm{T}}) - m_y m_y^{\mathrm{T}} = E[(\boldsymbol{\Phi}^{\mathrm{T}} \boldsymbol{X})(\boldsymbol{\Phi}^{\mathrm{T}} \boldsymbol{X})^{\mathrm{T}}] - (\boldsymbol{\Phi}^{\mathrm{T}} m_x)(\boldsymbol{\Phi}^{\mathrm{T}} m_x)^{\mathrm{T}} \\ &= E[(\boldsymbol{\Phi}^{\mathrm{T}}(\boldsymbol{X}\boldsymbol{X}^{\mathrm{T}})\boldsymbol{\Phi}] - \boldsymbol{\Phi}^{\mathrm{T}} m_x m_x^{\mathrm{T}} \boldsymbol{\Phi} = \boldsymbol{\Phi}^{\mathrm{T}} [E(\boldsymbol{X}\boldsymbol{X}^{\mathrm{T}}) - m_x m_x^{\mathrm{T}}] \boldsymbol{\Phi} \\ &= \boldsymbol{\Phi}^{\mathrm{T}} \boldsymbol{\Sigma}_x \boldsymbol{\Phi} = \mathrm{diag}(\lambda_1, \lambda_2, \cdots, \lambda_n) = \boldsymbol{\Lambda} \end{aligned} \tag{5-29}$$

从式(5-29)可以看到，输出信号 $\boldsymbol{Y}$ 的协方差矩阵是一个对角矩阵，说明不同变量 y_i 和 $y_j (i \neq j)$ 的相关系数为零，y_i 和 y_j 是相互独立的信号，原始信号的相关性被完全分离，被转换为相互独立的信号子带。

图像经过 K-L 变换后将原始灰度图像中的主要信息重新分配给前 m 个主成分，使得这些主成分之间两两互不相关，并且图像得到压缩后能够将主要信息保存。另外，将水印尽可能地嵌入前 m 个主成分中，当图像在变换过程中出现失真但视觉质量能够不受影响，那么嵌入的水印信息也不会丢失，进而可以达到提升水印鲁棒性的效果。

4. 小波变换

小波变换是一种空间域和频率域结合的分析方法，是傅里叶变换的重要发展。实现了对数字信号开展不同空间、多种分辨率的分析，是 JPEG2000 压缩标准的基础，已经广泛应用于数据压缩、图像分析与处理等领域。小波变换在低频区域，时间分辨率相对较低，但频率分辨率较高；而在高频区域，时间分辨率相对较高，但频率分辨率较低。因此，小波变换对数字信号有很好的自适应性。基于离散小波变换的图像水印算法具备良好的视觉效果以及较强的鲁棒性,能够抵御多种常见的攻击。

1) 连续小波变换

设有函数 $f(t) \in L^2(R)$,$a > 0$,连续小波变换定义如式(5-30)所示。

$$W_f(a,b) = \int_{-\infty}^{\infty} f(t) \varphi_{a,b}(t) \mathrm{d}t = \int_{-\infty}^{\infty} f(t) \frac{1}{\sqrt{a}} \varphi\left(\frac{t-b}{a}\right) \mathrm{d}t \tag{5-30}$$

变换核为 $\frac{1}{\sqrt{a}}\varphi\left(\frac{t-b}{a}\right)$ 的函数族,其中,a 为伸缩函数,b 为平移参数,函数 $\psi_{m,n}(t) = \frac{1}{\sqrt{a_0^m}}\psi\left(\frac{t-nb_0a_0^m}{a_0^m}\right) = a_0^m$ 称为小波,$\psi_{m,n}(t) = \frac{1}{\sqrt{a_0^m}}\psi\left(\frac{t-nb_0a_0^m}{a_0^m}\right) = a_0^m$ 是解析函数。$\varphi(t)$ 的要求如下。

(1) 它的定义域是紧密支撑的,也就是说,在一个很小的范围外,函数为 0,说明它具有快速下降的特征。

(2) 平均值为 0,即 $\int_{-\infty}^{\infty}\varphi(t)\mathrm{d}t = 0$,因此小波是一种快速衰减的波,且具有震荡特性。

2) 离散小波变换

连续小波变换中的小波基函数相关性很强,且 CWT 是取连续值进行处理,导致计算量大,效率低,变换后的系数信息量冗余度高,加大了分析小波变换的难度。在实际处理信号时,希望通过更少的计算量来尽可能保留更多的信息,就要对小波变换的取值进行离散化处理,获得冗余度更低的小波系数。此外,离散小波变换指的是对参数 a、b 进行离散处理,无法处理时间参数。离散小波定义如式(5-31)所示。

$$\psi_{m,n}(t) = \frac{1}{\sqrt{a_0^m}}\psi\left(\frac{t-nb_0a_0^m}{a_0^m}\right) = a_0^{-\frac{m}{2}}\psi(a_0^{-m}t - nb_0) \tag{5-31}$$

离散小波变换定义如式(5-32)所示。

$$\langle f, \psi_{m,n} \rangle = a_0^{-\frac{m}{2}}\int_{-\infty}^{+\infty} f(t)\psi_{m,n}(t)\mathrm{d}t = a_0^{-\frac{m}{2}}\int_{-\infty}^{+\infty} f(t)(a_0^{-m}t - nb_0) \tag{5-32}$$

在图像处理中,大部分的信号都是二维的甚至是多维的,因而小波分析理论,更多是在二维或多维信号处理中。推广的二维离散小波变换,其定义如式(5-33)所示。

$$\langle f, \psi_{m,n} \rangle = W(a, b_1, b_2)$$
$$= \int_{-\infty}^{+\infty}\int_{-\infty}^{+\infty} f(t_1, t_2)\psi_{a,b}\left(\frac{(t_1, t_2) - (b_1, b_2)}{a}\right)\mathrm{d}t_1\mathrm{d}t_2 \tag{5-33}$$

逆变换如式(5-34)所示。

$$f(t_1, t_2) = \frac{1}{C_\psi}\int_{-\infty}^{+\infty}\int_{-\infty}^{+\infty}\int_{a=0}^{\infty} \frac{1}{a}W(a, b_1, b_2)\psi_{a,b}(t_1, t_2)\mathrm{d}a\,\mathrm{d}b_1\,\mathrm{d}b_2 \tag{5-34}$$

3) 图像小波变换

小波变换在数字图像方面的应用是对图像进行二维分解变换,最后得到不同空间、不同频率上的子图像,子图像分辨率越低,包含的信息就越多。图像二级小波变换分解的示意图如图 5-1 所示。

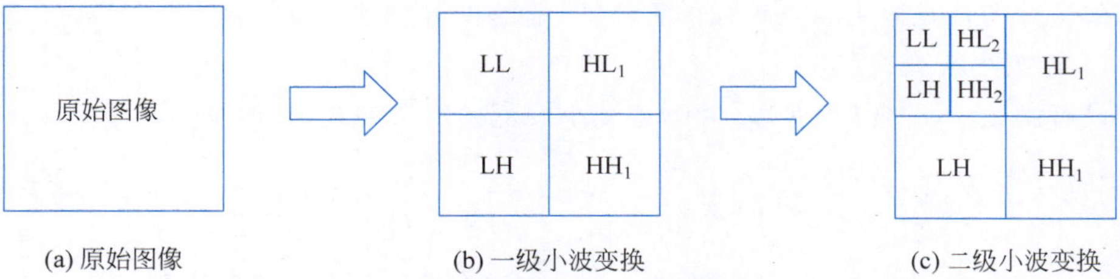

| (a) 原始图像 | (b) 一级小波变换 | (c) 二级小波变换 |

图 5-1 图像二级小波变换分解的示意图

图像经过小波变换分解后，图像大部分能量集中于低频子带，低频子带系数绝对值大。而高频子带含有的能量较少，并且随着分解层数的增加，高频能量逐渐减少，不适合嵌入水印信息。因此，经过小波变换分解后的低频子带可以继续分解，且变换后的低频子带与载体图像具有相似性，适合进行水印嵌入。

5. 小波包变换

小波包分解提供了一种比小波分解更加精细的信号分析方法。它通过对频带进行多层次的划分，根据被分析信号的特征自适应地选择相应频段，使得分解后的频谱能够更好地匹配原始信号，从而提高时频分辨率。因此，小波包分解技术得到了广泛应用。使用小波包分解技术对原始数字载体图像和水印图像进行处理，可以将水印数据嵌入原图像的小波域的低频子带中。这种方法具有较大的嵌入水印容量，同时还具有良好的不可见性和鲁棒性，可以抵御压缩 JPEG2000 攻击。

1）小波包变换的概念

对于给定的正交尺度函数 $\phi(t)$ 和对应的小波函数 $\psi(t)$，有二尺度方程如式（5-35）所示。

$$\begin{cases} \phi(t) = \sqrt{2} \sum_{n \in Z} h(n)\phi(2t-n) \\ \psi(t) = \sqrt{2} \sum_{n \in Z} g(n)\phi(2t-n) \end{cases} \tag{5-35}$$

其中，$\{h(n)\}_{n \in Z}$ 和 $\{g(n)\}_{n \in Z}$ 是多分辨分析中定义的滤波器。做进一步推广，记 $p_0(t) = \phi(t)$，$p_1(t) = \psi(t)$，由式（5-36）和式（5-37）递推公式定义 $p_k(t)$。

$$p_{2k}(t) = \sqrt{2} \sum_{n \in Z} h(n)p_k(2t-n) \tag{5-36}$$

$$p_{2k+1}(t) = \sqrt{2} \sum_{n \in Z} g(n)p_k(2t-n) \tag{5-37}$$

称 $\{p_k(t)\}_{k \in Z}$ 为 $p_0(t) = \phi(t)$ 确定的小波包。从而，小波包 $\{p_k(t)\}_{k \in Z}$ 是一个具有联系的函数的集合，其中包括尺度函数 $p_0(t)$ 和母小波函数 $p_1(t)$。

综上所述，小波包变换是在小波变换的基础上，通过对母小波函数进行伸缩、平移和调制运算，进一步延伸出来的概念。相比小波分析只对高频部分进行简单分解，小波包分析对频带进行多层次均匀划分，将特征信号的能量集中在更加均匀的频带中，从而使得小波包变换具有比小波变换更好的时频特性。

2）图像中的小波包分解

在小波多分辨分析中，$L_2(R)$空间分解成由尺度函数组成的子空间$\{V_j\}_{j\in Z}$和由小波函数组成的子空间$\{W_j\}_{j\in Z}$。为了讨论小波包组成的空间，令$U_j^0=V_j$，$j\in Z$；$U_j^0=W_j$，$j\in Z$。

根据小波多分辨分析，可得$V_j=V_{j+1}\oplus W_{j+1}$，可表示为式(5-38)。

$$U_j^0=U_{j+1}^0\oplus U_{j+1}^1 \quad (j\in Z) \tag{5-38}$$

推广到小波包变换，有式(5-39)。

$$U_j^0=U_{j+1}^0\oplus U_{j+1}^1 \quad (j\in Z) \tag{5-39}$$

因此，小波包子空间的分解为式(5-40)。

$$\begin{cases} W_j=U_{j+1}^2\oplus U_{j+1}^3 \\ W_j=U_{j+2}^4\oplus U_{j+2}^5\oplus U_{j+2}^6\oplus U_{j+2}^7 \\ \vdots \\ W_j=U_{j+k}^{2^k}\oplus U_{j+k}^{2^{k+1}}\oplus\cdots\oplus U_{j+k}^{2^{k+1}-1} \end{cases} \tag{5-40}$$

W_j空间分解的子空间序列可写为$U_{j+k}^{2^{k+1}-m}$，其中，$m=0,1,2,\cdots,2^k-1$，$k=1,2,3,\cdots$，$j=1,2,3,\cdots$。子空间$U_{j+k}^{2^{k+1}+m}$对应的规范正交基如式(5-41)所示。

$$\left\{2^{\frac{-(j+k)}{2}}w_{2^k+m}\left[2^{-(j+k)}t-l\right]\right\}_{t\in Z} \tag{5-41}$$

当$k=0$和$m=0$时，子空间$U_{j+k}^{2^{k+1}+m}$还原为$U_j^1=W_j$，其正交基就是小波基，即如式(5-42)所示。

$$\left\{2^{\frac{-j}{2}}\psi(2^{-j}t-l)\right\}_{t\in Z} \tag{5-42}$$

在对原始图像进行分解时是按小波包分解算法逐层进行分解的，因此图像的小波包分解可以用一个如图5-2所示的四叉树来表示。对载体图像进行小波包分解后，在其子带图像中的高频系数上嵌入水印。小波包分解后所产生的重要系数可以直接影响图像的视觉效果，而人眼视觉系统对在其中添加的水印噪声却并不敏感，因此在其中嵌入水印不仅可以提高水印的不可见性，还使得水印具有更好的鲁棒性及抗攻击性。

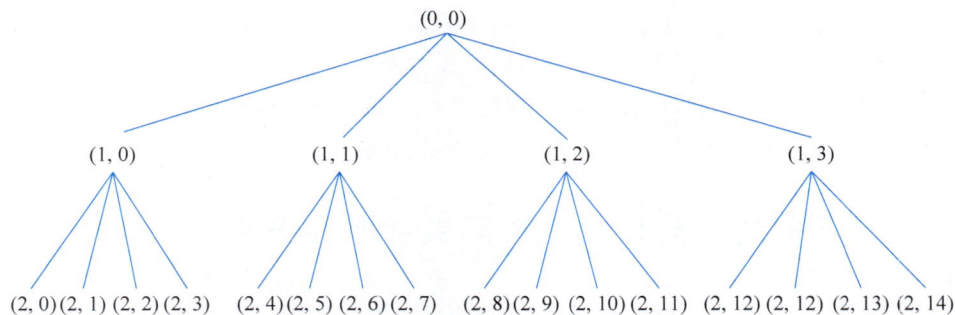

图5-2　图像的小波包分解示意图

5.2 数字水印技术

数字水印技术是保护数字多媒体版权的有效方法之一。该技术通过将能够验证版权所属的信息嵌入视频、音频、图书或图像等目标对象中，使得嵌入信息后的目标对象不会产生明显的差异，也不会对目标对象的使用造成影响。只有使用相应的算法或检测器，才能检测出加载的版权信息。这些版权信息一般包括所有者信息、购买者信息、日期信息等。数字水印技术的用途主要包括知识产权的保护、盗版追踪、真伪识别等。数字水印技术分为两个部分：水印嵌入和水印提取。数字水印技术框架如图 5-3 所示。

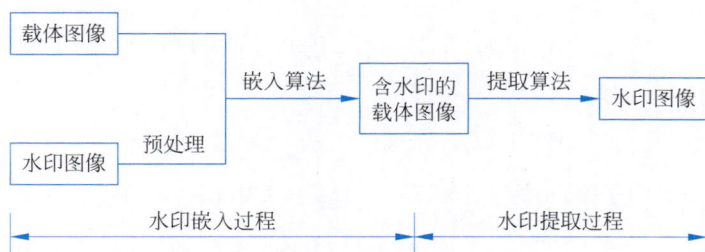

图 5-3　数字水印技术框架

数字水印技术常被用于完成产品所有者的版权保护，因此设计水印算法时要求保证水印在攻击中能够满足以下几点。

（1）安全性。安全性是指水印信息难以被伪造、擦除、篡改或检测误报。同时，安全性也要求水印随着载体图像的变化而相应变化，这样就能够推断出原始数据是否被篡改。

（2）不可见性。为了使水印嵌入载体后对人类视觉系统不可见，并且不能与未嵌入水印的部分区分开，需要确保水印嵌入后不会引起明显的失真，不会影响载体的使用。

（3）鲁棒性。描述水印在常见信号处理中的生存能力。数字水印在传输过程中可能会受到有意或无意地破坏，因此水印应具有较强的鲁棒性以抵御各种攻击。

（4）嵌入容量。嵌入容量是指数字水印算法在载体图像中能够嵌入的最大信息量。在实际应用中，通常需要在嵌入容量、鲁棒性和不可见性三个性质之间进行平衡，由于它们之间相互制约，难以同时达到理想效果。因此，设计数字水印算法时，需要根据实际应用需求，侧重于某一方面或相互妥协以达到平衡。

5.3 基于主成分分析的 QR 码数字水印方案

该方案首先利用 Arnold 算法对原始水印进行置乱加密使得嵌入水印看上去是无意义的图像，然后对含有信息的原始 QR 码图像进行主成分分析，得到适合嵌入水印信息的主成分块，水印图像选择合适的水印系数利用加法原则嵌入这些主成分块中，最后得到嵌入了水印的 QR 码图像,完成水印嵌入 QR 码的过程。接下来是验证过程,即水印的提取,将嵌入水印的 QR 码进行主成分分析得到主成分块,与原始的 QR 码主成分分析所得到的块进行对比,利用逆水印嵌入公式提取出嵌入的置乱加密后的水印,再根据反 Arnold 置乱算法还原得到原始水印,完成水印从 QR 码中提取的过程。

5.3.1 Arnold 置乱

Arnold 是一种经典的位置加密方法,图像经过一定运算会形成视觉上无意义的图像,这种图像置乱方法可以有效地抵抗几何攻击,并且 Arnold 置乱变换存在周期性,在一些方面使图像恢复变得更加简单。Arnold 置乱变换公式如下。

设图像中某一点的坐标为 (x,y),经过置乱后的坐标为 (x',y'),则有式(5-43)。

$$\begin{bmatrix} x' \\ y' \end{bmatrix} = \begin{bmatrix} 1 & 1 \\ 1 & 2 \end{bmatrix} \begin{bmatrix} x \\ y \end{bmatrix} \bmod N \qquad (5\text{-}43)$$

则 Arnold 逆变换如式(5-44)所示。

$$\begin{bmatrix} x \\ y \end{bmatrix} = \begin{bmatrix} 1 & 1 \\ 1 & 2 \end{bmatrix}^{-1} \begin{bmatrix} x' \\ y' \end{bmatrix} \bmod N \qquad (5\text{-}44)$$

其中,(x,y) 和 (x',y') 分别是图像置乱前后的像素位置。算法 5-1 为 Arnold 变换算法。如图 5-4 所示为 Arnold 置乱效果图。

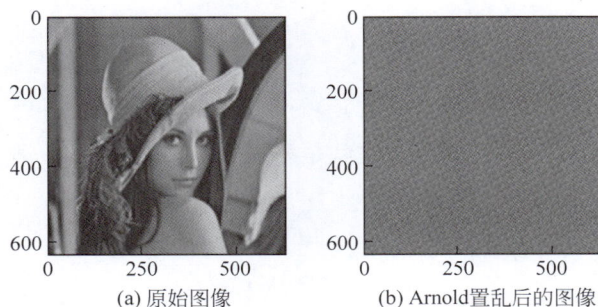

(a) 原始图像   (b) Arnold置乱后的图像

图 5-4 Arnold 置乱效果图

算法 5-1 Arnold 变换算法

Arnold($\boldsymbol{P}$,t)//Arnold 变换算法
//加密图像 $\boldsymbol{P}(n \times n)$,Arnold 变换次数 t
Step1:for($i=0$;$i<t$;$i++$)//共 t 次
Step2:for each $x,y \in [0,n-1]$ do
Step3:$x'=(x+y) \bmod n$;$y'=(x+2y) \bmod n$;$L_{i'j'}=P_{i'j'}$
Step4:end for
Step5:$\boldsymbol{P}=\boldsymbol{L}$;//一次变换后
Step6:end for
Step7:return $\boldsymbol{P}$//t 次变换后图像

5.3.2 主成分分析

该方案中利用主成分分析根据相关系数矩阵的特征值占比选取了 QR 码载体图像中最有效的主成分系数,与其他的频域变换不同,PCA 提取的主成分系数同时包含图像的高频分量和低频分量。因此,水印嵌入这些系数中可以改善普通频域算法的缺点。再利用 QR 码编码特性以及主成分分析的优势,选取适当的水印嵌入系数,在图像的主成分中利用加法原则嵌入水印,水印能够有效地抵抗几何攻击,提高了水印的鲁棒性。但是主成分分析并非针对单一样本,所以需要将图像进行分块处理,并且主成分分析要求这些子图有相关性。所以这个方法一般情况下只适用于灰度图像,因为灰度图像每个像素点由不同的灰度值来表示,相邻灰度值之间具有一定相关性,则主成分分析算法的具体算法步骤如下。

1. 标准化

随机变量的标准化,包含以下两点。

(1) 将随机变量的分布中心移至原点,使变量分布不偏斜,即避免变量分布的左偏或右偏。

(2) 缩小或扩大坐标轴,使分布不至于过疏或过密。

随机变量 X 的标准化,便于更进一步地分析。令 X^* 和 Y^* 是标准化后的 X 和 Y,则有式(5-45)。

$$X^* = \frac{X - E(X)}{\sqrt{D(X)}}, \quad Y^* = \frac{Y - E(X)}{\sqrt{D(X)}} \tag{5-45}$$

而标准化后的 X^* 和 Y^* 的协方差就是相关系数,用 ρ 或 ρ_{xy} 表示,即如式(5-46)所示。

$$\mathrm{Cov}(X^*, Y^*) = \frac{\mathrm{Cov}(X, Y)}{\sqrt{D(X)}\sqrt{D(Y)}} = \rho_{xy} \tag{5-46}$$

2. 计算矩阵的相关系数矩阵 R

相关系数是对于随机变量相关性的度量,协方差如式(5-47)所示。

$$\mathrm{Cov}(X, Y) = \frac{\sum_{i=1}^{n}(X_i - \bar{X})(Y_i - \bar{Y})}{n-1} \tag{5-47}$$

计算相关系数矩阵就是为了方便后续计算特征值和特征矢量找出主成分。

3. 根据相关系数矩阵 R 的特征方程计算特征值

矩阵不同特征值对应的特征矢量线性无关,通过解样本相关矩阵 R 的特征方程,根据式(5-48)求得 p 个特征值。

$$R - \lambda I_p = 0 \tag{5-48}$$

排列顺序为 $\lambda_1 \geqslant \lambda_2 \geqslant \cdots \geqslant \lambda_p \geqslant 0$，根据特征值 λ_i 求出特征矢量 $e_i(i=1,2,\cdots,p)$，最后依据 e_i 形成特征系数矩阵 $\boldsymbol{U}=(e_1,e_2,\cdots,e_p)^{\mathrm{T}}$。

4. 确定主成分

当 m 个累计贡献率大于 85% 时，就说明前面 m 个特征值所对应的坐标轴就可以覆盖 85% 的分散的点，而这 m 个特征值就对应了 m 个主成分。要确定主成分个数，一般情况下规定，贡献率（CR）为每个主成分在所有样本分析中所占的百分比，相应的累积贡献率（ACR）则为主成分总和对各个成分的方差之和的贡献率。

设 λ_i 表示第 i 个特征值，则相应的第 i 个主元素的 CR(r) 如式（5-49）所示。

$$CR(r)=\frac{\lambda_i}{\displaystyle\sum_{i=1}^{n}\lambda_i} \tag{5-49}$$

其中，λ_i 为特征值，$i=1,2,\cdots,p$。

综合前面公式求得前 m 个主成分的 ACR(m) 如式（5-50）所示。

$$ACR(m)=\frac{\displaystyle\sum_{i=1}^{m}\lambda_i}{\displaystyle\sum_{i=1}^{n}\lambda_i} \tag{5-50}$$

在实际应用中，一般采取 $ACR \geqslant 85\%$ 确定 m 值，这样所提取的信息才能够达到较好的利用率。

5. 变换为主成分

特征矢量形成的矩阵乘标准化后的矩阵，变换真正的主成分，按式（5-51）计算主成分。

$$\boldsymbol{F}_j=\boldsymbol{U}_j^{\mathrm{T}}\boldsymbol{Z},\quad j=1,2,\cdots,m \tag{5-51}$$

5.3.3　方案详细过程

1. 水印嵌入

一方面，原始水印图像首先利用 Arnold 置乱进行加密；另一方面，对原始 QR 码图像进行分块处理，然后进行主成分分析，得到有效的主成分系数，根据实验选择合适的嵌入系数，利用加法原则将加密后的水印图像嵌入载体 QR 码图像的主成分系数中，最后进行主成分分析逆变换，得到嵌入水印的 QR 码图像。

2. 水印提取

对带有水印的载体 QR 码图像进行主成分分析，得到新的主成分，再根据嵌入系数和加法原则的逆变换进行水印提取，得到加密的水印图像，最后通过 Arnold 逆变换可得到原始水印图像。

综上所述,该方案的水印嵌入与提取过程如图 5-5 所示。

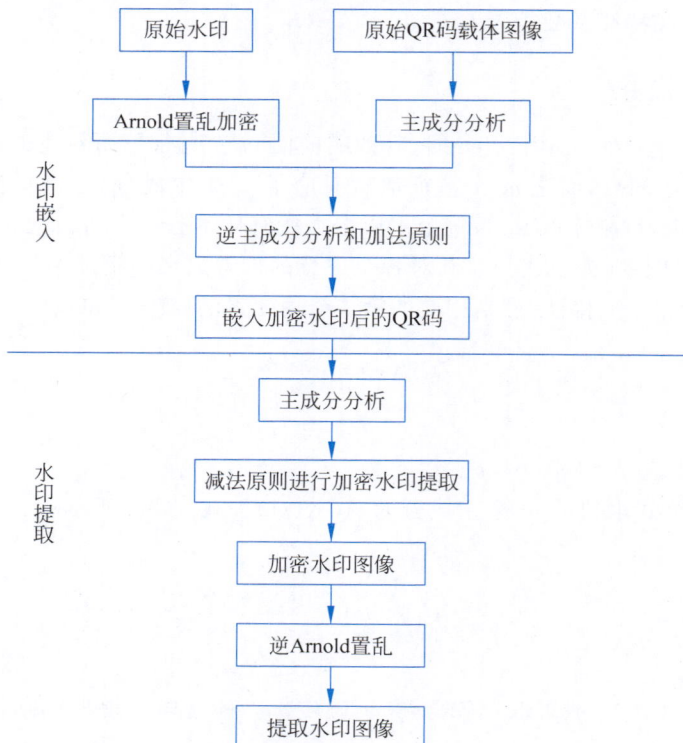

图 5-5 方案流程图

5.4 基于奇异值分解的 QR 码数字水印方案

该方案版权拥有者首先利用(2,2)随机网格视觉密码方案将版权图像分为两幅无像素扩展的共享份,即 Share1 和 Share2。其中,Share1 利用奇异值分解方法嵌入 QR 码中,而 Share2 则利用 Arnold 置乱加密后传递给版权保护中心,进而完成版权图像的加密和嵌入。在版权图像的恢复过程中,首先根据嵌入的逆过程将 Share1 提取出来,再向版权保护中心申请认证,利用密钥 K 恢复 Share2,最后将提取出的 Share1 和 Share2 进行异或即可恢复版权图像。

5.4.1 基于随机网格的视觉密码

传统的视觉密码有像素缩放和需要编码本等缺点,而基于随机网格的视觉密码克服了像素缩放和需要编码本的问题,产生的共享份和原始秘密图像大小相同,在解密时通过两个网格的异或来恢复原始图像。基于随机网格的 VSS(RGVSS)将二进制黑白图像视为二维像素阵列的网格,其中每个像素要么透明,要么不透明。每个网格的平均透明度为 50%。本方案利用基于异或的(2,2)随机网格的单个秘密图像共享方案,将秘密图像划分为两幅共享份,在解密时需要得到所有的共享份,才可以恢复出原始图像。

算法5-2(2,2)RG-VSS的生成与恢复算法。

输入秘密图像S。

Step1：随机生成一幅共享份图像SC_1。

Step2：用式(5-52)计算第二幅共享份图像SC_2。

恢复：采用式(5-53)计算$S' = SC_1 \oplus SC_2$，如果秘密信息$S(i,j)$是1，恢复结果$SC_1(i,j) \oplus SC_2(i,j) = 1$总是黑色；如果秘密信息是0，恢复结果$SC_1(i,j) \oplus SC_2(i,j)$有一半的可能是黑色或者白色，因为$SC_1$是随机的。

$$SC_2(i,j) = \begin{cases} SC_1(i,j), & S(i,j) = 0 \\ \overline{SC_1(i,j)}, & S(i,j) = 1 \end{cases} \tag{5-52}$$

$$S'(i,j) = SC_1 \oplus SC_2 = \begin{cases} SC_1(i,j) \oplus SC_1(i,j), & S(i,j) = 0 \\ SC_1(i,j) \oplus \overline{SC_1(i,j)}, & S(i,j) = 1 \end{cases} \tag{5-53}$$

秘密图像如图5-6(a)所示。利用基于异或的(2,2)随机网格的单个秘密图像共享方案产生的共享份则如图5-6(b)和图5-6(c)所示。

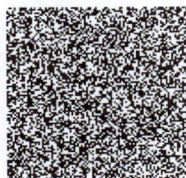 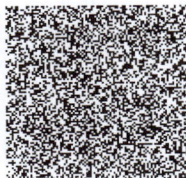

(a) 秘密图像　　　　(b) 共享份1　　　　(c) 共享份2

图5-6　基于异或的(2,2)随机网格的单个秘密图像共享方案

5.4.2　奇异值分解

对于图像像素二维矩阵$Q \in \boldsymbol{R}^{m \times m}$（$\boldsymbol{R}$为实数域），奇异值分解满足式(5-54)。

$$\boldsymbol{Q} = \boldsymbol{U}\boldsymbol{S}\boldsymbol{V}^{\mathrm{T}} = \boldsymbol{U}\begin{bmatrix} \boldsymbol{\Sigma} & 0 \\ 0 & 0 \end{bmatrix}\boldsymbol{V}^{\mathrm{T}} \tag{5-54}$$

其中，$\boldsymbol{U} \in \boldsymbol{R}^{m \times m}$和$\boldsymbol{V} \in \boldsymbol{R}^{m \times m}$均为正交矩阵；$\boldsymbol{S} \in \boldsymbol{R}^{m \times m}$为对角阵；$\boldsymbol{\Sigma} = \mathrm{diag}(\delta_1, \delta_2, \cdots, \delta_p)$，$\delta_1 \geqslant \delta_2 \geqslant \cdots \geqslant \delta_p > 0$为$\boldsymbol{Q}$中$p$个非零特征值。

经过奇异值分解后，图像的二维矩阵可被分解为$\boldsymbol{U}$和$\boldsymbol{V}$两个矩阵，其中，$\boldsymbol{U}$和$\boldsymbol{V}$分别保存了图像的纹理信息和几何信息，而$\boldsymbol{S}$矩阵则包含图像的能量信息。这种分解方式可以有效地保证$\boldsymbol{S}$的稳定性，从而使图像能够在受到噪声等攻击时得到有效的保护。此外，由于$\delta_1, \delta_2, \cdots, \delta_p$是$\boldsymbol{Q}\boldsymbol{Q}^*$按照递减次序排列的非零特征值的正平方根，因此当$\boldsymbol{Q}$确定时，$\boldsymbol{S}$矩阵也是唯一确定的。这种特性使得将水印信息嵌入$\boldsymbol{S}$矩阵中成为可能，并且在进行逆变换时，可以准确地提取水印信息。

因此，本方案将水印嵌入$\boldsymbol{S}$中得到$\boldsymbol{S}'$，得到逆变换如式(5-55)所示。

$$\boldsymbol{U}\boldsymbol{S}'\boldsymbol{V}^{\mathrm{T}} = \boldsymbol{Q}' \tag{5-55}$$

图像奇异值分解具有几个重要特征：①图像的奇异值不反映人眼对图像的视觉

特性,而是反映图像本身所含的内在特征,因此,将数字水印信息嵌入图像的奇异值中,可以保证水印具有较好的不可见性,同时不影响人眼对图像的视觉效果;②图像的奇异值具有较高的稳定性,即在微小的干扰下,奇异值的大小不会发生显著变化,因此,在嵌入和提取水印时,利用图像的奇异值可以减少图像像素值变化引起的视觉失真,并且可以使原始载体图像具有一定程度的几何失真(如旋转、平移、镜像等)免疫性,从而提高水印的鲁棒性和不可见性。

基于奇异值分解的水印嵌入结果如图 5-7 所示,其中,图 5-7(a)为原始 QR 码载体图像,图 5-7(b)为原始水印图像,图 5-7(c)为嵌入水印后的 QR 码图像。

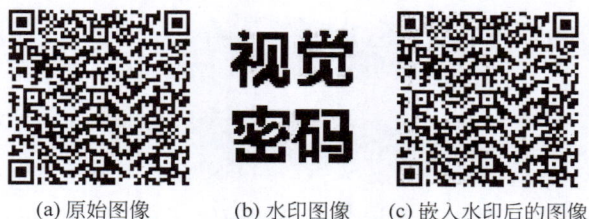

(a) 原始图像　　　(b) 水印图像　　　(c) 嵌入水印后的图像

图 5-7　基于奇异值分解的水印嵌入

5.4.3　方案详细过程

1. 水印嵌入

原始版权图像利用(2,2)随机网格视觉密码方案将二值版权图像生成两幅无像素扩展的 Share1 和 Share2 共享份。生成的 Share1 共享份进行水印嵌入,而 Share2 共享份则进行 Arnold 置乱,因为 Arnold 置乱算法具有周期性,所以可产生密钥 K,用于版权图像的恢复。最后将置乱后的 Share2 共享份传递给版权保护中心,生成的密钥 K 分发给版权拥有者,最终完成版权图像的加密。该过程如图 5-8 所示。在嵌入过程中,对含有信息的原始 QR 码载体图像进行奇异值分解,得到特征矩阵 S、左奇异值矩阵 U 和右奇异值矩阵 V。然后将 Share1 共享份矩阵乘以相应的嵌入系数 a,利用加法原则将其元素分别加入特征值矩阵 S 中。再进一步进行奇异值分解,得到矩阵 U_w、S_w 和 V_w^T。最后计算 US_wV^T 则可得到嵌入 Share1 共享份水印后的 QR 码图像,该过程如图 5-9 所示。

2. 水印提取

首先对含有水印的 QR 码图像进行奇异值分解,得到特征值矩阵 S_w^* 后利用 U_w 和 V_w^T 与之相乘得到 D^*,最后利用加法原则提取出 Share1 共享份水印,该过程就是嵌入的逆过程。在版权拥有者提取出水印 Share1 后,向版权保护中心申请认证,版权保护中心将所存储的置乱图像交给版权认证者,版权认证者即可利用密钥 K 恢复 Share2,再将所提取出的 Share1 与 Share2 进行异或,若成功得到版权图像则为版权拥有者,该过程如图 5-10 所示。

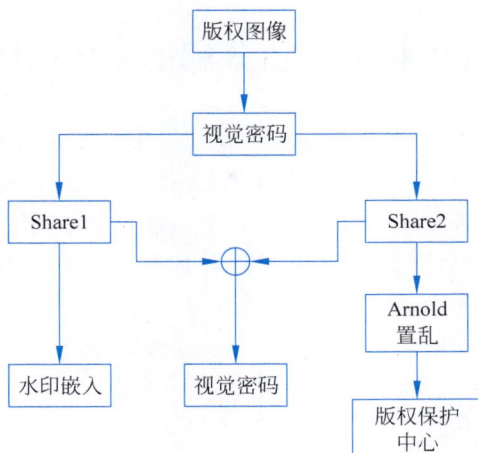

图 5-8　版权图像加密过程

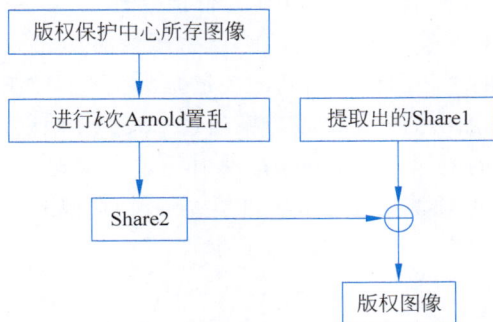

图 5-9　水印嵌入过程

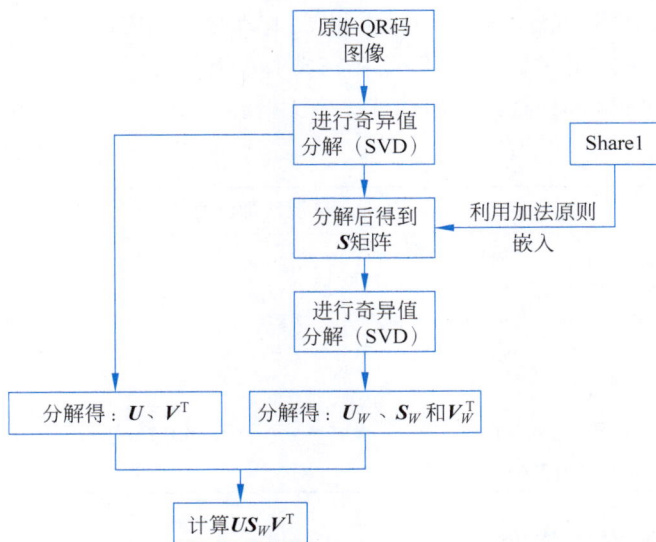

图 5-10　版权认证过程

5.5　基于离散余弦和奇异值分解的 QR 码数字水印方案

该方案首先利用 Logistic 混沌加密算法对原始水印进行置乱加密,然后再利用 Arnold 变换进行二次加密,使得在人眼视觉上原始水印变为无意义的。然后对含有信息的原始 QR 码图像进行 8×8 分块,对其中的每一块分别进行离散余弦变换,再取变换后的 2×2 中心块进行奇异值分解,最后将加密后的水印图像利用加法原则嵌入每一块奇异值分解的第一个特征值中,之后进行逆奇异值分解和逆离散余弦变换即可得到嵌入水印后的 QR 码图像。而水印的提取过程则是嵌入的逆过程。

5.5.1　图像加密

仅对水印图像进行 Arnold 置换即对图像的像素进行位置置乱,具有一些安全隐患。所以该方案在水印图像置乱前先对其进行预处理。Logistic 混沌加密方法是产生一组伪随机的序列,对像素进行异或操作,解密图像时用相同的伪随机序列再次进行异或操作,恢复原始的水印图像。问题的关键是如何产生伪随机序列,伪随机序列的好坏直接影响到图像加密的效果。本方案通过 Logistic 映射产生伪随机序列,选用 Logistic 混沌加密系统的原因在于 Logistic 映射经过多次迭代之后,能够产生毫不相关的数值序列,并且不可预测。Logistic 映射是一个典型的非线性的迭代方程,如式(5-56)所示。

$$x_{i+1} = \mu x_i (1 - x_i) \tag{5-56}$$

当 $3.569\,945\,6\cdots \leqslant \mu \leqslant 4$ 时,Logistic 映射进入混沌态,即在 Logistic 映射的迭代下,初始值 x_0 所产生的序列 $\{x_i\}$ 不再呈现周期性,并且对初始值非常敏感。当 $\mu = 4$ 时,所产生的混沌序列统计特性与白噪声相似,是理想的流密码。然而,由于在图像处理中像素值的范围限制在 0～255,因此在完成 Logistic 映射后,所生成的新序列失去了原序列的某些特性,例如,其周期性从无穷大降至 2^8。Logistic 混沌加密算法如算法 5-2 所示。

算法 5-2　Logistic 混沌加密算法

Logistic(P, v_0, μ_0, r)//Logistic 混沌加密算法
//水印图像 $P(n \times n)$,Logistic 的 v_0、μ_0,混沌次数 r
Step1: for($k=0$; $k<r$; $k++$)　$v_{k+1} = \mu_0 v_k (1 - v_k)$　　　　　　//一次混沌序列
Step2: for($v_0 = v_r$; $l=0$; $l<n^2$; $l++$)　$v_{l+1} = \mu_0 v_l (1 - v_l)$　　//二次混沌序列
Step3: for each $x, y \in [0, n-1]$ do
Step4: $R_{x,y} = P_{x,y} \otimes F_{x,y}$//满足 $F_{x,y} = v_k$, $x = \dfrac{k}{n}$, $y = k \bmod n$
Step5: return R//加密水印图像

5.5.2　离散余弦变换

该方案在嵌入水印前,首先对原始载体图像进行了 8×8 的分块。二维 DCT 是目前最常用的变换方法之一。有学者提出基于全局离散余弦域变换的水印嵌入方法,明确将水印信息嵌入图像能量的集中部分(主要是指低频区域),主要是基于在图像有部分失真的情况下,仍然可以保留主要成分。水印嵌入此部分,更有利于提升水印的鲁棒性。不过,本方案选择中频区域嵌入水印,因为水印嵌入低频区域虽然会极大地增强鲁棒性,但容易引起图像视觉质量的下降;嵌入图像高频区域易受滤波、JPEG压缩、噪声等影响。

DCT变换将正交矩阵的时序信号变换为频率信号。对于图像 Q 的像素 $Q_{i,j}$,DCT变换如式(5-57)所示。

$$Q'_{i,j} = \frac{2}{m}C(\mu)C(v)\sum_{i=0}^{m}\sum_{j=0}^{m}Q_{i,j}\cos\left[\frac{(2i+1)\mu\pi}{2m}\right]\cos\left[\frac{(2j+1)v\pi}{2m}\right] \quad (5\text{-}57)$$

DCT逆变换如式(5-58)所示。

$$Q_{i,j} = \frac{2}{\sqrt{2m}}\sum_{i=0}^{m}\sum_{j=0}^{m}C(\mu)C(v)Q'_{i,j}\cos\left[\frac{(2i+1)\mu\pi}{2m}\right]\cos\left[\frac{(2j+1)v\pi}{2m}\right] \quad (5\text{-}58)$$

其中,$i,j,\mu,v=0,1,\cdots,m-1,C(\omega)$如式(5-59)所示。

$$C(\omega) = \begin{cases} \dfrac{1}{\sqrt{2}}, & \omega = 0 \\ 1, & \omega > 0 \end{cases} \quad (5\text{-}59)$$

经过DCT变换后,该方案将水印嵌入中频系数中,有效地提高了水印的不可见性,并且平衡了图像视觉质量及鲁棒性。在该方案中也可以考虑将其余变换系数特征或滤波器系数特征对离散余弦变换方法进行替换以达到近似或者更优的效果。

5.5.3 方案详细过程

1. 水印嵌入

首先,对二值水印图像进行双重加密,即进行 Logistic 混沌映射后再进行 Arnold 置乱。其次,对原始 QR 码载体图像进行 8×8 分块,其中的每一块分别进行离散余弦变换,再对变换后的每块图像的中心 2×2 部分进行奇异值分解。然后将水印图像的元素乘以相应嵌入系数依次加入奇异值分解后的每块第一个特征值中。最后,进行逆奇异值分解和逆离散余弦变化,得到嵌入水印后的 QR 码载体图像。

2. 水印提取

在该方案中水印的提取过程就是嵌入的逆过程,首先将含有水印的 QR 码图像进行分块离散余弦变化,然后取中心块进行奇异值分解,利用减法原则提取出加密过的水印图像,再进行 Arnold 逆变化和 Logistic 逆变换,最后对提取出的图像进行二值化即可得到水印图像。

该方案的水印嵌入与提取过程如图 5-11 所示。

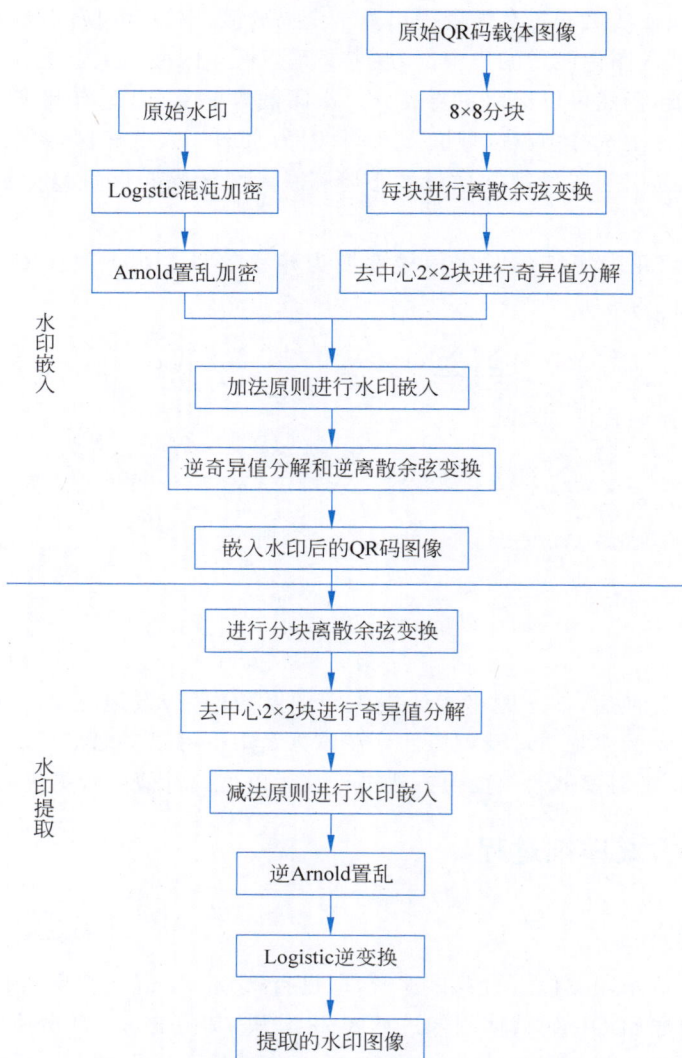

图 5-11　方案流程图

5.6　基于小波变换和奇异值分解的 QR 码数字水印方案

该方案利用 QR 码编码规则,将文本信息编码生成载体图像;将载体图像进行对数极坐标变换将 QR 码图像从直角坐标系转换到对数极坐标系。然后进行一级小波分解,利用奇异值分解原理在其低频分块中嵌入 Arnold 置乱后的水印图像,形成含水印的 QR 码图像。该算法可以使 QR 码水印图像抵抗旋转、缩放、平移(RST)等几何攻击。

5.6.1　对数极坐标变换

随着研究的不断深入,出现了许多新的加密方式。本方案采用基于对数极坐标的转换方法对水印图像进行加密。该方法将水印图像转换到对数极坐标下进行匹配,从而将直角坐标系下的尺度变换和旋转变换转换为对数极坐标下的平移变换,提高了匹配精度,并减少了匹配难度,可以有效地解决图像遮挡、亮度变换等问题。

对数极坐标平面表示如式(5-60)和式(5-61)所示。

$$\rho = \sqrt{x^2 + y^2} \tag{5-60}$$

$$\theta = \arctan \frac{y}{x} \tag{5-61}$$

图像直角坐标系下 $f(x,y)$ 到对数极坐标 $g(\rho,\theta)$ 的坐标变换如式(5-62)和式(5-63)所示。

$$\rho = \log_a \sqrt{(x - x_0)^2 + (y - y_0)^2} \tag{5-62}$$

$$\theta = \arctan \frac{(y - y_0)}{(x - x_0)} \tag{5-63}$$

其中,ρ 表示对数极坐标的极径,θ 表示角度,(x_0, y_0) 表示直角坐标系的变换中心,(x,y) 表示直角坐标系像素点。对数极坐标中图像分辨率为 $\delta_p \times \delta_\theta$,其中,$\delta_p$ 和 δ_θ 如式(5-64)和式(5-65)所示。

$$\delta_p = \frac{列像素总数}{\max(\rho)} \tag{5-64}$$

$$\delta_\theta = \frac{行像素总数}{\max(\rho)} \tag{5-65}$$

在对数极坐标系中,图像具有旋转不变性和尺度不变性这两个重要的特性。旋转变换在直角坐标系中表现为图像的旋转,而在对数极坐标系下则表现为图像沿着角度方向的平移。同样地,直角坐标系下的尺度变换在对数极坐标系中表现为图像沿着极径方向的平移。这些特性可以提高匹配的准确性,并降低匹配难度。利用该方法后可以使外界对 QR 码图像进行的旋转攻击和缩放攻击转换为平移攻击。

5.6.2 离散小波变换

离散小波变换是对连续小波平移和尺度进行采样量化后离散化。设任意函数 $x(t)$ 经过小波变换后得到的函数为 $W(c,d)$,对 c 进行二进制离散化操作,则设 $c = 2^i$,$i > 0$,$i \in Z$;对 d 进行离散化,即设 $d = kT_s 2^i$,T_s 为采样时间间隔,小波函数序列则可表示为式(5-66)。

$$\Psi_{i,k}(t) = 2^{-\frac{1}{2}} \Psi(2^{-i} - k) \tag{5-66}$$

任意函数 $x(t)$ 的离散小波变换如式(5-67)所示。

$$\mathrm{WT}_x(i,k) = \int x(t) \cdot x_{i,k}^*(t) \mathrm{d}t \tag{5-67}$$

离散小波变换是一种信号分析理论,它采用多分辨率分析的方法将图像分解成空间和频率都不同的子带图。这种变换能够有效地将图像的近似部分和细节部分分开,与人眼的视觉特性和空间-频率特性相似。因此,可以利用这种相似性,在人眼视觉特性较为迟钝的位置嵌入水印信息,以确保水印嵌入量并不影响图像本身的质量。

　　小波变换的基本思想是将图像根据频带宽度的不同进行分解,得到高频和低频部分,即细节子带(HH,HL,LH)和低频子带(LL)。其中,低频子带(LL)包含原始图像大部分的能量,而高频部分则包含图像的纹理、轮廓、边缘等细节信息。

　　由于离散小波变换具有多分辨率分析特性和空间频率特性,与人类视觉特性相似,因此可以利用该特性将水印信息隐藏在 HVS 敏感度较低的区域,从而增强水印的鲁棒性。本方案的具体实现是将水印信息嵌入一级离散小波变换的低频区域,可以有效抵抗常见的几何攻击,并且在水印的鲁棒性和隐蔽性之间取得了良好的平衡。

5.6.3　方案详细过程

1. 水印嵌入

　　首先对水印图像进行 Arnold 置乱并利用对数极坐标变换将 QR 码图像从直角坐标系转换到对数坐标系,之后对其进行一级小波分解并对其低频子带进行奇异值分解,将置乱后的水印按照加法原则嵌入奇异值分解后的对角矩阵 S 中,再对嵌入水印后的低频子带进行奇异值分解,将得到的新奇异值进行奇异值重构,然后对其进行离散小波逆变换,最后进行逆对数极坐标则得到带有水印的 QR 码图像。该过程如图 5-12 所示。

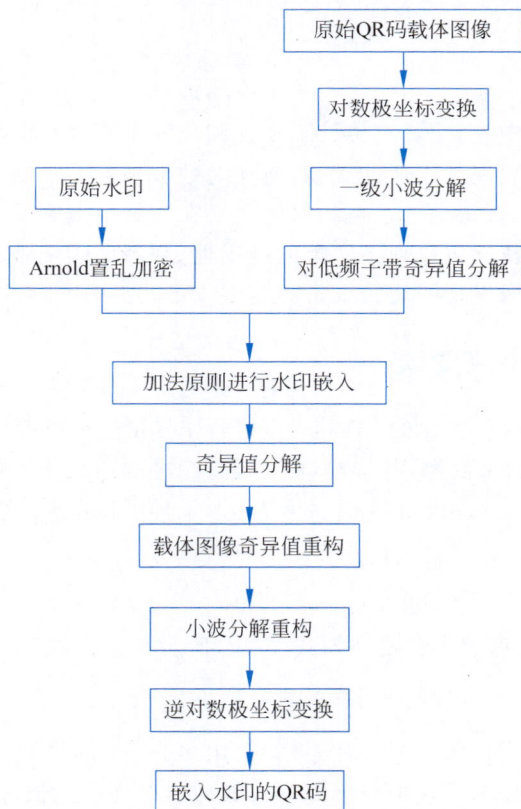

图 5-12　方案的水印嵌入流程图

2. 水印提取

首先对带有水印的 QR 码图像进行对数极坐标变换，之后再进行离散小波变换，然后对所得到的低频部分进行奇异值分解，对其中的 S 矩阵进行奇异值重构得到新矩阵。另外，对原始 QR 码进行对数极坐标变换，对得到的图像进行一级离散小波分解，并对其低频部分进行奇异值分解，得到对角矩阵。对两部分所得到的矩阵按照减法原则进行水印提取，最后将提取到的图像进行 Arnold 置乱逆变换则可以提取出水印图像。该过程如图 5-13 所示。

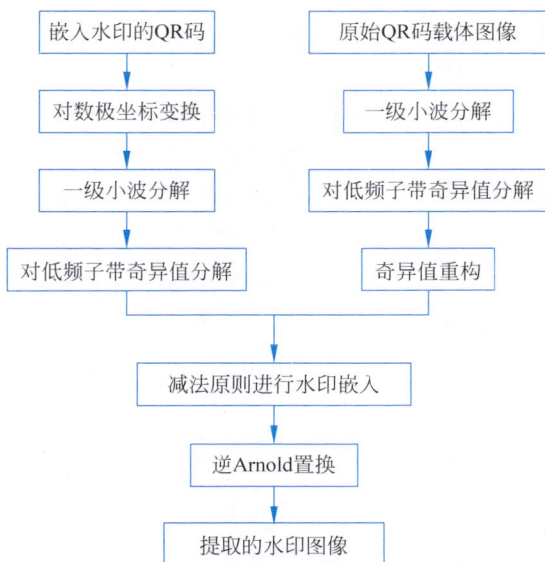

图 5-13　方案的水印提取流程图

小结

水印是一种嵌入数字媒体中的标记，用于确认内容的来源，保护知识产权和防止信息篡改。尽管在 QR 码中嵌入水印可以有效解决一系列与 QR 码相关的安全问题，但由于 QR 码图像的特殊性，各类方案仍需要考虑提高水印嵌入 QR 码后的不可见性。此外，还需深入研究各类方案在保证 QR 码正常使用的情况下水印的鲁棒性和抗攻击性。

通过对常见特征提取方法的详细分析，本章全面总结了图像代数特征、图像变换系数特征、纹理和边缘特征以及颜色和灰度的统计特征等图像特征提取的常用方法。同时，本章深入探讨了利用这些特征提取方法进行 QR 码水印嵌入的技术。此外，还分析了在水印嵌入 QR 码之前，如何选择适合的特征提取方法进行水印压缩处理，并确定合适的位置在 QR 码中嵌入水印，以增强水印的不可见性和鲁棒性。在未来的工作中，这些方法都可作为后续深入研究的切入点。

第 **6** 章

分级安全的QR码下区块链溯源方案设计

本章讲述了食品安全溯源体系的重要性以及结合区块链的新型溯源方案存在的问题和解决方案。在当前人们对食品安全的高度关注下,采用分级安全的 QR 码下基于区块链的溯源方案,可以有效提高食品安全溯源体系的安全保障水平。这种方案利用区块链技术和二级 QR 码解决了数据通信安全问题和节点间的身份认证问题,可以防止信息被篡改和保证信息的完整性。该方案的提出,对于未来食品安全溯源领域的技术发展具有重要意义,并有助于提高消费者对于食品安全的信心和保护消费者的合法权益。在实现该方案时,需要注意防止攻击者利用代码漏洞等手段对其进行攻击,并采取相应的安全措施来保证方案的安全性。

6.1 背景

确保食品产品的安全,监测其生产过程以及供应链中的物流管理至关重要。如今食品安全和污染风险日益增长,人们的担忧聚焦于如何增强供应链中的可追溯性和信息真实性。在传统食品供应链中,产品的生产、加工和发送是通过几个中介机构进行的,并且将数据存储在中心数据库中,这种传统方式的溯源方案存在诸多漏洞,例如,中介机构追踪记录时篡改数据,中心数据库数据被人为篡改。图 6-1 为传统的中心数据库溯源方案,这导致食品的加工信息具有被篡改的风险,且雇佣机构使得追踪成本较高。

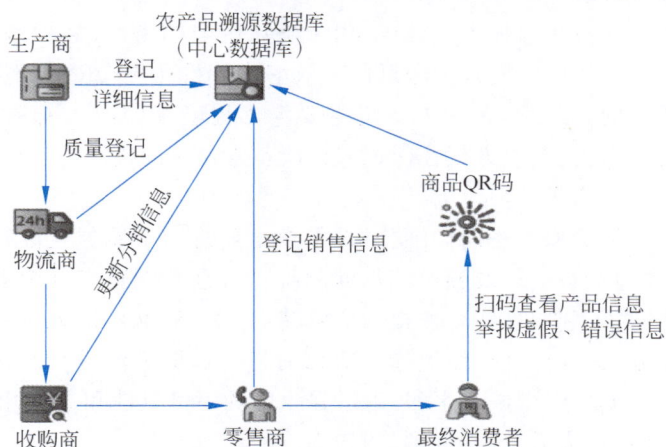

图 6-1 使用中心数据库的食品链溯源结构图

近年来,利用区块链实现食品质量和安全溯源的方案确实受到了人们的广泛关注和研究。区块链技术可以通过智能标签、条形码、RFID等技术实现食品供应链中数据的精确采集和溯源,并可以确保数据的真实性和安全性。与传统的溯源方式相比,区块链技术具有以下优势:数据的不可篡改性、高效性、透明性、可追溯性。总的来说,利用区块链实现食品质量和安全溯源的方案可以提高食品安全水平和消费者信任度,对于整个食品行业的可持续发展具有积极的意义。常见的区块链溯源方案如图 6-2 所示。

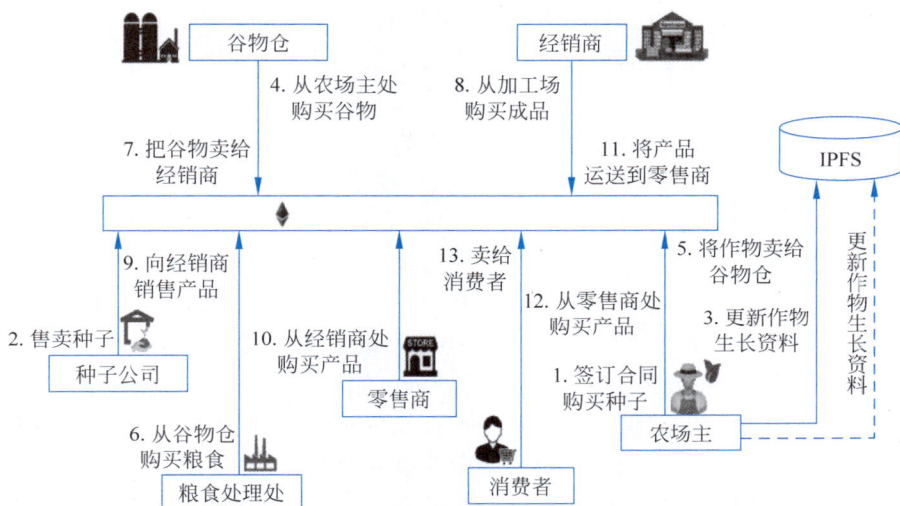

图 6-2　一种使用以太坊智能合约自动化谷物可追溯性的方案

区块链技术具有创造新物流服务和新商业模式的潜力。作为一项相对较新的技术,区块链旨在以广泛适用的方式实现权力下放、实时对等操作、匿名交付、透明、数据的不可逆转和完整性。但是随着追溯需求的扩大,在供应链的每一个环节中实施的智能设备都在获取和处理大量数据,这就导致以往采用 RFID 电子标签的溯源方式成本变高,意味着实用性大大降低。目前,许多机构开始建议或强制使用纸质标签,目的是提高可追溯系统的透明度,并确保产品的高质量,但是,因为纸质电子标签的公开编码使得信息的安全性和隐私保护受到威胁,于是本书讨论了食品溯源过程中端对端的安全交付问题,如何既能使用 QR 码防止信息篡改,又能在信息上链时验证用户身份防止假冒节点的问题。

随着智能手机的普及,QR 码已成为一种广泛使用的数据编码方式。然而,QR 码的公开性质可能会导致嵌入的信息被所有扫描者获取。为了解决这个问题,可以使用带有信息防篡改和身份认证功能的二级 QR 码方案。

二级 QR 码是一种新型的 QR 码,它可以带有加密信息,并提供节点真实性验证等功能。在这个方案中,二级 QR 码中嵌入的加密信息可以防止数据篡改和信息泄露。同时,通过验证节点的真实性,可以保证整个溯源方案中的数据真实性。对于这种方案,需要解决如何验证节点真实性和如何维护数据库等问题。一种方法是使用区块链技术。区块链技术可以提供分布式的数据存储和验证,从而实现去中心化的数据管理和节点验证。通过使用区块链技术,可以实现数据的安全性和不可篡改性,同时保证数据的真实性和隐私性。二级 QR 码方案可以帮助解决 QR 码信息安全问题,并通过使用区块链技术实现节点验证和数据真实性保证,从而提高食品供应链的透明度和安全性。

区块链溯源方案通过创建信息跟踪来实现可追溯性,同时可以确保数据安全性和不变性。基于区块链的可追溯性实现了安全的信息共享,促进了整个供应链的产品质量监控、操作监控、实时数据采集、透明度和可见性。但是,第三方供应链审计员在记录和报告违反行为准则方面的作用经常受到质疑,因此仍然不可信。通过信息共享的方式可以提供更好的可见性,可以在供应链利益相关者之间建立基于智能合约的信任体系。

在此背景下,基于物流监控系统的技术架构用于在给定的供应链中跟踪包裹,该系统支持所有交易的共享且被不可变的分布式数据库记录。但是复杂的供应链结构和具有多种数据共享格式的各种共享系统造成了开发供应链系统的成本过高,并造成了严重的数据隐私安全问题。目前,在供应链的各个层次跟踪和追踪产品、材料和加工信息仍然是一项重大挑战。

智能合约和星际文件存储系统(IPFS)用来在系统中实现完全可追溯性。IPFS 中节点彼此不信任,并且不存在单点故障。然而,如果散列可用,则存储在 IPFS 中的数据可以被容易地访问。IPFS 节点在备份数据时也会私自行事,造成安全漏洞。一种高效的农产品跟踪存储方案,可将方案中的事务哈希存储在辅助数据库中。为了从 IPFS 检索数据,可从辅助数据库访问事务散列,再使用该事务散列,从区块链检索 IPFS 散列。

随着智能手机的广泛应用,QR 码阅读器已经普及,任何人都可以轻松获取 QR 码的信息。然而,QR 码的编码信息是公开的,这意味着所有人都可以读取嵌入的信息。为了保护隐私数据,QR 码可以使用网站链接(URL)的方式,将数据存储在数据库中,并授权用户访问。但是,这种方法需要维护数据库和访问控制,而在线解码可能会暴露数据库并导致其遭受攻击。此外,将信息存储在中心数据库中可能会导致信息泄露等安全风险。因此,本节提出了二级 QR 码的方案,它具有信息防篡改和身份认证等功能,以解决 QR 码信息安全问题。

现有研究往往没有给出足够的实际案例或应用程序,这使得他们难以证明区块链技术的实际效果和效益。他们很少关注到:①区块链网络中的节点之间的交付问题,这是一个复杂的多层供应链网络,应当确保数据安全和建立一个基于技术的信任体系;②QR 码提高了实用性的同时,其信息公开的特点导致隐私不受保护。因此,一个基于二级 QR 码的区块链溯源方案被提出。

本章旨在为区块链在食品供应链方面提供一个端到端的解决方案。目前的文献在为食品供应链提供端到端的解决方案方面存在实用性不高的缺陷。本方案结合二级 QR 码与智能合约来创建一个安全有效的端对端解决方案,既能有效地降低成本,又可以防止因 QR 码本身特点造成的信息泄露。这种溯源方案不仅有效提高了信息安全性,还提供了隐私保护的功能。其主要设计思路如下。

（1）通过改进 QR 码方案的像素模式替换和修改二级信息的嵌入验证机制，实现了对信息的完整性验证和二级信息纠错功能。

（2）使用群公钥生成算法改进了无模逆 ECDSA 双方签名方案，实现了多方群签名方案。将签名嵌入 QR 码，生成分级安全的二级 QR 码。管理层可以通过验证溯源成员上传的身份签名来确定其是否为合法成员，只有合法成员才能上传溯源信息。用户可以使用群签名算法来验证 QR 码的完整性并获取其二级信息。

6.2　算法基础知识

6.2.1　群签名

群签名是一种数字签名，由 Chaum 和 Heyst 在 1991 年提出。它允许签名者组成一个群体（称为群），群中的每个成员都能以匿名的方式代表群对消息进行签名，并使用群公钥进行验证。一个好的群签名方案必须满足匿名性、可追踪性、不可伪造性、抗联合攻击性、不可链接性和防陷害性等基本的安全性要求。2003 年，Bellare 等提出了群签名的严格定义和形式化的安全模型，指出群签名的最高安全特征为完全匿名性和完全可追踪性。

群签名方案通常包括以下 4 个步骤。

（1）创建：使用多项式算法生成群公钥、群管理员私钥和追踪密钥。

（2）注册：通过用户和群管理员之间的交互式协议，使用户成为群的一个新成员。执行该协议可以产生群成员的私钥和身份证书。

（3）签名：当输入一个消息和群成员的私钥时，输出该消息的群签名。

（4）验证：当输入消息、消息的群签名和群公钥时，输出有关签名有效性的判断。

6.2.2　ECDSA 算法

ECDSA 是一种签名算法，结合了 ECC 和 DSA 的特点。它的签名过程类似于DSA，但使用 ECC 算法进行签名。最后的签名值为 (r,s)。

ECDSA 签名步骤如下。

Step1：首先构建椭圆曲线的域参数 $T=(p,a,b,G,n,h)$。

Step2：选择随机数作为私钥 d（$d<n$，n 为 G 的阶），利用基点 G 计算公钥 $Q=dG$。

Step3：产生一个随机整数 k（$k<n$），计算点 $R=kG=(x_1,y_1)$。

Step4：令 $r=x_1 \pmod n$，如果 $r=0$，返回 Step3。

Step5：计算待签名消息 m 的哈希值 $e=H(m)$。

Step6：计算 $s\equiv k^{-1}(e+rd) \pmod n$，如果 $r=0$，返回 Step3。

Step7：输出签名值 (r,s)。

ECDSA 验证步骤如下。

Step1：接收方在收到消息 m 和签名值 (r,s) 后，进行以下运算。

Step2：如果 $s,r\notin[1,n-1]$，则验证失败。

Step3：计算签名消息 m 的哈希值 $e=H(m)$。

Step4：计算 $u_1\equiv es^{-1}(\bmod\ n)$，$u_2\equiv rs^{-1}(\bmod\ n)$。

Step5：计算 $u_1G+u_2Q=(x_2,y_2)$，令 $v=x_2(\bmod\ n)$，如果 $r=0$，验证失败。

Step6：如果 $v=r$，验证成功；否则，验证失败。

无模逆 ECDSA 签名算法是对 ECDSA 算法的改进，有效提高了算法效率。这使得该算法适用于轻量级设备的日常使用。

无模逆 ECDSA 签名步骤如下。

Step1：首先构建椭圆曲线的域参数 $T=(a,b,G,n,h)$，发送方 A 选择随机整数 d 作为私钥，利用基点 G 计算公钥 $Q=d\times G$，生成密钥对 (Q,d)。

Step2：A 选择一个随机整数 $k\in[1,n-1]$，计算点 $kG=(x_1,y_1)$。

Step3：找出一组 $\alpha,\beta\in[1,n-1]$，使 α,β 满足要求 $k\equiv(\alpha r+\beta d_i)(\bmod\ n)$。

Step4：计算消息 m 的哈希值 $e=H(m)$。

Step5：令 $r=x_1(\bmod\ n)$，如果 $r=0$，返回 Step2。

Step6：计算 $s=r(\alpha+ed)(\bmod\ n)$，如果 $s=0$，返回 Step2。

Step7：输出签名值 (r,s,β)。

无模逆 ECDSA 验证步骤如下。

Step1：接收方 B 在收到消息 m 和签名值 (r,s,β) 后，进行以下运算。

Step2：如果 $s,r,\beta\notin[1,n-1]$，则验证失败。

Step3：计算签名消息 m 的哈希值 $e=H(m)$。

Step4：计算 $\gamma=(s+\beta m)(\bmod\ n)$，$u=er(\bmod\ n)$。

Step5：计算 $\gamma G-uQ=(x_2,y_2)$，令 $v=x_2(\bmod\ n)$，如果 $r=0$，验证失败。

Step6：如果 $v=r$，验证成功；否则，验证失败。

6.3　本章方案

本节介绍的解决方案通过使用二级 QR 码和智能合约来追踪、跟踪和执行食品供应链中的交易，解决了传统供应链管理中对可信的中央权威机构的需求问题。同时，通过嵌入二级 QR 码中的改进 ECDSA 群签名方案，实现了 QR 码的防伪认证和数据上传者的身份认证，保证了数据的完整性和可靠性。

该解决方案的优势在于提供了高度的数据安全性和交易记录的完整性和可靠性。在传统供应链管理中，由于缺乏可信的中央机构，信息容易被篡改或丢失，从而导致供应链的不稳定性和信任危机。而通过使用智能合约，所有交易都被记录在区块链上，确保了数据的安全性和完整性，并且所有交易都可以被准确地追踪和跟踪。此外，通过 QR 码的防伪认证和数据上传者的身份认证，可以保证数据的真实性和可靠性，从而提高供应链管理的可信度和效率。

6.3.1　总体方案设计

该方案中引入了一种新的 QR 码机制，并将新的二级 QR 码与智能合约结合起来。这个方案可验证真实性的信息溯源,保证信息的真实性,防止了假冒节点,并且允许食品供应链实体之间进行安全的信息交易。

设参与实体为生产商、分销商、零售商、最终客户和执行智能合同的区块链。此外,在区块链,每个行动者或参与者都必须注册成为群用户,并有一个唯一的以太网地址来标识行动者。每个用户都有一个 CA 产生发行的密钥对,该密钥对用于数字签名,并验证每个事务中数据的完整性,本节的群签名方案也将利用密钥对来做签名认证。

为了确保对产品进行安全跟踪、记录并让所有参与者参与整个过程,下面给出一种解决方案。首先,生产商在制造产品后,使用标准化的标识符进行识别,例如,包含特定公司前缀的序列化全球贸易识别号(GTIN)或等效物,并将相关信息上传到区块链上。然后,通过使用二级 QR 码将现实世界中的食品与区块链技术相连接,可以实现食品溯源的物联网,这可以帮助消费者和食品供应链实体更好地管理食品的生产和销售。在验证身份合法性方面,通过认证 QR 码中提取的签名进行验证可以确保食品信息的真实性和准确性,从而防止了假冒节点和信息篡改。在节点的参与方面,通过上传自己的签名来获取权限并调用智能合约中的函数来将食品信息上传到 IPFS 中,可以帮助食品供应链实体更好地协作和共享信息,从而提高整个食品供应链的效率和质量。方案具体细节如图 6-3 所示。

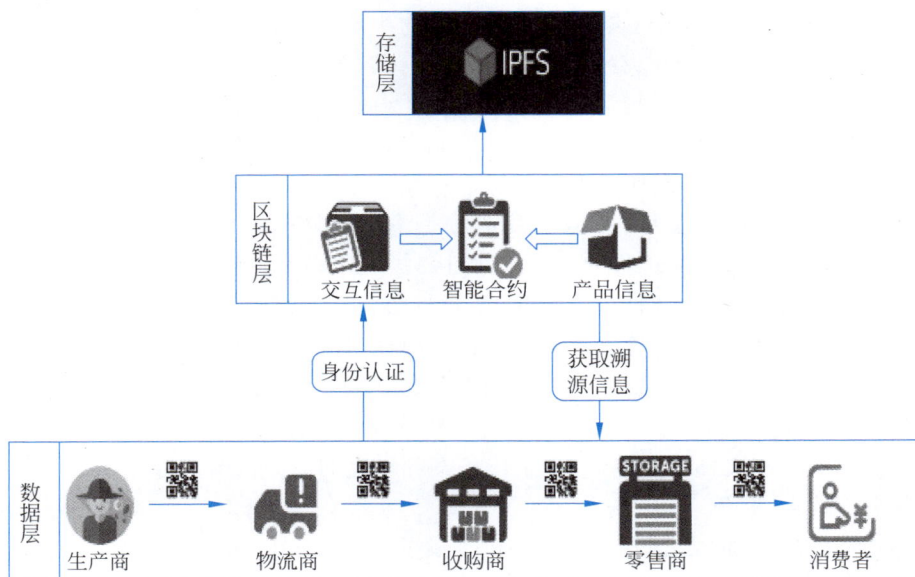

图 6-3　利用二级 QR 码解决区块链食品溯源的端对端方案

下面阐述为了确保该方案的信息安全性、防假冒性和可追溯性,可以采取的措施。然后解释了食品追踪信息如何正确上链。最后说明食品供应链实体和如何使用该机制记录食品信息和相关验证信息的正确性和真实性。

6.3.2　数据记录流程

为了展示提出的平台在现实生活中如何记录,本节将给出一个制造公司生产特定产品的案例,其流程如图 6-4 所示。

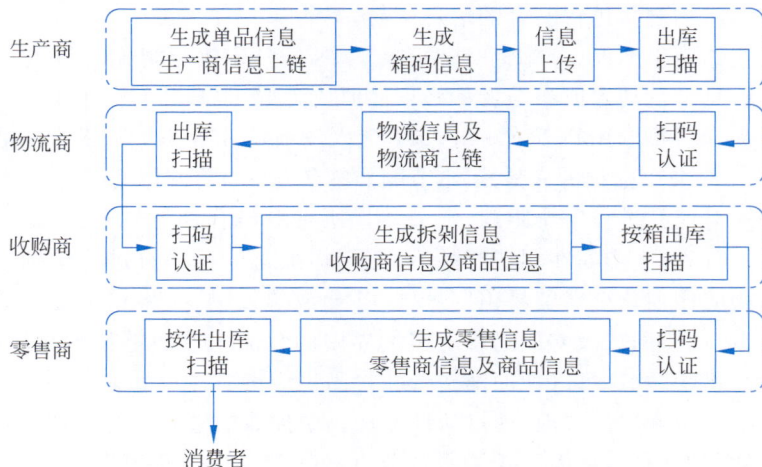

图 6-4　数据记录流程图

（1）生产商信息采集：这是农业食品供应链中的第一个实体,也是第一个调用智能合约进行交易的实体。生产商节点在获得相应的权限后,生成并标识唯一溯源码（二级 QR 码）,生产商负责定期监测和记录作物生长细节,并将图像等信息文件上传至 IPFS 中,文件内容的哈希存储在智能合约中。

（2）物流商信息采集：物流商通过二级 QR 码检验信息真实,并获得相应权限后,通过采集物流节点信息和货物信息,获取智能合约中的文件哈希,将物流企业主体备案、运输信息和货物信息添加到 IPFS 的文件中。

（3）收购商节点信息采集：收购商通常是生产商处购买产品的仓库。它是一个参与向零售商分销农产品过程的实体。通过二级 QR 码检验信息真实,获得相应权限后,通过采集农产品信息,例如,温湿度、存储时间、生产时间和质量情况等信息,获取智能合约中的文件哈希,将物流企业主体备案和货物信息添加到 IPFS 的文件中。

（4）零售商信息采集：零售商以可追踪的标识符批量从经销商处购买成品,然后以小批量出售给消费者。零售商通过二级 QR 码检验信息真实,获得相应的权限后,获取智能合约中的文件哈希,将企业主体备案和采集的成品信息如存储状态和产品质量等数据上传至 IPFS。

（5）消费者追溯：消费者通过在手机等设备上扫描 QR 码查询整个交易的流程,并在该设备上提供反馈信息,例如,投诉和商品评价。

上述过程中,这些信息在各个节点上链,形成区块,并在联盟链中同步更新所有节点的分布式数据库。系统中的所有节点均能够查询和追踪货物。

6.3.3　二级 QR 码生成

在该方案中,信息会被记录在区块链上,并在联盟链中同步更新所有节点的分布式数据库,以确保所有节点具有相同的信息。这使得系统中的所有节点都能够查询和追踪货物,从而提高了整个供应链系统的可追溯性和透明度。

1. 签名生成与认证

生成签名并进行认证,需要经过三个阶段:签名生成、合法身份认证和签名消息验证。

Setup:构建 $T=(a,b,G,n,h)$ 作为椭圆曲线的域参数,参数 a,b 为椭圆曲线方程的参数,参数 G 表示选取的第一个参考点,n 为 G 的阶,参数 h 代表余因数控制选取点的密度,带签名消息 m 为商品的唯一标识码。

UserKeyGen:用户 U_i 随机取整数 $d_i(1<d_i\leqslant n-1)$ 作为私钥,并计算用户的公钥 $Q_i=d_i\times G$,最后输出密钥对 (Q_i,d_i)。

GroupKeyGen:群管理层 OA 接收每位群成员的公钥 $Q_i(i=1,2,\cdots,m)$,由群管理层计算出群公钥 $Q=Q_1+Q_2+\cdots+Q_m$ 并分发给群成员,Q' 为 $Q-Q_i$ 子群公钥。

ID-SignGen:(Q_i,d_i) 为用户 U_i 的密钥对,待签名的消息 m 为商品的唯一标识码,用户 U_i 签名生成步骤如下。

Step1:U_i 随机选取随机整数 $k,k\in[1,n-1]$。

Step2:计算 $kG=(x_1,y_1)$ 和 $r\equiv x_1(\mathrm{mod}\ n)$,如果存在 $r=0$,转到 Step1。

Step3:确定整数 k 之后,U_i 可以找到一组整数 $\alpha,\beta\in[1,n-1]$,并且使得整数 α,β 可以满足条件 $k\equiv(\alpha r+\beta d_i)(\mathrm{mod}\ n)$。

Step4:计算需要签名的唯一标识码 m 的哈希值 $e=H(m)$。

Step5:计算 $s\equiv r(\alpha+ed_i)(\mathrm{mod}\ n)$,如果 $s=0$,转到 Step1。

Step6:上传至管理员 OA 验证签名 $\sigma_1=(s,\beta,r)$。

ID-SignVerify:管理者 OA 拥有全部的公钥 Q_i 和群公钥 Q,接收验证 U_1 的签名 $\sigma_1=(s,\beta,r)$,通过验证签名,判断 U_1 身份是否真实,来确定节点是否为假冒的攻击者,验证步骤如下。

Step1:OA 先验证 s,α,r 是否为区间 $[1,n-1]$ 内的整数,若验证失败,则拒绝签名。

Step2:通过将公开的商品唯一标识码作为公开消息 m,计算 m 的哈希值 $e=H(m)$,计算 $u=er$。

Step3:计算 $sG+(\beta-u)Q_i=(x_3,y_3)$。

Step4:令 $v=x_3(\mathrm{mod}\ n)$。

Step5:若 $v=r$,则可以确定上传者为注册的群成员,允许其上传数据至区块链,并生成二级 QR 码嵌入 σ_2,否则认证失败,拒绝其向区块链上传数据。

GroupSignGen:(Q_i,d_i) 为用户 U_i 的密钥对,待签名的消息 m 为商品的唯一标识码,用户 U_i 签名生成步骤如下。

Step1:U_i 随机选取随机整数 $k,k\in[1,n-1]$。

Step2:计算 $kG=(x_1,y_1)$ 和 $r\equiv x_1(\mathrm{mod}\ n)$。如果存在 $r=0$,转到 Step1。

Step3:确定整数 k 之后,U_i 可以找到一组整数 $\alpha,\beta\in[1,n-1]$,并且使得整数 α,β 可以满足条件 $k\equiv(\alpha r+\beta d_i)(\mathrm{mod}\ n)$。

Step4:计算需要签名的唯一标识码 m 的哈希值 $e=H(m)$。

Step5：计算 $kG+(\beta-er)Q'=(x_2,y_2)$。

Step6：计算 $r'\equiv x_2(\bmod\ n)$，若 $r'=0$，则转到 Step1。

Step7：输出需要嵌入 QR 码中的二级信息签名 $\sigma_2=(s,\beta,r')$。

GroupSignVerify：对于其他成员 P_i 来说，P_i 只有自己的公钥 Q_i 和群公钥 Q，从二级 QR 码中提取的群签名 σ_2 并验证，验证步骤如下。

Step1：P_i 验证 s,β,r' 是否为 $[1,n-1]$ 内的整数，若验证失败，则拒绝签名 σ_2。

Step2：计算商品标识码消息 m 的哈希值 $e=H(m)$，令 $u=er$。

Step3：计算 $(\beta-u)Q+sG=(x_4,y_4)$。

Step4：令 $v=x_4(\bmod\ n)$。

Step5：若 $v=r'$，则接受签名，证明 QR 码没有被篡改，即区块链中的信息数据真实；否则说明区块链中的数据是伪造的。

2. 签名嵌入与提取

该方案提出的二级 QR 码方案主要包括两个阶段：①签名隐藏算法；②签名提取恢复算法。

利用签名生成算法生成的群签名信息被嵌入二级 QR 码中，以便在秘密提取和恢复阶段进行解码和验证。在秘密共享和隐蔽阶段，群签名信息被转换为二进制数据流，并嵌入 QR 码中，形成了二级 QR 码。在秘密提取和恢复阶段，通过融合机制从相应的二级 QR 码中提取群签名信息，并使用群公钥恢复和验证明文消息后，判断签名的有效性并进行输出。这个过程的目的是将原始数据压缩到较小的 QR 码中，并在不损失数据完整性的情况下实现数据的传输和验证。

签名 σ_2 嵌入二级 QR 码和提取秘密信息的过程可能会出现通信数据损失，因此本方案采用 (7,4) 汉明码对签名 σ_2 转换的二进制数据流 S 进行分组纠错编码处理，生成可纠正多比特错误数据的数据流 S'。二级 QR 码的生成主要包括两个阶段：①签名隐藏算法；②签名恢复算法。

针对在签名嵌入和秘密信息提取过程中可能会出现的通信数据损失的问题，提出了一种解决方案。具体来说，方案采用 (7,4) 汉明码对签名转换的二进制数据流进行分组纠错编码处理，生成可纠正多比特错误数据的数据流。汉明码是一种常用的纠错码，通过添加冗余的校验位，可以检测和纠正数据中的错误。在这里，(7,4) 汉明码表示将每 4 位数据进行分组，添加 3 位校验位，使得每个 7 位编码都可以纠正单比特的错误。这样处理后的数据流可以在一定程度上保证通信过程中的数据完整性，提高数据传输的可靠性。

本节的方法是将群签名嵌入载体 QR 码中，通过将 QR 码的一个像素模块替换成 3×3 子模块的中央模块 PMM，同时保证 QR 码的可读性。而其余 8 个子模块 SMM 则用于存储秘密信息。在这个基础上，调用算法 6-1，将群签名生成算法 GroupSignGen 生成的签名 σ_2 嵌入 SMM 模块中，从而生成二级 QR 码。

算法 6-1

输入：验证成功的群签名 σ_2，载体 QR 码 C，大小为 $m \times n$。

输出：带有群签名的二级 QR 码 T。

Step1：将群签名信息 σ_2 转换成二进制的数据流并表示为 S。将 3 位校验单元嵌入每 4 位数据位中，计算嵌入校验位后的数据流的长度为 $l = \text{length}(S')$。

Step2：设 $p = 1$。$S'(1, p)$ 表示 S' 的第 p 块数据。

Step3：设 $i = j = 2$，其中，i 表示 QR 码的行，j 表示 QR 码的列。

Step4：令 $p = p + 1$。如果 $p > \text{length}(S)$，转至 Step6；否则，转至 Step5。

Step5：如果 $C_1(i, j), C_2(i, j), \cdots, C_n(i, j)$ 是功能图形或 $S'(1, p)$ 为 $\varnothing$，则转至 Step6；否则，转至 Step7。

Step6：对于任意 $k (1 \leqslant k \leqslant n)$，生成 8 位二进制随机数并利用矩阵式用生成的随机数代入

$$\begin{bmatrix} T_k(i-1, j-1) & T_k(i, j-1) & T_k(i+1, j-1) \\ T_k(i-1, j) & T_k(i, j) & T_k(i+1, j) \\ T_k(i-1, j+1) & T_k(i, j+1) & T_k(i+1, j+1) \end{bmatrix} = \begin{bmatrix} R_k(1,1) & R_k(1,4) & R_k(1,6) \\ R_k(1,2) & C_k(i, j) & R_k(1,7) \\ R_k(1,3) & R_k(1,5) & R_k(1,8) \end{bmatrix}$$

Step7：对于任意 $k (1 \leqslant k \leqslant n)$，从 S' 中有序选择 S'_t，并将十进制数 S'_t 转换为 8 位二进制数。令

$$\begin{bmatrix} T_k(i-1, j-1) & T_k(i, j-1) & T_k(i+1, j-1) \\ T_k(i-1, j) & T_k(i, j) & T_k(i+1, j) \\ T_k(i-1, j+1) & T_k(i, j+1) & T_k(i+1, j+1) \end{bmatrix} = \begin{bmatrix} S_t(1,1) & S_t(1,4) & S_t(1,6) \\ S_t(1,2) & C_k(i, j) & S_t(1,7) \\ S_t(1,3) & S_t(1,5) & S_t(1,8) \end{bmatrix}$$

Step8：令 $j = j + 3$。如果 $j > n$，则转至 Step9；否则，转至 Step4。

Step9：令 $j = 2, i = i + 3$。如果 $i > m$，则转至 Step10；否则，转至 Step4。

Step10：成功输出一个二级 QR 码，算法结束。

秘密提取和恢复过程是秘密隐藏的逆过程。在信息提取过程中，为了保证提取数据的完整性和准确性，算法 6-2 采用签名长度作为输入参数。具体操作是将签名从隐藏的 QR 码中提取出来，并通过调用 GroupSignVerify 算法验证签名的正确性，以确保 QR 码的完整性和真实性。

算法 6-2

输入：嵌入群签名的二级 QR 码 T，签名长度 l。

输出：群签名 σ_2，载体 QR 码 C。

Step1：设 $i = j = 2$，其中，i 表示 QR 码的行参数，j 表示 QR 码的列参数。

Step2：设 $\text{flag} = 0$，其中，flag 表示提取的秘密位的计数器。

Step3：如果 $T_1(i, j), T_2(i, j), \cdots, T_n(i, j)$ 在功能区域，则令参数 $j = j + 3$，如果 $j > n$，则令参数 $i = i + 3$。如果定位点处于 $T_1(i, j), T_2(i, j), \cdots, T_n(i, j)$，在编码区域，则转到 Step4。

Step4：按以下公式将黑白像素值提取出二进制数据流。

$$\begin{bmatrix} T_k(i-1, j-1) & T_k(i, j-1) & T_k(i+1, j-1) \\ T_k(i-1, j) & T_k(i, j) & T_k(i+1, j) \\ T_k(i-1, j+1) & T_k(i, j+1) & T_k(i+1, j+1) \end{bmatrix} = \begin{bmatrix} S_t(1,1) & S_t(1,4) & S_t(1,6) \\ S_t(1,2) & C_k(i, j) & S_t(1,7) \\ S_t(1,3) & S_t(1,5) & S_t(1,8) \end{bmatrix}$$

Step5：将提取到的 8b 二进制数据流 S'_t 添加到 S' 末位。

Step6：如果 $\text{flag} > l$，则转至 Step9；否则，转至 Step7。

Step7：令 $j = j + 3$。如果 $j > n$，则转至 Step8；否则，转至 Step3。

Step8：令 $j = 2, i = i + 3$。如果 $i > m$，则转至 Step9；否则，转至 Step3。

Step9：利用汉明校验位纠正数据流 S'，再提取原数据流 S。

Step10：将数据流 S 转换为十进制，输出群签名。秘密提取恢复算法结束。

6.3.4　智能合约追溯

供应链系统涉及大量的实体来完成农产品从产地到最终消费者的生产和运输的整个过程。因此，跟踪和追溯整个过程较为麻烦。为了实现完全的可追溯性，本文从启动开始就记录产品的各个交互记录，将产品的唯一标识码和批号通过加密为群签名消息的方式，用二级 QR 码应用到每个后续交易中，批号是这些产品组的唯一标识符。为了维护信息真实性，将数据存储在 IPFS，数据的散列记录在以太网区块链，这就克服了 IPFS 的限制。为了写入或访问来自区块链的数据，采用了访问控制策略，来做到保护数据。访问控制策略确保交易由授权用户执行。仅允许注册用户执行数据记录。此外，智能合约中的每个功能都允许由特定实体执行。未经授权的实体不得执行任何任务。多个供应链实体在系统中注册，通过二级 QR 码方案验证真伪确定身份，利用智能合约进行实体与数据的交互。

供应链实体向网络注册，当事件发生时执行授权。追溯流程由三个智能合同组成，即产品注册合同（RC）、添加至批次合同（ATC）和数据上传合同（ALC）。这些合同需要每个先前合同的地址，以便维护交易的可追溯性链。为此，部署所有时需要获得它们各自的地址。通过这种方式，该解决方案帮助最终消费者实现完全可追溯性并维护数据来源。RC 用于注册农业食品供应链实体和每个实体可用的产品，将这些数据存入 IPFS 中，并记录该文件在 IPFS 中的哈希值。算法 6-3 所示的产品注册过程包含 ALC 的地址，以添加产品的批次详细信息。

算法 6-3　RC

```
RegisterProduct:
    Struct Product:
        productName:        String
        productCode:        String
        productOwner:       Address
        AddtoLotAddress:    Address
        AddTime:            INT
    end Struct

    n ← 1
    p[0] ← productName
    p[1] ← productCode
    p[2] ← AddtoLotAddress
    AUTHORIZED ← Authorized User
    If message. send == AUTHORIZED then
        Lot[n][ProductName] ← p[0]
        Lot[n][ProductCode] ← p[1]
        Lot[n][AddtoLotOwner] ← message. send
        Lot[n][AddtoLotAddress] ← p[2]
        Lot[n][AddTime] ← Date. now()
        n++
    end if
end RegisterProduct
```

算法 6-4 中将产品批次、食品各类数据作为输入,通过调用 AddLot 函数,将过程中的节点信息上传至批次合同中。

算法 6-4　ATC

```
AddLOT：
    Struct LOT：
            productLot：             String
            materialLot：            String
            LotAdmin：               Address
            AddTransferAddress：     Address
            AddTime：                INT
        end Struct

    n ← 1
    p[0] ← productLot
    p[1] ← materialLot
    p[2] ← AddTransferAddress
    AUTHORIZED ← Authorized User
    If message. send == AUTHORIZED then
        Lot[n][productLot] ← p[0]
        Lot[n][materialLot] ← p[1]
        Lot[n][LotAdmin] ← message. send
        Lot[n][AddTransferAddress] ← p[2]
        Lot[n][AddTime] ← Date. now()
        n++
    end if
end AddLOT
```

利用算法 6-5,将数据发送至指定地址,将数据存储到 IPFS。

算法 6-5　ALC

```
AddTr：
    Struct LOT：
            currentTranHash：    String
            previousTranHash：   String
            senderAddress：      Address
            receiverAddress：    Address
            AddTime：            INT
        end Struct

    n ← 1
    p[0] ← currentTranHash
    p[1] ← previousTranHash
    p[2] ← receiverAddress
    AUTHORIZED ← Authorized User
    If message. send == AUTHORIZED then
        Lot[n][currentTranHash] ← p[0]
        Lot[n][previousTranHash] ← p[1]
        Lot[n][senderAddress] ← message. send
        Lot[n][receiverAddress] ← p[2]
        Lot[n][AddTime] ← Date. now()
        n++
    end if
end AddTr
```

产品注册、批次添加的所有交易都永久存储在区块链。产品的所有者部署 RC，通过 ATC 将产品的详细信息、批次信息和交易数据等通过调用 ALC 上传数据。交易被写入区块链，以确保产品被成功转移到农业食品供应链中的下一个实体。此外，可追溯性计划确保所有交易都成功链接到区块链。这样就保证了追踪数据来源的完整过程。

6.4　安全性证明

6.4.1　数据防篡改

签名的生成过程需要包含明文信息 m，确保信息完整性。若信息发生变化，签名信息哈希值改变则无法通过群成员签名认证，保证签名数据不被篡改。节点间交互时，先提取签名消息，验证真实性，确定 QR 码未被篡改。群内成员有修改权限，可上传签名并验证后上传信息，每次上传数据记录于不可更改的区块链，保证数据真实性。

6.4.2　抗密钥泄露

为了防止私钥泄露，通常在对不同消息进行签名时会使用不同的随机数。通常情况下，若使用相同随机数进行签名，攻击者可构造二元方程组解出用户私钥。为保护私钥安全，每次签名需使用不同的随机数。

该方案每次签名的随机数不同，通过 s 的表达式得出以下方程组：

$$s_1 \equiv r_1(\alpha_1 + e_1 d_i)(\mathrm{mod}\ n)$$
$$s_2 \equiv r_2(\alpha_2 + e_2 d_i)(\mathrm{mod}\ n)$$
$$\vdots$$
$$s_n \equiv r_n(\alpha_n + e_n d_i)(\mathrm{mod}\ n)$$

$$(6\text{-}1)$$

未知量为 d_i，α_1，α_2，$\cdots$，α_n，由此得出 n 个方程组有 $n+1$ 个未知数，按照代数知识，无法计算出私钥。因此，本方案可以防止密钥泄露，只要保证每次使用不同的随机数。

6.5　实验结果/实施框架

为了评估该方案的可行性，本节列举了一系列实验结果。

6.5.1　实验结果

为验证分级 QR 码的稳定性，采用两组实验数据进行演示，结果如表 6-1 所示。可以看到二级 QR 码由数量更多的像素点组成，但是不改变 QR 码功能区域的像素构造，维持 QR 码本身扫码功能。在不占用 QR 码原有数据存储空间的情况下，QR 码二级信息载荷量较原有信息载荷量大了 8 倍。

表 6-1　二级 QR 码的生成和提取

	实验一	实验二
载体 QR 码		
二级 QR 码		
QR 码扫码结果	Traceability data test-1	Traceability data test-2
二级数据提取结果	提取出的比特流：10111101111111011101 原数据：(79,17,105)	提取出的比特流：10010010010110101100001 原数据：(91,29,173)

6.5.2　QR 码鲁棒性实验

为确保 QR 码本身和提取的二级信息的可读性和准确性，就需要保证载体图像通过公共渠道传输过程中受到不可逆转的干扰或攻击后，仍具有一定的鲁棒性。传输过程受到几何干扰的概率较高，常见的几何干扰有遮挡、旋转或压缩等，如表 6-2 所示。

表 6-2　图像处理操作测试结果

实验类别	实验一	实验二
遮挡	上编码区缺失	左编码区缺失
实验图		
QR 码内容	可读	可读
二级信息	可提取	可提取
压缩	宽度压缩 10%	高度压缩 10%
实验图		
QR 码内容	可读	可读
二级信息	可提取	可提取
旋转	30°	90°
实验图		
QR 码内容	可读	可读
二级信息	可提取	可提取

6.5.3　QR 码适应性测试实验

如果生成的 QR 码无法被扫描，则该 QR 码可能被怀疑具有其他用途，容易受到攻击和破解。为证明本章提出的二级 QR 码方案依旧可以被多数应用软件扫描，采用较为常见的热门应用，如淘宝、支付宝和微信等移动程序进行扫码，表 6-3 展示了不同软件对二级 QR 码的扫描结果。

表 6-3　扫描结果对比

实验类别	实验一	实验二
快速条形码扫描器		
微信		
淘宝		
支付宝		
苹果浏览器		
华为浏览器		

小结

本章基于改进无模逆 ECDSA 签名方案提出轻量级的群签名算法，并基于 QR 码单元模块进行像素扩展实现分级，利用(7,4)汉明码纠错嵌入数据，实现二级 QR 码方案。该方案能够实现 QR 码的防伪认证，提出的轻量级群签名算法有效降低了运算量，使得总体耗时不受影响。生成的二级 QR 码保持着较高的鲁棒性和适用性，并且具备一定的抗几何攻击能力，这使得它具有一定的实用价值和广阔的发展前景。

第 **7** 章

基于QR码的视觉密码方案设计

现有的基于 QR 码的视觉密码方案中，多数是基于平均灰度映射和半色调技术实现，很少考虑图像本身的特征。本章提出一种基于 QR 码的视觉密码方案，采用自适应的秘密图像增强和秘密图像映射两种方法，对秘密图像进行调整，实现其与灰度映射区间分布的自适应性。此外，本方案在保留异或运算快速恢复秘密图像的同时，对分享矩阵生成算法进行了改进，保证单幅共享份不会泄露秘密图像信息，使方案中的秘密矢量分布均匀。改进的算法减少了秘密矢量所耗费的空间，降低了遭受非法攻击的概率。与其他方案相比，使用本章方案恢复的秘密图像更清晰，适用于秘密图像更复杂的场景，具有较好的安全性和实用性。

7.1 算法思路

随着互联网时代的到来，一维条形码在生活中迅速普及，使得信息采集和数据处理的速度迅速增加。但一维条形码所能容纳的信息有限，没有足够的容量对物品的属性做更多描述，所以一维条形码更多被用来标识物品的名称。因此 QR 码被提出，它可以有效解决一维码携带信息量过少、无法纠错等不足。但 QR 码数据转换的编码过程具有公开性，导致其在安全要求较高领域的实用性不强，因此，如何利用 QR 码隐藏秘密信息就成为一个非常重要的课题。

1994 年，在欧洲密码学年会上，视觉密码被正式提出之后，视觉密码技术得到了大量学者的广泛研究与应用。视觉密码以秘密共享为基础，再利用数字图像技术，将秘密共享技术应用于图像秘密信息，成为新的研究热点。视觉密码发展初期的大多数方案都用二值图像作为载体图像设计共享方案。Tuyls 提出异或视觉密码（XOR-based VCS，XVCS）的概念，这使得视觉密码具有了新的发展方向。文中构造了秘密信息可以完全恢复的 (n,n) 视觉密码共享方案，且该方案的像素扩展度为 1，XVCS 的主要优势是基于异或运算的 EVCS 的运算量极小，在秘密恢复时极为简便，因此基于异或的视觉密码受到了很多专家和学者的密切关注。随着 QR 码应用技术的逐渐成熟，更多学者将 QR 码和视觉密码技术相结合，基于 QR 码的秘密共享方案成为当下视觉密码的研究热点。基于异或的 (n,n) 视觉密码方案，首先对像素进行划分，建立灰度值与划分等级之间的映射关系。根据分享矩阵的生成算法生成系列模板所对应的矩阵集合，最后通过秘密图像的灰度值选择对应的分享矩阵对 n 幅共享份进行填充和更新。且保证每幅共享份图像本身是无法提取出任何信息的,只有将 n 幅共享份进行异或运算,才可直接得到秘密图像。但该方案会存在秘密图像失真的情况,当秘密图像偏亮或者偏暗时,均分灰度值的映射方案不能恢复出秘密图像。

鉴于以上考虑,本章提出一种基于 QR 码的视觉密码方案,在保持载体 QR 码仍可被解码的前提下,有效利用异或运算快速恢复秘密。同时,方案考虑秘密图像的自身特征,采用自适应的秘密图像增强和自适应的划分秘密图像灰度范围建立映射关系的方法,增强恢复图像的清晰度,具有很好的安全性和实用性。

7.2 Yu 等的视觉密码方案设计及分析

本节将简单地介绍 Yu 等提出的基于 QR 码的视觉密码方案,主要由三部分构成:分享矩阵集合的生成、秘密分享算法的设计以及方案的有效性证明。为了使方案看起来简单明了,将略去秘密分享算法设计和方案有效性证明等部分。

7.2.1 Yu 等的方案设计

首先通过建立图像灰度级与系列模板之间的映射关系,实现对分享矩阵的设计。用 $a \times a(a \geqslant 3)$ 的二值信息存储结构替换 QR 码中的一个像素信息,在不改变现有 QR 码编解码规则的前提下,通过控制信息存储结构中的黑白像素分布,使得到的图像仍然能够被 QR 码解码工具提取识读,这种结构被称为模块识别单元。Yu 等利用 3×3 模块识别单元,中心区域与载体 QR 码保持一致,其余 8 个像素按照从上到下、从左到右顺序依次存储秘密级信息,即存储分享矩阵 M 中的一组行矢量。

映射关系的建立步骤如下。

Step1:将秘密灰度图像划分为 3×3 的图像块。

Step2:对图像块的平均灰度值进行 9 级划分,分别与汉明重量为 $9,8,7,6,5,4,3,2,1$ 的系列模板建立映射关系。具体关系建立如表 7-1 所示。

表 7-1 Yu 等映射表

灰度等级	灰度值区间
9	$[0,28]$
8	$(28,56]$
7	$(56,84]$
6	$(84,112]$
5	$(112,140]$
4	$(140,168]$
3	$(168,196]$
2	$(196,224]$
1	$(224,255]$

分享矩阵集合生成算法步骤如下。

Step1:令 $i=1$。

Step2：计算 8 元矢量 $\boldsymbol{s}$，$\boldsymbol{s}$ 等于 i 的 8 位二进制数。

Step3：随机生成 $n-1$ 个 8 元矢量 $\boldsymbol{r}_i(i=1,2,\cdots,n-1)$，且满足 $H(\boldsymbol{r}_i)=4$。

Step4：计算 $\boldsymbol{r}_n=\boldsymbol{r}_1\oplus\boldsymbol{r}_2\oplus\cdots\oplus\boldsymbol{r}_{n-1}\oplus\boldsymbol{s}$，如果 $H(\boldsymbol{r}_n)=4$，就令 $g=i$，$\boldsymbol{M}=[\boldsymbol{r}_1,$ $\boldsymbol{r}_2,\cdots,\boldsymbol{r}_{n-1},\boldsymbol{s}]^{\mathrm{T}}$，且 $\boldsymbol{M}\in\boldsymbol{M}_g$。

Step5：重复执行 Step3 和 Step4，直至遍历 $n-1$ 个 8 元矢量 $\boldsymbol{r}_i(i=1,2,\cdots,n-1)$ 的所有情况。

Step6：令 $i=i+1$，当 $i\leqslant9$ 时跳转至 Step2，否则执行 Step7。

Step7：输出 $\boldsymbol{M}_g(g=1,2,\cdots,9)$。

7.2.2 Yu 等的方案分析

根据 7.2.1 节的映射关系，得知 Yu 等对图像灰度级和系列模板之间映射关系的建立方案存在一定缺陷。方案将整个灰度范围 $0\sim255$ 均分为 9 个等级，每个等级建立对应的分享矩阵集合。在建立灰度映射时，直接将整个灰度范围均分，没有考虑秘密图像本身的特征，该方案不具备秘密图像的自适应性。当秘密图像的灰度值集中在较暗或较亮区域时，恢复的图像将会失真，无法真实反映秘密图像的真实信息。根据 7.2.1 节的分享矩阵集合生成过程，可以看出矢量 $\boldsymbol{s}$ 是 $i(1,2,\cdots,9)$ 的二进制编码，矢量 $\boldsymbol{s}$ 中有效位只是 8 元矢量的后 4 位，矢量 $\boldsymbol{r}_n$ 中的"1"分布不均匀，既会造成空间的耗费，也会使得矢量 $\boldsymbol{r}_n$ 易遭受非法攻击。在证明的过程中发现，Yu 等的分享矩阵集合生成算法中存在问题，将对存在的问题进行分析。

定理 7-1 在 Yu 等的分享矩阵集合生成算法中，当矢量 $\boldsymbol{s}$ 的汉明距离为奇数时（即 $H(\boldsymbol{s})$ 为奇数），无法找到矢量 $\boldsymbol{r}_n=\boldsymbol{r}_1\oplus\boldsymbol{r}_2\oplus\cdots\oplus\boldsymbol{r}_{n-1}\oplus\boldsymbol{s}$ 且满足 $H(\boldsymbol{r}_n)=4$，无法求得此时对应的分享矩阵集合 $\boldsymbol{M}_g$。

证明：在方案中 $n(n\geqslant2)$ 为共享份的个数，可以利用反例验证，也可采用反证法证明定理的真实性。

（1）反例：存在 $n=2$，无法求得此时对应的分享矩阵集合 $\boldsymbol{M}_2$。

分析：设 $\boldsymbol{r}_1$ 和 $\boldsymbol{s}$ 位置分量都是"1"的位置个数为 k，根据 Yu 等的分享矩阵集合生成算法可知，系统首先会随机生成一个 $\boldsymbol{r}_1$ 的 8 元矢量且 $H(\boldsymbol{r}_1)=4$，当 $H(\boldsymbol{s})$ 为奇数时，计算 $H(\boldsymbol{r}_2)=H(\boldsymbol{r}_1\oplus\boldsymbol{s})=H(\boldsymbol{r}_1)+H(\boldsymbol{s})-2k=4-2k+H(\boldsymbol{s})$，所以 $H(\boldsymbol{r}_2)\neq4$，它是奇数。

（2）假设：当 $H(\boldsymbol{s})$ 为奇数时，存在矢量 $\boldsymbol{r}_n$，且满足 $H(\boldsymbol{r}_n)=4$。

分析：发现当位置分量上有奇数个"1"时，异或的结果是"1"；当有偶数个"1"时，异或的结果为"0"，即最后"1"的个数是所有矢量中"1"的总个数减去 $2k$，其中，k 为消去"1"的次数。由题设可知：

$$H(\boldsymbol{r}_n)=4$$
$$\Leftrightarrow H(\boldsymbol{r}_1\oplus\boldsymbol{r}_2\oplus\cdots\oplus\boldsymbol{r}_{n-1}\oplus\boldsymbol{s})=4$$
$$\Leftrightarrow H(\boldsymbol{r}_1)+H(\boldsymbol{r}_2)+\cdots+H(\boldsymbol{r}_{n-1})+H(\boldsymbol{s})-2k=4$$
$$\Leftrightarrow H(\boldsymbol{r}_1)+H(\boldsymbol{r}_2)+\cdots+H(\boldsymbol{r}_{n-1})+奇数-偶数=4$$

$$\Leftrightarrow H(r_1) + H(r_2) + \cdots + H(r_{n-1}) = 奇数$$

$$\Leftrightarrow 4 \times (n-1) = 奇数$$

$$\Leftrightarrow 偶数 = 奇数$$

与自然常识矛盾,假设当 $H(s)$ 为奇数时,不存在 $\boldsymbol{r}_n = \boldsymbol{r}_1 \oplus \boldsymbol{r}_2 \oplus \cdots \oplus \boldsymbol{r}_{n-1} \oplus \boldsymbol{s}$ 矢量满足 $H(\boldsymbol{r}_n) = 4$,假设不成立。

综上所述,本章设计的方案旨在解决以上问题。本章将提出一种新的基于快速响应码的自适应视觉密码方案,且方案将主要满足以下几点要求。

(1) 在建立图像灰度级和系列模板之间的映射关系时,为了使恢复出的秘密图像更为清晰,需考虑秘密图像的自身特征。本章采用两种方法进行构造,第一种方法是对输入的秘密图像进行图像增强,将秘密图像的灰度范围延伸到整个灰度范围 0~255 内均匀分布的形式,达到增强秘密图像对比度的效果,再将灰度均分为 5 个灰度等级区间;第二种方法是针对秘密图像本身的特点,自适应地划分秘密图像所在灰度范围,根据概率尽可能均分的原则,划分为 5 个灰度等级区间。

(2) 在矢量 s 的构造上,本章将提出新的构造方法,使"1"尽可能地均匀分布,保证 8 元矢量中每一位取任何值的概率都是相同的,解决空间的耗费和矢量 $\boldsymbol{r}_n$ 的安全问题。

(3) 在分享矩阵的构造上,本章将提出新的构造方法,在保证单幅共享份不会泄露秘密图像信息的前提下,保证方案中的任意矢量 s 都可以找到矢量 $\boldsymbol{r}_n = \boldsymbol{r}_1 \oplus \boldsymbol{r}_2 \oplus \cdots \oplus \boldsymbol{r}_{n-1} \oplus \boldsymbol{s}$ 且满足 $H(\boldsymbol{r}_n) = 4$,即可以求得任意矢量 s 对应的分享矩阵集合 $\boldsymbol{M}_g$。

7.3　本章方案

7.3.1　建立映射

方案一：自适应的秘密图像增强方案

图像增强是图像处理中的一大热点研究,它主要是提高图像的视觉效果,如增加图像的对比度,改善亮度,提高清晰度,丰富细节等。在视觉密码方案中,如果秘密图像偏暗或者偏亮,都会在灰度映射的区间划分上不够准确,从而导致恢复的秘密图像失真。所以需要对秘密图像进行预处理,常用的图像增强方法是直方图均衡化算法。但传统的直方图均衡化会在增强图像的同时引入视觉退化,如部分区域会出现过度增强和光晕等现象。

应在图像增强过程中保持以下三个特点才能使图像真正地得到处理：① 在增强前后尽可能地保持图像的均值不变,即输入/输出图像的灰度均值要尽可能地小；② 在增强后,图像的对比度需要增强,即输入/输出图像的灰度标准差要尽可能地大；③ 在图像的增强过程中,需要保证细节不被丢失,即概率密度低的细节需特殊处理,防止小概率密度的灰度级被合并。

综上所述,对秘密图像的增强流程如图 7-1 所示。

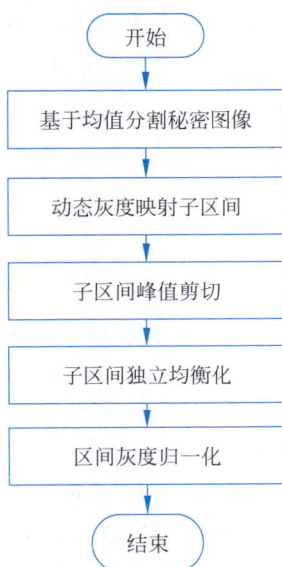

图 7-1　秘密图像的增强流程

自适应秘密图像增强的具体步骤如下。

Step1：输入秘密图像并计算图像的灰度均值 X_{Aver}，利用均值将秘密图像分为两个子图像的灰度范围进行分区，例如：

$$X = \begin{cases} X_{\text{L}} = \{ X(i,j) \mid X(i,j) < X_{\text{Aver}}, \forall X(i,j) \in X \} \\ X_{\text{R}} = \{ X(i,j) \mid X(i,j) > X_{\text{Aver}}, \forall X(i,j) \in X \} \end{cases} \tag{7-1}$$

其中，$X(i,j)$ 为图像在 (i,j) 位置的灰度值，X_{L}、X_{R} 为划分后的左子区和右子区。

Step2：将上文分割的子区进行自适应的动态扩展，首先需要找到一个最佳分割点 X_{Best}，且使得重新动态映射处理后的两个子区的像素密度尽可能地均匀。此时，最佳分割点 X_{Best} 需要满足：

$$\frac{\text{Count}_{\text{L}}}{X_{\text{Best}} - 0} = \frac{\text{Count}_{\text{R}}}{255 - X_{\text{Best}}} \Leftrightarrow X_{\text{Best}} = \frac{255 \times \text{Count}_{\text{L}}}{\text{Count}_{\text{L}} + \text{Count}_{\text{R}}} \tag{7-2}$$

其中，Count_{L}、Count_{R} 分别为左子区和右子区的像素个数，则新的两个子区如式(7-3)所示。

$$X = \begin{cases} \widetilde{X}_{\text{L}} = [0, X_{\text{Best}}) \\ \widetilde{X}_{\text{R}} = [X_{\text{Best}}, 255] \end{cases} \tag{7-3}$$

秘密图像中所有像素的灰度值也发生改变，映射关系如式(7-4)所示。

$$\widetilde{X}(i,j) = Y \begin{cases} \dfrac{X(i,j) - X_{\text{Min}}}{X_{\text{Aver}} - X_{\text{Min}}} \times X_{\text{Best}}, & X(i,j) \in \widetilde{X}_{\text{L}} \\ X_{\text{Best}} + \dfrac{X(i,j) - X_{\text{Aver}}}{X_{\text{Max}} - X_{\text{Aver}}} \times (255 - X_{\text{Best}}), & X(i,j) \in \widetilde{X}_{\text{R}} \end{cases} \tag{7-4}$$

其中，$\widetilde{X}(i,j)$ 为图像在 (i,j) 位置变换后的灰度值，X_{Min}、X_{Max} 分别为秘密图像变换前的最小灰度值和最大灰度值。此时新的秘密图像的灰度范围为 $[0,255]$。

Step3：对新的左右子区找到其对应的最佳剪切点 P_L、P_R，使得剪切后的子区不会有小区间出现像素密度大的现象。最佳剪切点 P_L、P_R 满足式（7-5）。

$$P_L = \frac{\text{Count}_L}{X_{\text{Best}} - 0} \quad \text{且} \quad P_R = \frac{\text{Count}_R}{255 - X_{\text{Best}}} \tag{7-5}$$

则新的两个子区剪切条件为式（7-6）：

$$\widetilde{H}_L(X_k) = \begin{cases} H(X_k), & H(X_k) \leqslant P_L \\ P_L, & H(X_k) > P_L \end{cases} \quad \text{且} \quad \widetilde{H}_R(X_k) = \begin{cases} H(X_k), & H(X_k) \leqslant P_R \\ P_R, & H(X_k) > P_R \end{cases}$$

$$\tag{7-6}$$

其中，X_k 为灰度级，左子区满足 $0 \leqslant X_k < X_{\text{Best}}$，右子区满足 $X_{\text{Best}} \leqslant X_k \leqslant 255$，$H(X_k)$ 为在灰度级为 X_k 下的像素个数，$\widetilde{H}_L(X_k)$、$\widetilde{H}_R(X_k)$ 为剪切后左子区和右子区在灰度级为 X_k 下的像素个数。

Step4：对新的左右子区分别进行直方图均衡化算法步骤处理，会得到两个新的左右子区，分别为 X'_L、X'_R。此时秘密图像增强后的直方图为 $X' = X'_L \cup X'_R$。

Step5：对直方图 X' 进行归一化处理，通过计算平移因子实现对整个直方图的归一化。此时归一化后的直方图 $\hat{X}$ 满足式（7-7）：

$$\hat{X}(i,j) = \frac{X_{\text{Aver}}}{X'_{\text{Aver}}} \times X(i,j) \tag{7-7}$$

其中，$X(i,j)$ 和 $\hat{X}(i,j)$ 分别是原秘密图像和增强秘密图像位置 (i,j) 处的灰度值，X'_{Aver} 是均衡化处理后的灰度均值。

Step6：对灰度范围进行均分，得到灰度等级和灰度区间的映射关系如表 7-2 所示。

表 7-2　方案一的映射关系表

灰度等级	灰度值区间
5	$[0,51]$
4	$(51,101]$
3	$(101,152]$
2	$(152,203]$
1	$(203,255]$

下面给出例 7-1，进一步说明方案一。

例 7-1　共享的秘密图像是一个灰度值整体较亮的图像，如表 7-3 所示。

表 7-3　例 7-1 的测试用图和结果

秘密图像	直方图
处理前	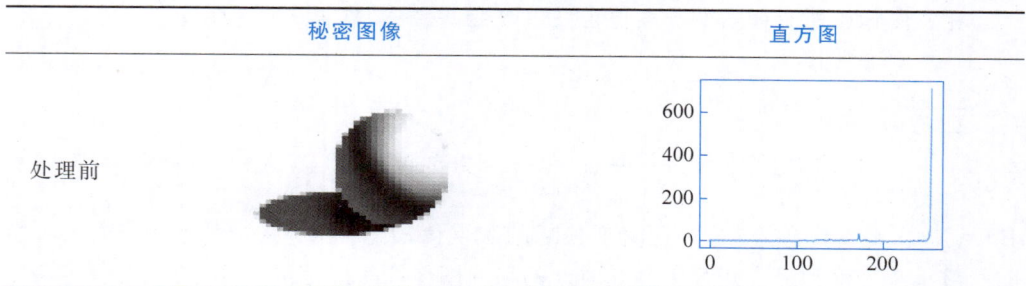

续表

秘密图像	直方图
处理后	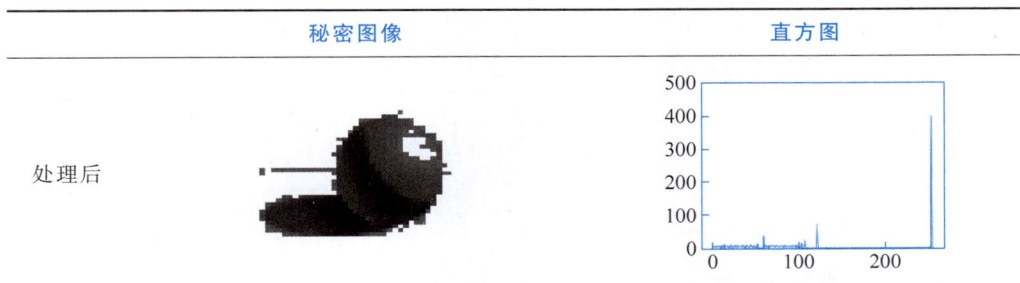

由于秘密图像整体灰度偏大，直接均分灰度值进行映射会严重失真，因此对秘密图像采用自适应的图像增强算法进行改善，利用以上算法步骤，可得到增强后的秘密图像。可以发现增强后的秘密图像，峰值减小且更加均衡化，使得图像的轮廓和对比度更加明显。利用增强后的秘密图像，进行如表 7-4 所示的灰度值映射。

表 7-4　例 7-1 的映射表

灰度等级	灰度值区间
5	$[0,51]$
4	$(51,101]$
3	$(101,152]$
2	$(152,203]$
1	$(203,255]$

方案二：自适应的秘密图像映射方案

如方案一所述，在视觉密码方案中，如果秘密图像偏暗或者偏亮都会在灰度映射的区间划分上不够准确，从而导致恢复的秘密图像失真。方案一采用了对秘密图像预处理的办法，而除了对秘密图像预处理再均分整个灰度范围进行映射外，还可以对秘密图像进行自适应分区，从而建立有效的映射关系，预防恢复秘密图像时的失真现象。

根据以上分析，对秘密图像的自适应的分区流程如图 7-2 所示。

自适应的秘密图像映射具体步骤如下（本章设计的方案灰度映射为 5 个等级）。

Step1：输入秘密图像，生成秘密图像的直方图，$H(X_k)$ 为在灰度级 X_k 下的像素个数，秘密图像的总像素值为 Count。

Step2：根据秘密图像直方图计算累计直方图，$W(X_k)$ 为灰度级 X_k 的累计概率，

且 $W(X_k) = \dfrac{\sum\limits_{k=\min}^{\max} H(X_k)}{\text{Count}}$，其中，$X_{\min}$、$X_{\max}$ 为秘密图像的灰度最小值和最大值。

Step3：令 $m=1$。

Step4：遍历 $k=0,1,2,\cdots,255$，求满足 $\text{Min}\left| \dfrac{\text{Count}}{5} \times m - W(X_k) \right|$ 的 X_k，并存入数组 $b[m]=X_k$。

Step5：令 $m=m+1$，继续执行 Step4，当 $m>5$ 时执行 Step6。

Step6：输出数组 b，区间分为 $(\min, b[1])$，$(b[1], b[2])$，$\cdots$，$(b[4], \max)$。

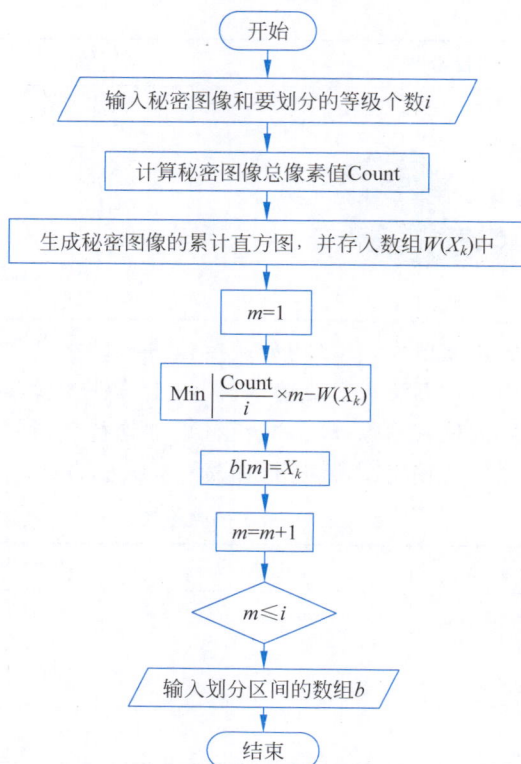

图 7-2　秘密图像的自适应分区流程

此时，得到具有秘密图像自适应性的灰度映射区间，且映射区间满足每个区间内像素点均匀分布的原则。

下面给出例 7-2，进一步说明方案二。

例 7-2　共享的秘密图像是一个灰度值整体较暗的图像，如表 7-5 所示。

表 7-5　例 7-2 的测试用图和结果

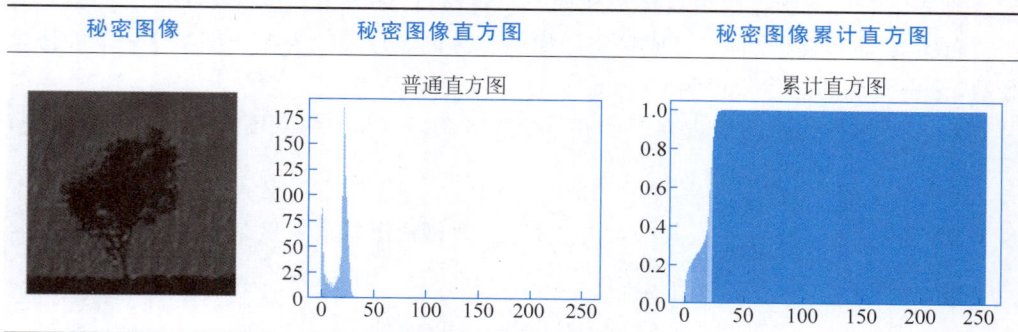

秘密图像	秘密图像直方图	秘密图像累计直方图

由于秘密图像整体灰度偏小，采用自适应的秘密图像映射算法，利用秘密图像的直方图生成秘密图像的累计直方图。利用以上算法步骤，得到尽可能将像素点均分的区间，使得恢复出的秘密图像更加清晰，根据表 7-5 的区间端点得到表 7-6 的灰度映射表。

表 7-6　例 7-2 的映射表

灰度等级	灰度值区间
5	$[0,4]$
4	$(4,19]$
3	$(19,21]$
2	$(21,23]$
1	$(23,255]$

由快速响应码的信息存储结构可知，可以用 $a \times a (a \geqslant 3)$ 的二值信息存储结构替换 QR 码中的一个像素信息。保证在不改变 QR 码编解码规则的前提下，合理地控制信息存储结构中的中间像素。利用视觉共享方案得到的新 QR 码共享份仍能被 QR 码的解码工具提取并识读，这种结构就叫作 QR 码的模块识别单元。

本节将会采用 3×3 模块单元，让中心区域与载体 QR 码保持一致，其余 8 个像素按照从上到下、从左到右的顺序依次存储秘密信息。即扩充后的周围 8 个像素会填充分享矩阵 $\boldsymbol{M}$ 中的一组行矢量。由此可知，分享矩阵的大小应该为 $n \times 8$，其中，n 是共享的份数。

分享矩阵生成算法如下（本文设计的方案灰度映射为 5 个等级）。

Step1：令 $i=1$，此时 $j=0$。

Step2：s 等于 j 的 8 位二进制数。

Step3：随机生成 $n-1$ 个 8 元矢量 $\boldsymbol{r}_i (i=1,2,\cdots,n-1)$，且满足 $H(\boldsymbol{r}_i)=4$。

Step4：计算 $\boldsymbol{r}_n = \boldsymbol{r}_1 \oplus \boldsymbol{r}_2 \oplus \cdots \oplus \boldsymbol{r}_{n-1} \oplus \boldsymbol{s}$，如果 $H(\boldsymbol{r}_n)=4$ 就令 $g=i$，$\boldsymbol{M}=[\boldsymbol{r}_1, \boldsymbol{r}_2, \cdots, \boldsymbol{r}_{n-1}, \boldsymbol{r}_n]^{\mathrm{T}}$，且 $\boldsymbol{M} \in \boldsymbol{M}_g$。

Step5：重复执行 Step3 和 Step4，直至遍历完 $n-1$ 个 8 元矢量 $\boldsymbol{r}_i (i=1,2,\cdots,n-1)$ 的所有情况。

Step6：对 $\boldsymbol{s}$ 的列进行随机置换，重复执行 Step3～Step5，直至遍历完所有置换的情况。

Step7：令 $i=i+1$ 且 $j=3 \times 4^{i-2}+j$，如果 $i \leqslant 5$ 跳转至 Step2，否则执行 Step8。

Step8：输出 $\boldsymbol{M}_g (g=1,2,\cdots,5)$。

7.3.2　秘密共享

当对秘密图像进行共享时，扫描秘密图像中的每一个像素点。根据像素值的大小通过 7.3.1 节建立的灰度映射关系选取相应的分享矩阵对分享份进行填充，使秘密图像在恢复时，分享份中恢复图像对应位置的 3×3 的二值矩阵是对应矩阵的行矢量。本节提出了两种满足秘密图像自适应性的灰度映射方案，接下来将对两种方案的秘密分享算法进行具体步骤的介绍。

方案一的秘密共享步骤如下。

Step1：输入 n 个规格为 $q \times q$ 的载体 QR 码 $C_1, C_2, \cdots, C_n$，1 个规格为 $3q \times 3q$ 的秘密图像 $\boldsymbol{S}$。

Step2：将 n 个规格为 $q \times q$ 的载体 QR 码全部扩大 3 倍得到 n 个规格为 $3q \times 3q$ 的分享份 QR 码 $A_1, A_2, \cdots, A_n$，即满足式（7-8）：

$$
\begin{bmatrix}
A_t(3i-2,3j-2) & A_t(3i-2,3j-1) & A_t(3i-2,3j) \\
A_t(3i-1,3j-2) & A_t(3i-1,3j-1) & A_t(3i-1,3j) \\
A_t(3i,3j-2) & A_t(3i,3j-1) & A_t(3i,3j)
\end{bmatrix}
$$

$$
=
\begin{bmatrix}
C_t(i,j) & C_t(i,j) & C_t(i,j) \\
C_t(i,j) & C_t(i,j) & C_t(i,j) \\
C_t(i,j) & C_t(i,j) & C_t(i,j)
\end{bmatrix}
\tag{7-8}
$$

其中，(i,j) 为载体 QR 码的第 i 行第 j 列（且 $1 \leqslant i \leqslant q, 1 \leqslant j \leqslant q$），$t$ 是共享份的标号（$1 \leqslant t \leqslant n$）。

Step3：将秘密图像和共享份 QR 码都分割成 3×3 的像素块，即各有 $q \times q$ 个像素块，一个秘密图像的像素块对应 n 个共享份 QR 码的像素块。

Step4：令 $i=1, j=1$。

Step5：计算秘密图像中像素块的灰度均值 $G_{\text{average}} = \dfrac{\displaystyle\sum_{m=3i-2}^{3i}\sum_{n=3j-2}^{3j} S(m,n)}{9}$。

Step6：根据像素块的灰度均值 G_{average} 判定对应的分享矩阵集合 M_g，其中，$g = 6 - \left\lceil \dfrac{G_{\text{average}}}{51} \right\rceil$，若 $g=6$，令 $g=g-1$。若 $C_1(i,j) \oplus C_2(i,j) \oplus \cdots \oplus C_n(i,j) = 1$，即异或运算后为黑色，就令 $g=g-1$。

Step7：在分享矩阵集合 M_g 中随机选取一个 M 矩阵，并将矩阵中的 n 行 8 元矢量分配给 n 个共享份 QR 码，即令

$$
\begin{bmatrix}
A_t(3i-2,3j-2) & A_t(3i-2,3j-1) & A_t(3i-2,3j) \\
A_t(3i-1,3j-2) & A_t(3i-1,3j-1) & A_t(3i-1,3j) \\
A_t(3i,3j-2) & A_t(3i,3j-1) & A_t(3i,3j)
\end{bmatrix}
$$

$$
=
\begin{bmatrix}
M(t,1) & M(t,2) & M(t,3) \\
M(t,4) & C_t(i,j) & M(t,5) \\
M(t,6) & M(t,7) & M(t,8)
\end{bmatrix}
$$

其中，t 为共享 QR 码的编号，且 $1 \leqslant t \leqslant n$。

Step8：$j=j+1$，如果 $j \leqslant q$，则跳转至 Step5，否则执行 Step9。

Step9：$i=i+1$，如果 $i \leqslant q$，则跳转至 Step5，否则执行 Step10。

Step10：输出更新过后的 n 个规格为 $3q \times 3q$ 的新共享份 QR 码。

方案二的秘密分享步骤如下。

Step1～Step5 和方案一的步骤相同，因为两个方案只有灰度映射关系不同。

Step6：根据像素块的灰度均值 G_{average} 找对应的分享矩阵集合 M_g，其中，g 为映射表中的等级，不同秘密图像的灰度映射关系不同，对应等级也会发生改变。

Step7～Step10 和方案一相同，最终输出更新的 n 个规格为 $3q \times 3q$ 的新分享 QR 码 $A_1, A_2, \cdots, A_n$。

根据秘密共享算法会输出 n 个规格为 $3q \times 3q$ 的共享份 QR 码，且保持中心区域

与载体 QR 码一致,其余 8 个像素会按照从上到下、从左到右的顺序依次存储秘密级信息,不会改变原 QR 码本身的编解码规则,所以利用标准的 QR 码解码工具能够从共享份 QR 码中读取出原载体 QR 码的公开信息,并且增大了载体中的秘密载荷量。

7.3.3 秘密恢复

在秘密图像恢复时,只需将 n 个共享份的 QR 码进行异或运算,就可在视觉上恢复出隐藏的秘密图像。因为每一个共享份的汉明距离都是 4,就满足了单个共享份无法恢复秘密图像的特性。这样直接异或的解密方式,不需要计算机参与运算,大大减少了工作量。并且在解密过程中,仅需要进行共享份大小的 $3q \times 3q$ 次位置异或,就可以恢复秘密图像。

7.4 有效性证明

7.4.1 安全性分析

定理 7-2 无法从少于 n 个共享份的 QR 码中推断出秘密图像的信息。

证明:共享份 QR 码用于秘密构造和秘密恢复,所以共享份 QR 码的安全性决定整个系统的安全性。

在分享矩阵的构造中,首先随机生成 $n-1$ 个 8 元矢量 r_i($i=1,2,\cdots,n-1$),且满足 $H(r_i)=4$。接着根据 $r_n=r_1 \oplus r_2 \oplus \cdots \oplus r_{n-1} \oplus s$ 计算 r_n,且需要满足 $H(r_n)=4$,此时就生成一个分享矩阵 M,保证了单个共享份 QR 码无法得到秘密图像的信息。在秘密恢复过程中,若将 p 个共享份 QR 码进行异或运算,相当于 p 行矢量进行异或运算并得到了矢量 ξ,再将剩下的 $n-p$ 行矢量进行异或运算得到矢量 ζ,此时矢量 ξ 和 ζ 是分享矩阵集合 M_g 中元素的概率是相同的,即保证了 $P(\xi \in M_g)=P(\zeta \in M_g)$。在本章方案中,共享份 QR 码的构造只与周围的 8 个邻接像素有关,像素的构造又依赖于分享矩阵的 8 元矢量,所以本方案的安全性取决于分享矩阵中 n 个 8 元矢量间的相互关系。因此不能判断图像的灰度值范围,所以当共享份 QR 码的个数少于 n 个时,无法推断出秘密图像的信息。

7.4.2 对比性分析

定理 7-3 在图像恢复过程中,将 n 个共享份 QR 码的对应位置进行异或运算,就直接得到该位置的秘密图像的灰度等级。

证明:在秘密分享算法中,在根据像素块的灰度均值判定其对应的分享矩阵集合时,当 $G_{average}=0$ 时,会出现其中 $g=9$ 的情况,所以令 $g=g-1$。在秘密恢复的过程中,是 n 个共享份 QR 码的对应位置进行异或运算,QR 码本身的定位点会影响异或运算结果的灰度值。在秘密共享算法的 Step6 中,若 $C_1(i,j) \oplus C_2(i,j) \oplus \cdots \oplus C_n(i,j)$ 为白色,则不更改 g 的值;若为黑色,就令 $g=g-1$,使得异或后的汉明重量仍为周围 8 个像素点异或运算得到的值。

7.5　实验结果与分析

本节将分为 4 部分来阐述方案的有效性,分别是本章方案的实验结果、与其他相关方案的分析比较、本章方案均匀性和鲁棒性的验证。

7.5.1　实验结果

本节以例 7-1 和例 7-2 已经建立的灰度映射关系为例,来验证本章方案的有效性,表 7-7 为该实验用到的相关测试 QR 码和秘密图像。

表 7-7　实验相关测试图

图像类型	实验一	实验二
秘密图像		
载体 QR 码图像		
QR 码解码信息		

按照 7.3.2 节的秘密共享算法,可以利用如表 7-7 所示的规格为 $q \times q$ 的载体 QR 码图像生成如表 7-8 所示规格为 $3q \times 3q$ 的新分享份 QR 码。为了验证共享份 QR 码的可读性,对共享份的扫描解码信息也如表 7-8 所示。

表 7-8　方案一(自适应的秘密图像增强)的结果图

图像类型	实验一	实验二
共享份 QR 码		
共享 QR 码解码信息		
秘密恢复(异或)		

表 7-8 的实验结果表明,方案一(自适应的秘密图像增强)满足共享份 QR 码仍能被准确识读,且将共享份 QR 码进行异或运算时,当所有的共享份异或可得到秘密图像,小于 n 个共享份不能得到任何秘密信息。

表 7-9 的实验结果表明,方案二(自适应的秘密图像映射)也同样满足共享份 QR 码仍能被准确识读,且将共享份 QR 码进行异或运算时,当所有的共享份异或可得到秘密图像,小于 n 个共享份不能得到任何秘密信息。

表 7-9 方案二(自适应的秘密图像映射)的结果图

7.5.2 方案对比

在大多数灰度 VCS 方案中,往往通过半色调技术将灰度图像转换为二值图像,进而采用传统 VCS 技术进行秘密共享。如表 7-10 所示,与 Yu 等方案相比,当秘密图像的灰度分布均匀时,秘密图像的恢复效果大同小异,但当秘密图像的灰度值集中在较暗或较亮区域时,Yu 等方案恢复出的图像将会失真,本章方案的秘密图像的恢复效果更佳。

表 7-10 方案实验效果对比

7.5.3　均匀性验证

从分享矩阵集合生成过程中,可以观察得到矢量 s 是 j 的二进制编码。但传统的构造方案中矢量 s 中有效位只是 8 元矢量的后 4b,因此计算得到的矢量 r_n 中"1"将会分布不均匀,不仅会造成空间的耗费,也会使得矢量 r_n 易遭受非法攻击。本章提出新的构造方法,使得"1"尽可能地均匀分布,矢量 s 的取值将直接影响分享矩阵中 r_n 的取值,所以方案中矢量的均匀性取决于矢量 s 本身的分布。图 7-3 为矢量 s 的频率分布图。

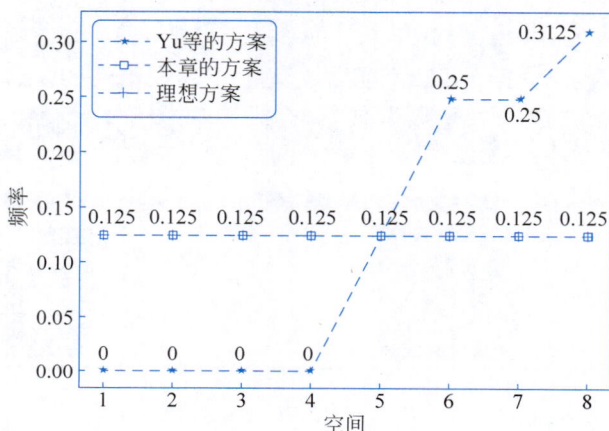

图 7-3　矢量 s 的频率分布图

其中,★和■分别代表 Yu 等和本章的方案,+代表矢量理想状态下矢量 s 的分布概率。由图 7-3 可以知道,本章的方案中的矢量 s 完全符合理想状态下的分布,合理地利用了空间,且使得矢量 s 和 r_n 更安全。

7.5.4　鲁棒性验证

在实际应用中,共享份 QR 码在传输和保存的过程中会受到各种外界的干扰。本节将针对其中三种常见干扰方式,对本章方案的可行性和鲁棒性进行验证分析。本章提出的两种方案虽然对原图像的处理方式不同,但嵌入 QR 码的算法相同,因此以下三种验证方式,只对方案二进行验证。

(1)在图像存储方面,目前通常采用图像压缩技术来减小共享份 QR 码的存储空间。为测试本章方案在图像压缩后仍然具有可行性,对图像分别做压缩质量为 10%、30% 和 50% 的有损压缩,表 7-11 所示为压缩后的测试结果。结果表明,受损的 QR 码图像仍然具有可读性,且进行异或运算后可恢复秘密图像。

表 7-11 压缩测试结果

压缩比率	共享份 QR 码	共享 QR 码解码信息	秘密恢复
10%			
30%			
50%			

（2）在图像的传输过程中，共享份图像可能受到噪声干扰，或被修改、丢失部分像素信息。为测试本章方案抵抗噪声干扰的能力，利用 Python 对共享份图像进行高斯噪声干扰，实验结果如表 7-12 所示。结果表明，当高斯噪声强度在一定范围内增加时，既能够识读共享份 QR 码，也可以恢复秘密图像。但当高斯噪声方差较大时，既不能够识读共享份 QR 码，也不能够恢复秘密图像信息。

表 7-12 加噪测试结果

噪声方差	共享份 QR 码	共享 QR 码解码信息	秘密恢复
$\mu=0, \delta^2=0.01$			
$\mu=0, \delta^2=0.1$			
$\mu=0, \delta^2=1$			
$\mu=0, \delta^2=10$			

（3）在图像扫描过程中，在移动设备对共享份 QR 码进行扫描时，扫描角度任意，本章利用 Photoshop 对共享份图像进行了 45°的旋转测试。表 7-13 为共享份 QR 码旋转的测试结果，实验结果表明，旋转过后的共享份 QR 码仍可以被识读，且能够恢复秘密图像信息。

表 7-13　旋转测试结果

旋转	共享份 QR 码	共享 QR 码解码信息	秘密恢复
45°			

小结

本章提出一种基于 QR 码的自适应视觉密码方案。首先考虑秘密图像本身的特征，采用自适应的秘密图像增强和秘密图像映射这两种方法，对秘密图像进行自适应调整。当秘密图像的灰度值集中在较暗或较亮区域时，方案恢复出的图像不会失真。方案增强了图像的清晰度，适用于秘密图像更复杂的场景，具有很好的安全性和实用性。此外，方案仍具有利用异或运算快速恢复秘密图像的特性，并对分享矩阵的生成算法进行了改进。从实验结果可以验证本章方案具有较高的可行性和鲁棒性。

本章的方案可应用于视觉密码的共享方案中，未来的研究将在本章方案的基础上，着重考虑如何利用 QR 码同时进行文字秘密和图像秘密的分享，以及提高方案映射的细粒度性。

第 **8** 章

多级安全QR码设计与实现

随着信息技术的发展，数字化信息传输的重要性日益增强，但传统的密码学方法已经不能满足安全需求。视觉秘密共享技术是一种新型的保护信息安全的方法，可以将秘密信息分散存储在多个小的 QR 码中，使得秘密信息更加安全和难以破解。多级 QR 码可以提高 QR 码的安全性和存储容量，同时应用于诸多领域，如身份验证、金融交易、文化遗产保护等。在多级 QR 码的设计中，需要考虑多种因素，并且视觉秘密共享技术在其中扮演着重要的角色。总之，本章将介绍多级 QR 码及其在信息安全方面的应用，以及如何利用视觉秘密共享技术来保护 QR 码中的秘密信息。

8.1 算法思路

随着信息技术的不断发展，人们的生活离不开各种形式的数字化信息传输。然而，在信息传输的过程中，安全问题愈加突出。传统的密码学方法已经无法完全满足人们对信息安全的需求。视觉秘密共享技术是一种新型的保护信息安全的方法，它可以将一份秘密信息分割成多个部分，隐藏在不同的载体中。只有在收集到所有的部分并将它们组合在一起时，才能得到原始秘密信息。

QR 码作为一种流行的二维码，广泛应用于各个领域。但是传统的 QR 码只能存储少量的信息，容易被恶意篡改或破解。为了提高 QR 码的安全性和存储容量，多级 QR 码应运而生。多级 QR 码是在一个载体 QR 码中嵌入多个级别的信息，生成的多级 QR 码份额可以单独扫描或者组合在一起扫描。而视觉秘密共享技术可以应用于多级 QR 码中，使得秘密信息更加安全和难以破解。

在多级 QR 码的设计中，需要考虑多种因素，如信息存储容量、识别准确度、容错率和信息安全等。多级 QR 码的设计需要兼顾这些因素，并在不同的应用场景中进行适当的调整。视觉秘密共享技术在多级 QR 码的设计中扮演着重要的角色，它可以将秘密信息分散存储在多个小的 QR 码中，即使部分 QR 码被泄露，也无法破解出秘密信息。

除了信息安全外，多级 QR 码还可以应用于诸多领域，如身份验证、金融交易、文化遗产保护等。通过视觉秘密共享技术，多级 QR 码可以提供更加安全和可靠的信息传输方式，同时保护用户的隐私和安全。

此外，随着移动设备和物联网的普及，QR 码已经成为人们生活中不可或缺的一部分。多级 QR 码的出现,为 QR 码的应用带来了更广泛的可能性,可以应用于更多的领域和场景。而视觉秘密共享技术的应用,则进一步提高了多级 QR 码的安全性和可靠性,为用户提供了更加安全、隐私保护的信息传输方式。相信在未来,多级 QR 码和视觉秘密共享技术将在信息安全领域中发挥越来越重要的作用,为数字化生活带来更多便利和安全。

总之,基于视觉秘密共享的多级 QR 码是一种重要的信息安全技术,可以在不同领域中得到广泛应用。本章将从这个角度出发,介绍多级 QR 码的原理、设计和实现,以及如何利用视觉秘密共享技术来保护 QR 码中的秘密信息。希望通过本文的介绍,读者们可以更加全面地了解多级 QR 码及其在信息安全方面的应用。

8.2 预备知识

8.2.1 半色调技术

半色调技术是一种将图像的色彩从连续变为离散的技术,例如,将灰度图或彩色图转换为只有几种颜色或黑白的图像,同时尽量保留原图像的视觉效果。半色调技术的基本思想是利用人眼的视觉积分,将不同大小、形状、密度和颜色的点组成图案,从而模拟出不同的灰度或彩色层次。半色调技术广泛应用于印刷领域,如报纸、杂志、海报等,可以提高图像的质量和信息容量。半色调技术有多种方法,如阈值抖动法、随机调制法、有序抖动法、误差传播法等。

半色调技术最早出现于 20 世纪 30 年代,当时它主要用于在报纸上印刷照片。1945 年,半色调技术被应用于生产出第一张现代彩色印刷品。20 世纪 80 年代,计算机技术的发展使得半色调技术得以数字化实现,并被广泛应用于数字出版、互联网传输等领域。

使用较为广泛的半色调算法是将灰度图像和彩色图像等连续色调的图像量化成二值图像或仅有少数几种色彩的图像,利用少量的颜色标识,量化后的图像在一定距离内产生的视觉效果与原始图像相同。

阈值法是一种简单的半色调算法,通过将每个像素的灰度值与一个预设阈值进行比较,来确定该像素是黑色还是白色。误差扩散法是一种常见的半色调算法,它会将误差从一个像素传递到其周围的像素,从而产生更接近原始灰度图像的半色调图像。另外,点阵法是一种将原始图像分成小块,并将每个小块映射到一个预先定义的点阵图案中的半色调算法。

半色调算法的核心是将连续的灰度值转换成一系列离散的黑白点。半色调算法的一般公式见式(8-1):

$$I_{out}(x,y) = \begin{cases} 1, & I_{in}(x,y) \geqslant T(x,y) \\ 0, & \text{其他} \end{cases} \tag{8-1}$$

其中,$I_{in}(x,y)$ 是输入图像在位置 (x,y) 的灰度值,$I_{out}(x,y)$ 是输出图像在相应位置 (x,y) 的二值化像素值。$T(x,y)$ 是阈值函数,用于确定输入图像中每个像素是否应该被二值化。如果 $I_{in}(x,y)$ 大于或等于阈值 $T(x,y)$，则对应的输出像素 $I_{out}(x,y)$ 为 1(黑色)，否则为 0(白色)。

通常情况下，阈值 $T(x,y)$ 是通过对输入图像进行全局或局部的分析得到的。常见的全局阈值算法包括 Otsu 方法和 Yen 方法。半色调算法已经得到广泛的应用，如在印刷、数字化存储、图像压缩和图像识别等领域。近年来，随着深度学习技术的发展，基于卷积神经网络(CNN)的半色调算法也得到了广泛的关注。这种方法通过训练 CNN 模型，使其能够自动学习图像中的特征，并生成高质量的半色调图像。

基于灰度值离散化的图像二值化半色调算法，其原理简单而高效。随着计算机技术的不断发展，半色调算法已经被广泛应用，并在数字图像处理领域发挥着重要的作用。

8.2.2　(3,3)随机网格

秘密共享技术可以提高秘密的鲁棒性，即保证在异常情况下系统的鲁棒性。Shamir-Lagrange 方法首次应用于秘密图像共享领域。现在，已经有多种秘密图像共享技术可供选择，包括基于布尔运算、中国剩余定理等不同技术。然而，这些方法通常需要使用计算机或其他辅助工具来检索图像，如使用拉格朗日插值公式或异或操作等。与这些方法不同，视觉秘密共享(VSS)方案可以通过视觉方式在用户几乎没有计算能力的情况下还原秘密。VSS 主要有两种方案：视觉密码学(VC)和随机网格(RG)。VC 存在像素缩放和需要编码本等缺点，而 RG 则克服了这些问题。RGVSS 是一种基于随机网格的视觉秘密分享算法，它将二进制黑白图像看作由透明和不透明的像素构成的二维像素阵列网格。每个网格的平均透明度为 50%。与传统的 VSS 算法不同，RGVSS 算法将原始图像扩展为两个网格，即 RG 和原始秘密图像，这两个网格具有相同的大小。在解密时，RGVSS 算法使用这两个网格的重叠来恢复原始图像。由于基于随机网格的 VSS 可以避免像素扩展和不需要码本设计，因此一些研究人员更加重视基于 RG 的 VSS。基于 RG 的 VSS 与传统的 VCS 在解密操作上是相同的，不需要密码学相关知识和计算，可以通过直接叠加来恢复秘密图像，传统的随机网格算法如图 8-1 所示。

其中，一个(2,2)RGVSS 的生成与恢复过程如下。

Step1：随机生成一个影子图像 SC_1，见式(8-2)。

Step2：用式(8-2)计算第二个影子图像 SC_2。

恢复则采用式(8-3)计算 $\boldsymbol{S}' = SC_1 \otimes SC_2$，如果秘密信息 $\boldsymbol{S}(i,j)$ 是 1，恢复结果 $SC_1(i,j) \otimes SC_2(i,j) = 1$ 总是黑色。如果秘密信息是 0，恢复结果 $SC_1(i,j) \otimes SC_2(i,j)$ 有一半的可能是黑色或者白色，因为 SC_1 是随机的。

$$SC_2(i,j) = \begin{cases} SC_1(i,j), & \boldsymbol{S}(i,j) = 0 \\ \overline{SC_1(i,j)}, & \boldsymbol{S}(i,j) = 1 \end{cases} \tag{8-2}$$

$$\boldsymbol{S}'(i,j) = SC_1(i,j) \otimes SC_2(i,j) = \begin{cases} SC_1(i,j) \otimes SC_1(i,j), & \boldsymbol{S}(i,j) = 0 \\ SC_1(i,j) \otimes \overline{SC_1(i,j)}, & \boldsymbol{S}(i,j) = 1 \end{cases}$$

$$\tag{8-3}$$

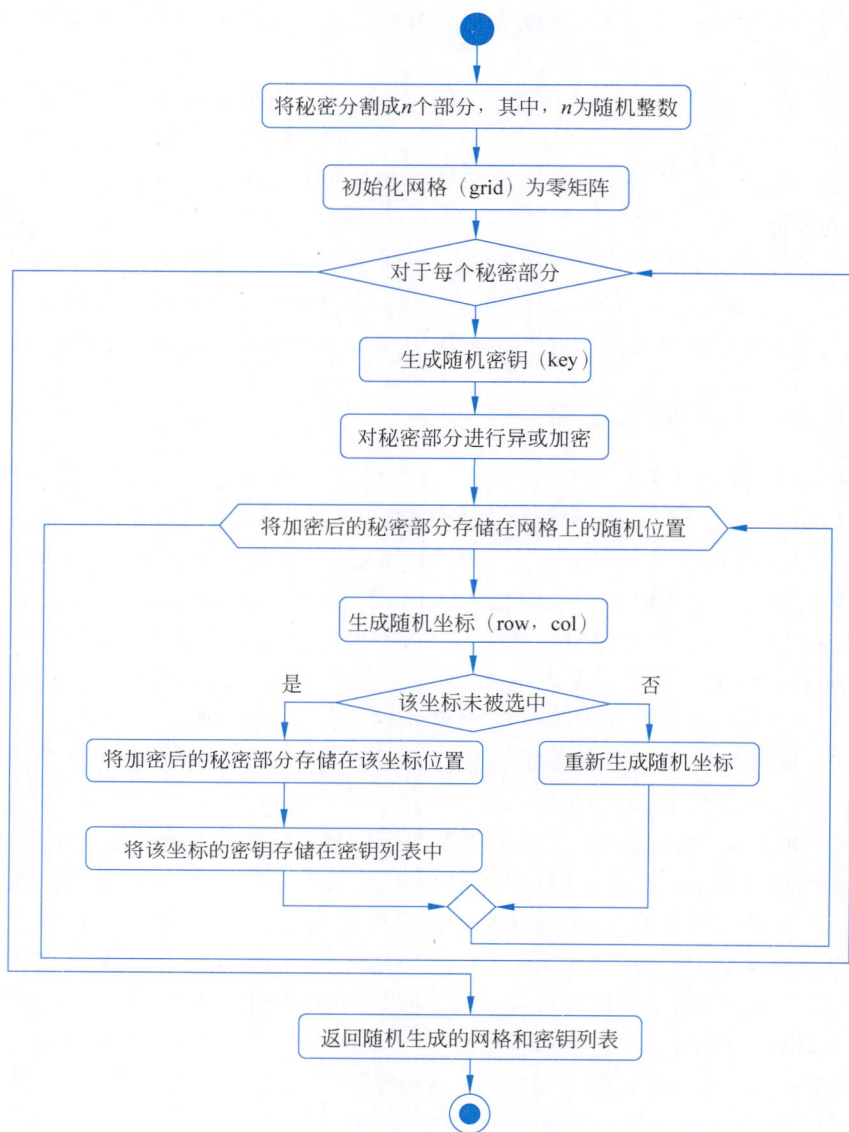

图 8-1   随机网格算法流程

本章采用的是基于异或的(3,3)随机网格的单个秘密图像共享方案,将秘密图像划分为三个份额,在解密时需要得到所有的共享份,才可以恢复出原始图像。

8.2.3   汉明码

在实际的数字通信系统中,需要采取措施将非理想的物理信道转换为没有误码或误码控制在可接受范围内的逻辑信道,差错控制编码就是其中的基本手段。

差错控制编码是一种用于在数字通信中检测和纠正数据传输中出现的错误的技术。它基于一种特殊的编码方式,将原始数据进行转换,从而使接收方能够检测到并纠正在传输过程中发生的错误。在差错控制编码中,发送方会对原始数据进行编码,生成一些冗余的数据,这些数据可以用于检测和纠正传输中的错误。接收方在接收到数据后,会对数据进行解码,并使用冗余数据来检测和纠正错误。差错控制编码主要分为三类:检错重发、前向纠错以及混合差错控制。

汉明码(Hamming Code)是一种可以改正在信号传输中产生的错误的编码,它具有多个校验位,检测并纠正一个错误。汉明码检错和纠错的基本思路是将有效信息按一定规则分成若干组,每组有一个校验码进行奇偶校验,然后产生一定量的检测信息,得出具体的错误位置,最后通过反转错误位(原来的 0 变成 1,原来的 1 变成 0)进行纠正。

汉明码的纠错步骤如下。

1. 计算校验位的数量

假设有一个二进制序列,长度为 N,其中包含 K 比特的有效信息。为了实现差错控制,会在这个序列中加入一些校验比特,这些比特的数量为 r。这些比特之间必须满足式(8-4)中的关系。在加入校验比特之后,整个序列的长度变为 N。

$$N = K + r \leqslant 2r - 1 \tag{8-4}$$

举例来说,如果要对一个包含 5b 有效信息的代码进行差错控制,那么根据式(8-4)可以得出,至少需要添加 4b 作为校验位。也就是说,要检验这 5b 的信息,需要插入 4 个校验位来实现差错控制。

如果有效信息只有 4b,那么根据式(8-5),可以得知至少需要添加 3b 作为校验位来实现差错控制,即 $r=3$。

$$2^r - r \geqslant 4 + 1 = 5 \tag{8-5}$$

2. 确定校验码的位置

在前面的步骤中,校验码的数量已经被确定,但是这还不够,校验码的位置并不是随意插入的,汉明码中明确规定了校验码的插入位置。那就是校验码的位置必须是在 2^n 上,如第 $1,2,4,8\cdots$位(对应的计算是 $2^0,2^1,2^2,2^3,\cdots$,并且是从最左边的位数起),这样就知道了信息码分布的位置,也就是非 2^n 的位置,如第 $3,5,6,7\cdots$ 位(同样是从最左边的位数起的)。

假设现有一个 8 位信息码需要进行汉明编码,即

$$b_1、b_2、b_3、b_4、b_5、b_6、b_7、b_8$$

且 8b 信息码需要插入 4b 的校验码,即 $p_1、p_2、p_3、p_4$,经过编码后生成的码字共有 12b。根据校验码位置的规则,可以确定这 12b 为

$$p_1、p_2、b_1、p_3、b_2、b_3、b_4、p_4、b_5、b_6、b_7、b_8$$

把原始 8b 的代码设定为 10011101,因为目前还没有得到所有的校验码,所以所有的代码都是“?”,最后的代码是??1?001?1101。

3. 确定校验码

通过上述步骤,可以确定所需的校验码位数和插入校验码的位置,但是,这是不充分的,必须决定各个校验码的数值。这些检查代码的值也不是随机的,每一个检查比特的数值表示代码字中的一些数据比特的奇偶校验(最后要看是用偶校验还是奇校验),奇偶校验位的位置决定了要对哪些比特进行检验。一般的原则是,从第 i 比特开始,依次检查第 i、第 $2i$、第 $3i$ 比特等,每隔 i 比特进行一次检查。最后,根据所使用的奇校验或偶校验方法,确定第 i 比特的校验码值。

在奇偶校验码中,假设有 k 比特的有效信息,则需要添加一个奇偶校验位来实现差错控制。如果有效信息中的比特为 1 的数量为偶数,那么奇偶校验位就设为 1,否则为 0。例如,如果有效信息为 1101,那么奇偶校验位为 1,因为有效信息中 1 的数量为奇数。

8.3 本章方案

8.3.1 总体方案设计

本章提出了一种基于 SLIC 和汉明码的三级 QR 码方案。第一级 QR 码是由标准终端生成的,用于存储一些公共信息。第二级 QR 码用于存储秘密图像。在不影响 QR 码本身功能的情况下,秘密图像被嵌入一级 QR 码份额中,并使用随机网格生成相应的二级份额。此时,仍然可以通过扫描二级 QR 码份额来读取用户嵌入的一级信息。秘密图像可以通过二级份额进行 XOR 操作来恢复,如图 8-2 所示。本文对存储在二级份额中的秘密图像进行了处理,只保留了秘密图像的主要特征,这在一定程度上降低了 QR 码的存储负荷。

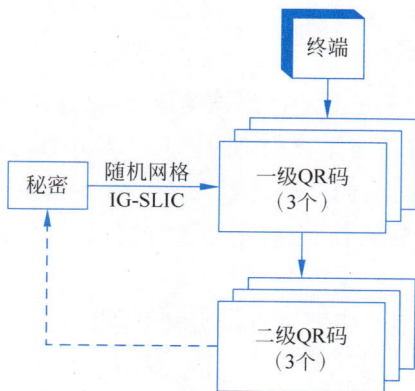

图 8-2　三级 QR 码方案

最后,采用湿纸编码和汉明码相结合的方式,通过随机网格和生成的共享矩阵将秘密信息嵌入生成三级份额。用户可以通过扫描 QR 码份额获取第一层信息,而第二层的隐藏信息只需进行 XOR 运算即可恢复秘密图像,不需要复杂计算工具。对于第三层的信息,需要借助湿纸码的第一级汉明纠错码进行 XOR 运算,从 QR 码中提取保密信息。如果传输过程中 QR 码损坏,可使用内置的纠错汉明码进行修正以获得第三层的秘密信息。三级 QR 码方案的设计如图 8-3 所示。

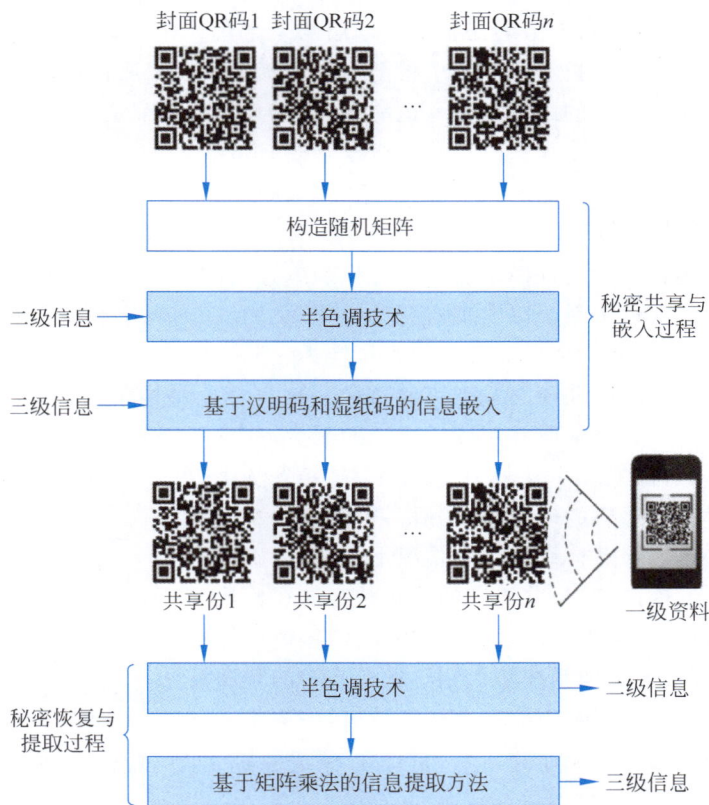

图 8-3　三级 QR 码方案的设计

在本文中,对二级份额所存储的秘密图像做了处理,设计了一种迭代门超像素分割算法 IG-SLIC,如图 8-4 所示。通过把秘密图像的前景和背景进行分离,得到前景部分,在一定程度上减小了 QR 码的存储负荷,保留了秘密图像的主要特征,使得将 QR 码份额进行异或就能得到二级秘密信息,而且秘密图像的轮廓会更加清晰和完整。

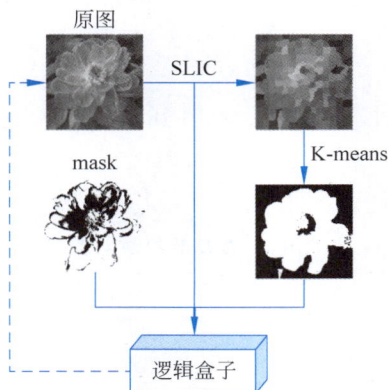

图 8-4　IG-SLIC

8.3.2 图像秘密共享

本方案中,针对单张图像的秘密共享采用的是半色调技术以及基于异或的(3,3)随机网格技术。半色调技术主要用于将图片转为灰度图片之后,将灰度图片按照不同的灰度等级转换为对应的二值矩阵。这一部分较为简单,本节主要介绍随机网格技术的具体步骤。

1. 分享矩阵的选取

分享矩阵集合包括设计模块化 QR 码识别单元的信息存储结构,并创建图像与系列模板的灰度级映射关系。以实现对分享矩阵 $M_k(0 \leq k \leq m-1)$ 的设计。

定义 8-1　可以将 QR 码的每个像素替换为 $a \times a(a \geq 3)$ 的二进制信息存储结构,而不改变 QR 码的编码和译码规则。通过控制信息存储结构中白、黑像素的分布,可以由 QR 码译码工具来抽取并阅读所得到的图像,这就是所谓的模块识别装置。

在图 8-5 中,像素 $x_{11}, x_{12}, \cdots, x_{33}$ 构成一个模块识别单元。通过对 QR 码的译码原理分析,得出了在模块化识别器的中心区域与载体码一致的情况下,能够精确地提取出载体信息。因此,当公共级别的信息被存储在模块标识部的中央,也就是像素 x_{22} 承载的 QR 码信息被用像素存储,并且周围的 8 个像素按从上到下从左至右的顺序被存储,也就是共享矩阵 M 中的一个行矢量集合。

x_{11}	x_{12}	x_{13}
x_{21}	x_{22}	x_{23}
x_{31}	x_{32}	x_{33}

图 8-5　QR 码像素块识别单元

设秘密模块 $S(i,j)$ 利用分享矩阵 M 完成秘密共享过程,此时共享份 QR 码 $T_i(1 \leq i \leq n)$ 的模块识别单元与矩阵 M 的第 i 个行矢量满足式(8-6):

$$
\begin{bmatrix}
T_i(3i-2,3j-2) & T_i(3i-2,3j-1) & T_i(3i-2,3j) \\
T_i(3i-1,3j-2) & T_i(3i-1,3j-1) & T_i(3i-1,3j) \\
T_i(3i,3j-2) & T_i(3i,3j-1) & T_i(3i,3j)
\end{bmatrix}
$$
$$
=
\begin{bmatrix}
M(i,1) & M(i,2) & M(i,3) \\
M(i,4) & * & M(i,5) \\
M(i,6) & M(i,7) & M(i,8)
\end{bmatrix}
\tag{8-6}
$$

其中,中间像素与秘密无关。

定义 8-2　系列模板是根据汉明重量相同的 $t \times t$ 的二值像素矩阵所构成的集合。

将秘密灰度图进行 5 级划分,分别与系列模板建立映射关系。集体关系建立如表 8-1 所示。

表 8-1　灰度等级映射表

灰度等级	灰度值区间
1	$[0, 51]$
2	$(51, 102]$
3	$(102, 153]$

续表

灰度等级	灰度值区间
4	$[153,204]$
5	$[204,255]$

从该模块识别装置的数据存储结构可知,该数据包的嵌入仅涉及中间像素周围的 8 个像素,因此共享矩阵的形式是 $n \times 8$,其中,n 是共享副本的数目。为尽量避免由于一个共享副本的泄露而造成的秘密图像信息的局部泄露,共享矩阵的各行矢量的汉明权重为 4。在此基础上,本书将结合序列模式的概念和灰度等级与序列模式之间的映射关系,提出一组特定的共享矩阵产生算法。算法的输入是一个空集合;输出是一个分享矩阵集合,步骤如下。

Step1：给 i 赋值,令 $i=1$。

Step2：生成 8 元矢量 s,s 的各元素等于 i 的 8 位二进制数。

Step3：随机生成 $n-1$ 个 8 元矢量 $r_i (i=1,2,\cdots,n-1)$,且 $H(r_i)=4$。

Step4：计算 $r_n=r_1 \oplus r_2 \oplus \cdots \oplus r_{n-1} \oplus s$。如果 $H(r_n)=4$,则令 $g=i$,$M=[r_1, r_2,\cdots r_{n-1},s]^{\mathrm{T}}$,$M \in M_g$。

Step5：重复执行 Step3 和 Step4,直至遍历所有 $n-1$ 个 8 元矢量 $r_i (i=1,2,\cdots, n-1)$,并令 $i=i+1$,若 $i \leqslant 8$,则执行 Step2；否则,执行下一步。

Step6：输出 $M_g (0,1,\cdots,8)$。

在对图像进行处理时,必须选择对应的共享矩阵,以实现秘密共享。这样在检索秘密图像时,所提取的 3×3 二进制矩阵是与该秘密图像块的灰度等级相对应的一组模板单元,图 8-6 表示了该秘密共享算法的流程图。

图 8-6　秘密共享算法流程图

具体的算法设计如下。

算法 8-1

输入：N 个规格为 $q \times q$ 的载体 QR 码 $C_1,C_2,\cdots,C_n$,1 个规格为 $3q \times 3q$ 秘密图像 S。

输出：N 个规格为 $3q \times 3q$ 共享份 QR 码。

Step1：遍历 QR 码的像素,其中,$1 \leqslant f \leqslant n$,使得

$$
\begin{bmatrix}
T_f(3i-2,3j-2) & T_f(3i-2,3j-1) & T_f(3i-2,3j) \\
T_f(3i-1,3j-2) & T_f(3i-1,3j-1) & T_f(3i-1,3j) \\
T_f(3i,3j-2) & T_f(3i,3j-1) & T_f(3i,3j)
\end{bmatrix}
=
\begin{bmatrix}
C_f(i,j) & C_f(i,j) & C_f(i,j) \\
C_f(i,j) & C_f(i,j) & C_f(i,j) \\
C_f(i,j) & C_f(i,j) & C_f(i,j)
\end{bmatrix}
$$

Step2：如果当前模块属于 QR 码的功能区,则执行 Step6；否则,执行 Step3。

Step3：计算秘密图像像素块 $S(3i-2:3i,3j-2:3j)$ 的平均灰度值 $G_{\text{average}} = \left[\sum_{a=3i-2}^{a=3i} \sum_{b=3j-2}^{b=3j} S(a,b) \right] /9$。

Step4：确定平均灰度值 g 的灰度级,$G=10-[G_{\text{average}}/28]$,如果 $G=0$,令 $G=1$；如果 $\text{XOR}(C_1(i,j),C_2(i,j),\cdots,C_n(i,j))$ 为黑,令 $K=G-1$,否则 $K=G$。

Step5：随机选择一个共享矩阵，并将矩阵的每个行元素分配给相应的份额 T_f：

$$\begin{bmatrix} T_f(3i-2,3j-2) & T_f(3i-2,3j-1) & T_f(3i-2,3j) \\ T_f(3i-1,3j-2) & T_f(3i-1,3j-1) & T_f(3i-1,3j) \\ T_f(3i,3j-2) & T_f(3i,3j-1) & T_f(3i,3j) \end{bmatrix} = \begin{bmatrix} M(f,1) & M(f,2) & M(f,3) \\ M(f,4) & C_f(i,j) & M(f,5) \\ M(f,6) & M(f,7) & M(f,8) \end{bmatrix}$$

Step6：$j=j+1$，如果 $j<q$，执行 Step1；否则，执行 Step7。

Step7：$i=i+1$，如果 $i\leq q$，执行 Step1；否则，结束。

2. 秘密共享算法

秘密共享算法生成了 n 个大小为 $3q\times3q$ 的三级 QR 码份额。使用手机等工具扫描 QR 码份额只能得到公开信息，此时的公开信息是载体 QR 码中的信息。从上述算法可以看出，算法的加密时间复杂度为 $O(N)$。

在恢复秘密图像时，通过对所有共享的 QR 码进行异或操作，可以直观、直接地获得秘密图像信息。因为在解密过程中，仅需要进行 $3q\times3q$ 次异或运算，所以方案解密时间复杂度为 $O(N)$。

8.3.3 数字秘密共享

1. 数字预处理

多次对比二级信息隐藏的实验结果，发现在不影响二级隐藏信息的基础上，最多有 4 个像素块不携带任何信息。因此可以将这 4 位像素块作为新的载体进行信息隐藏。

在本方案的系统中用户需要输入的是需要隐藏的 4 位数字。需要预先对该 4 位数字进行处理，将 4 位数字中的每一位分别转换为对应的 4 位二进制数组，将 4 个一维数组组合为 4×4 的二值矩阵。例如，输入的数字为 1234，转为对应的一维数组是 $[0,0,0,1]$，$[0,0,1,0]$，$[0,0,1,1]$，$[0,1,0,0]$，组合为二值矩阵之后可以表示为式(8-7)。

$$\text{IMG} = \begin{bmatrix} 0 & 0 & 0 & 1 \\ 0 & 0 & 1 & 0 \\ 0 & 0 & 1 & 1 \\ 0 & 1 & 0 & 0 \end{bmatrix} \tag{8-7}$$

至此，对用户输入的数据处理结束，已将其转换为适用于湿纸编码的数据。而在数据恢复阶段，仅需对数据采用该方法的逆处理，即将二进制矩阵拆分为多个一维数组，然后对应地转换为十进制数字，最后再用矩阵乘法运算，便可完成将数据从矩阵恢复为十进制数字的转变。

将矩阵 IMG 拆分为一维数组之后，每个一维数组中的二进制数据分别对应一个数字，比如在恢复一维数组 $[0,0,0,1]$，$[0,0,1,0]$，$[0,0,1,1]$，$[0,1,0,0]$ 时，将其分别转换为对应的十进制数字 1、2、3、4，利用乘法公式可得式(8-8)。

$$1\times1000 + 2\times100 + 3\times10 + 4\times1 = 1234 \tag{8-8}$$

由此可以得出，系统对于规定的三级加密信息须为 4 位数字的要求，并不严格。如果在恢复加密之后的 0987 时，系统会付出的结果将会是 987，但这个结果并不影响阅读效果。基于此种情况,用户也可以输入想要加密的一位数字,两位数字或者三位数字,需要注意的是,在输入信息时,必须将输入的数字高位补"0",最终将产生 4 位数字的效果。

2. 数字信息隐藏

本方案想要在 QR 码载体上隐藏更多的信息,必不可少需要用到隐写码,隐写码是信息编码和隐写技术的结合,从而达到信息隐藏的目的。本方案中采用的隐写码是最常见的湿纸码。

对于数字预处理产生的信息编码矩阵 m 应用湿纸码进行隐写,在湿纸编码的过程中,需要特别注意的是,需要产生一个随机矩阵 D,因为在解密信息时需要用到该矩阵,所以此时生成的随机矩阵需要保存,在该方案中是将系统产生的随机矩阵以文本形式保存在本地中。

湿纸码的处理步骤如下。

Step1:发送方需要将载体进行"干""湿"划分之后,选出载体上"干"的部分作为隐写载体。

Step2:随机生成一个大小为 $r \times n$ 的二进制矩阵 D,将载体矩阵记为 b。

Step3:计算 $D(b'-b)=\text{IMG}-Db$,计算 b'。

至此,湿纸码完成。

经过湿纸码处理之后,得到一个加密之后的矩阵 b',此时的矩阵 b' 大小仍然是 4×4。这是本方案中用到的湿纸码的过程,接收方在得到随机矩阵 D 和加密信息 b' 之后,通过计算 $D \times b'$ 即可计算出嵌入的明文信息。

因为在传送时,基本矩阵难免会出现一些差错,例如,在发送传输[0,1,0,1]之后,接收方得到的信息有可能为[0,0,0,1]或[0,1,1,1]。所以在本方案中需要引入汉明纠错码。在信息高速发展的今天,在信道传输中几乎没有任何差错,所以本文在选取纠错码时仅采取了可以纠正一位错误的汉明码进行改错。根据汉明编码之后的矩阵 m' 可知,信息码为 4 位,所以本方案中采用的汉明码规格为(7,4)汉明码,7 是指编码之后的码元数,4 是指信息码的位数,7−4=3 表示的是纠错码的位数,利用汉明码嵌入 3 位纠错码之后形成的汉明矩阵 H 规格为 4 行 7 列。

将得到的汉明矩阵 H 通过秘密分割分成三个份额之后分别嵌入二级 QR 码中,即可得到隐藏三级信息的 QR 码。对三级信息进行秘密分割时,可以借助于在二级加密时用到的随机网格算法,将秘密信息分割为三份,嵌入三个载体 QR 码中。在恢复秘密信息时,需要得到所有的共享份,将所有共享份进行异或操作之后,提取三级秘密信息。将提取出来的矩阵用校验位进行校验以及检错,若在信息传输过程中某位像素发生错误,可以通过反转像素实现纠错。

8.3.4　算法实现步骤

1. IG-SLIC(迭代逻辑门 SLIC)算法

本文在 SLIC 算法的基础上,设计了一种 IG-SLIC 迭代逻辑门-超级像素分割算法。算法如下。

输入：秘密图像 S。

输出：秘密图像（特征图）。

Step1：秘密图像 S 经 SLIC 超像素分割后，形成色块聚类图像，并对其进行 K-means 分类，得到聚类图像。

Step2：对秘密图像 S 进行二值化处理，得到掩码图像，对掩码图像和聚类图像进行 OR 操作，得到图 a。

Step3：再次对图 a 聚类图像进行 XOR 操作，得到图 b。

Step4：图 b 和秘密图像 S 进行 OR 运算，得到图 c（特征图）。

Step5：图 c 和秘密图像 S 进行与运算，得到下一次迭代的图 iter，并计算 iter 和秘密图像 S 的 MSE 值。

Step6：以 iter 为原始秘密图像，重复 Step1～Step5，比较本次迭代和上次迭代的 MSE 值 M_2，M_1。如果 $M_2 > M_1$，则退出迭代，输出上一次迭代的图像 c。

---

2. 份额生成

本次方案是基于 Python 3.8 环境设计，在生成 QR 码时用到 Qrcode 库函数，首先对该库函数进行导入，根据用户输入的信息，生成版本 7 的 QR 码。该层 QR 码就是生活中最常见的 QR 码，通过手机扫一扫功能，即可获取信息。在之后的加密过程中，就是将这层生成的 QR 码作为载体，进行加密操作。

生成如图 8-7 所示的 QR 码，这级 QR 码中的信息分别是：西安科技大学、计算机科学与技术学院、信息与计算科学。

图 8-7　一级 QR 码（载体）

在保证快速响应码的读取速度的同时，为了增强其保密负荷能力，本书基于上述得到的载体 QR 码设计三级 QR 码方案，以保护敏感信息。其中，第一层 QR 码是根据用户需要，生成最常见的 QR 码，这一层的 QR 码作为载体 QR 码（一级 QR 码）。在不影响第一层信息嵌入结果的情况下，第二层 QR 码采用半色调技术和基于异或的 (3,3) 随机网格将一幅图片作为秘密信息嵌入载体中。

QR 码份额的版本、纠错级别和模块大小与初始载体 QR 码相同，并且 QR 码份额都可以扫描出初始 QR 码的信息。当用户想要提取二级加密信息，恢复秘密图像的时候，由于选用的是随机网格的秘密共享算法，所以在恢复秘密信息的过程中，没有用非常耗费时间的算法，仅采用了轻量级的异或操作就可以恢复出秘密信息。

一级 QR 码用库函数直接生成，并将其作为二级和三级载体进一步操作。针对二级 QR 码，本节设计了一种无须像素扩展的单一图像的 (3,3) 异或可视化算法，以增强隐含加载性能。该方法利用模式识别系统的结构，在序列模板与灰度之间形成对应关系，并通过一组不同的可视化密码矩阵实现了对秘密图像的共享。算法 8-2 描述如下。

算法 8-2

输入：N 个 QR 码 $\boldsymbol{C}_1,\boldsymbol{C}_2,\cdots,\boldsymbol{C}_n$，$q\times q$ 的秘密图像 $\boldsymbol{S}$，秘密信息 $\boldsymbol{M}$。

输出：N 个二维份额 $\boldsymbol{T}_1,\boldsymbol{T}_2,\cdots,\boldsymbol{T}_n$。

Step1：遍历 QR 码的像素，其中，$1\leqslant f\leqslant n$，使得

$$\begin{bmatrix} \boldsymbol{T}_f(3i-2,3j-2) & \boldsymbol{T}_f(3i-2,3j-1) & \boldsymbol{T}_f(3i-2,3j) \\ \boldsymbol{T}_f(3i-1,3j-2) & \boldsymbol{T}_f(3i-1,3j-1) & \boldsymbol{T}_f(3i-1,3j) \\ \boldsymbol{T}_f(3i,3j-2) & \boldsymbol{T}_f(3i,3j-1) & \boldsymbol{T}_f(3i,3j) \end{bmatrix} = \begin{bmatrix} \boldsymbol{C}_f(i,j) & \boldsymbol{C}_f(i,j) & \boldsymbol{C}_f(i,j) \\ \boldsymbol{C}_f(i,j) & \boldsymbol{C}_f(i,j) & \boldsymbol{C}_f(i,j) \\ \boldsymbol{C}_f(i,j) & \boldsymbol{C}_f(i,j) & \boldsymbol{C}_f(i,j) \end{bmatrix}$$

Step2：如果当前模块属于 QR 码的功能区，则执行 Step6；否则，执行 Step3。

Step3：计算秘密图像像素块 $\boldsymbol{S}(3i-2:3i,3j-2:3j)$ 的平均灰度值 $G_{\text{average}} = \left[\sum\limits_{a=3i-2}^{a=3i}\sum\limits_{b=3j-2}^{b=3j}\boldsymbol{S}(a,b)\right]/9$。

Step4：确定平均灰度值 g 的灰度级 $G=10-[G_{\text{average}}/28]$，如果 $G=0$，令 $G=1$；如果 $\text{XOR}(\boldsymbol{C}_1(i,j),\boldsymbol{C}_2(i,j),\cdots,\boldsymbol{C}_n(i,j))$ 为黑，令 $K=G-1$，否则 $K=G$。

Step5：随机选择一个共享矩阵，并将矩阵的每个行元素分配给相应的份额 $\boldsymbol{T}_f$：

$$\begin{bmatrix} \boldsymbol{T}_f(3i-2,3j-2) & \boldsymbol{T}_f(3i-2,3j-1) & \boldsymbol{T}_f(3i-2,3j) \\ \boldsymbol{T}_f(3i-1,3j-2) & \boldsymbol{T}_f(3i-1,3j-1) & \boldsymbol{T}_f(3i-1,3j) \\ \boldsymbol{T}_f(3i,3j-2) & \boldsymbol{T}_f(3i,3j-1) & \boldsymbol{T}_f(3i,3j) \end{bmatrix} = \begin{bmatrix} \boldsymbol{M}(f,1) & \boldsymbol{M}(f,2) & \boldsymbol{M}(f,3) \\ \boldsymbol{M}(f,6) & \boldsymbol{C}_f(i,j) & \boldsymbol{M}(f,5) \\ \boldsymbol{M}(f,6) & \boldsymbol{M}(f,7) & \boldsymbol{M}(f,8) \end{bmatrix}$$

Step6：$j=j+1$，如果 $j<q$，执行 Step1；否则，执行 Step7。

Step7：将 $\boldsymbol{M}$ 的每一位转换为 4 位二进制数组 $b_1,b_2,\cdots,b_n$。

Step8：将所有的二进制数组组合成 4×4 二进制矩阵 $\boldsymbol{m}=\begin{bmatrix} b_1 \\ b_2 \\ \vdots \\ b_n \end{bmatrix}$。

Step9：随机生成大小为 $r\times n$ 的二进制矩阵 $\boldsymbol{D}$，载体矩阵记为 $\boldsymbol{b}$。根据 $\boldsymbol{D}(\boldsymbol{b}'-\boldsymbol{b})=\boldsymbol{m}-\boldsymbol{D}\boldsymbol{b}$，计算 $\boldsymbol{b}'$。

Step10：如果 $24<3i\leqslant 27,1<j\leqslant 12$，$\boldsymbol{b}'$ 的每一位赋值给 $\boldsymbol{T}_f(3i,j),\boldsymbol{T}_f(3i,j+1),\boldsymbol{T}_f(3i,j+2)$，$\boldsymbol{T}_f(3i,j+3)$。

Step11：$i=i+1$，如果 $i\leqslant q$，执行 Step1；否则，结束。

在恢复二级秘密图片时，由于采用的是随机网格算法，不需要复杂的计算，仅需采用轻量级的异或操作即可实现对秘密图片的解密。如图 8-8 和图 8-9 所示，展示原图以及恢复秘密之后的图像。对于二值图像在恢复时具有较好的视觉效果，而对于彩色图像，恢复之后并没有清晰地展示出不同 RGB 之间比较明显的效果。这是因为在对原始图像转换为灰度图像之后进行秘密分割时，将图片的灰度值仅划分了 5 个等级，当灰度等级相差较大时才能展示出较好的视觉效果。通过对比原始图像与恢复出来的图像，两张图片有明显的差异，本节是采用半色调技术针对不同等级灰度对应不同的二值矩阵，相较于传统算法而言略有不足，但是解密是基于人眼视觉下的，现在产生的效果也不影响图片信息的提取。

图 8-8 原始图像及秘密图像 1

图 8-9　原始图像及秘密图像 2

对于三级信息,例如,本书中嵌入的三级信息是 4 位数字 1958,处理如下。

Step1:转为 4 位二进制分别是 $[0,0,0,1]$,$[1,0,0,1]$,$[0,1,0,1]$,$[1,0,0,0]$。

Step2:将一维数组组合为二维矩阵 $m = \begin{bmatrix} 0 & 0 & 0 & 1 \\ 1 & 0 & 0 & 1 \\ 0 & 1 & 0 & 1 \\ 1 & 0 & 0 & 0 \end{bmatrix}$。

Step3:嵌入 (7,4) 汉明码的偶校验位,4 个信息码为 b_1, b_2, b_3, b_4,需要嵌入 3 位校验码 p_1, p_2, p_3,校验码的位数必须是在 2^n 位置,即第 1,2,4 位。编码之后的数据是 $p_1, p_2, b_1, p_3, b_2, b_3, b_4$(第 i 个校验位的校验规则:从当前位数开始,校验 i 位,跳过 i 位,再根据所采用的是奇校验还是偶校验,最终可以确定该校验位的值)。本书采用的是偶校验位,那么:

$$p_1 \oplus b_1 \oplus b_2 \oplus b_4 = 0 \tag{8-9}$$

$$p_2 \oplus b_1 \oplus b_3 \oplus b_4 = 0 \tag{8-10}$$

$$p_3 \oplus b_2 \oplus b_3 = 0 \tag{8-11}$$

由式 (8-9)～式 (8-11) 可以得到三个校验位。最终得到汉明矩阵。

Step4:利用随机数生成器随机生成 0～1,插入汉明矩阵的最后一列,组成 4 行 8 列的分享矩阵。

Step5:将随机矩阵写入预先选择的 4 个像素的非中心区域,即可完成三级加密。

将三级加密信息利用随机网格实现秘密共享,分为三个份额之后,嵌入二级加密的 QR 码载体中。当且仅当用户得到三个共享份信息之后,才可以恢复出三级 QR 码中嵌入的秘密信息。

3. 秘密恢复

对于二级 QR 码,首先需要将输入的需要加密的图片转换为灰度图片,将灰度值划分为 5 个等级,每一个等级再采用半色调技术转成对应的二值矩阵。采用基于异或的 (3,3) 随机网格将除每个模块识别单元的中心像素之外的周围 8 个像素,转换为二值矩阵写入载体 QR 码中,生成二级加密 QR 码。在恢复秘密图片时,不需要借助复杂的计算或者其他工具,仅需采用轻量级的异或,将每个共享份 QR 码进行叠加之后即可恢复出秘密图像。

对于三级 QR 码,将输入的需要加密的数字分别转为 4 位二进制之后,组合成二值矩阵,对二值矩阵采用矩阵乘法运算进行加密,使用汉明码技术,添加对应的偶校验位,生成对应的奇偶校验矩阵。将奇偶校验矩阵写入二级加密共享份中生成三级加密共享份。在解密时,对二级解密 QR 码提取奇偶校验矩阵,汉明纠错码用于检查并纠错,从而提取嵌入的三级秘密信息。

8.4　实验及分析

8.4.1　实验结果

该部分对生成的共享份额进行了实验,并对结果进行了简单分析。首先一级共享份实验使用 Python 第三方库 qrcode 生成,载体 QR 码和解码结果如表 8-2 所示,可见,一级的份额存储一些公开的信息,只要使用终端进行扫描就能获得。

表 8-2　载体 QR 码及解码结果

基于 SLIC 和汉明码的三级 QR 码方案

载体 QR 码	C_1　　C_2　　C_3	
终端扫描结果 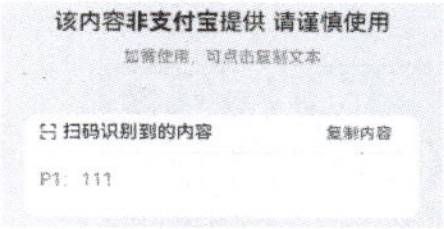 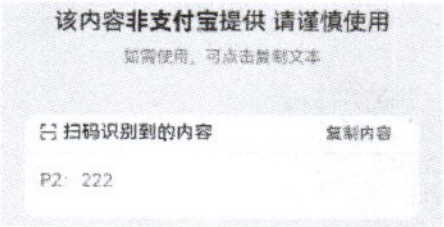 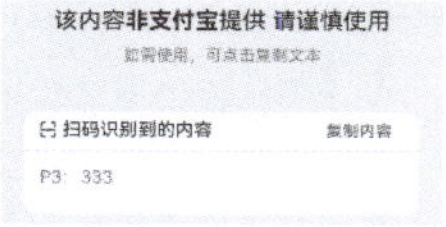	P1: 111　　P2: 222　　P3: 333	
秘密信息		1998
	二级秘密图像 S	三级秘密信息 M

从表 8-3 中可以看到二级份额的 QR 码版本比一级份额的要大,这是因为 QR 码中嵌入的信息变得更多了。二级份额通过终端扫描后,不能直接得到秘密图像的信息,只能获取公开信息,也就是一级的信息。秘密图像可通过将二级 QR 码份额进行异或来得到。从图 8-9 中可以看到,重构后的秘密图像仍能被轻易分辨出来。

在二级共享份的基础上继续隐藏第三级的信息,实验中隐藏信息为 1998。三级信息的终端扫描结果仍然是公开信息,将三级共享份额进行异或可以恢复二级隐藏的秘密图像。三级共享份秘密信息的提取需要对二级 QR 码提取奇偶校验矩阵，汉明纠错码用于检查并纠错，从而提取嵌入的三级秘密信息。

表 8-3 嵌入不同秘密后的份额

基于 SLIC 和汉明码的三级 QR 码方案		
嵌入二级秘密图像的份额		
	SC_1 $\qquad$ SC_2 $\qquad$ SC_3	
最终的三级份额		
	T_1 $\qquad$ T_2 $\qquad$ T_3	
终端扫描结果		

(a) $\qquad\qquad$ (b)

图 8-10 秘密图像的重构

8.4.2 有效性分析

本章整体方案的时间复杂度为 $O(N)$，经实验分析得到方案生成 QR 码份额和秘密重构的效率高，速度快。

为了测试本章中二级 QR 码和三级 QR 码的扫描正确率，这里使用了多种不同品牌的手机和不同的扫描软件进行测试。测试者可以在测试中移动 QR 码并旋转手机，以确保测试结果的准确性。测试结果如表 8-4 所示。

表 8-4 扫描成功率

手机类型	手机像素/万像素	扫描软件	扫描成功率
华为 nova 6	4000	微信	100%
华为 p50	5000	微信	100%
小米 12	5000	微信	100%
iPhone 13	1200	微信	100%
华为 nova 6	4000	支付宝	100%
华为 p50	5000	支付宝	100%
小米 12	5000	支付宝	100%
iPhone 13	1200	支付宝	100%
华为 nova 6	4000	淘宝	100%
华为 p50	5000	淘宝	100%
小米 12	5000	淘宝	100%
iPhone 13	1200	淘宝	100%

测试结果显示,不同品牌的手机在使用不同扫描软件时,扫描成功率均为100%。这表明本书生成的 QR 码份额扫描具有高效率和实用性。

8.4.3 鲁棒性分析

针对本章的秘密信息,无法通过扫描 QR 码份额来得到。本书采用了(3,3)的秘密共享方案,由秘密共享的定义可知,少于三个共享份额将不能获得任何秘密信息。要想恢复秘密信息,只有获得三个共享份额通过异或才能重构秘密信息,且恢复第三级的秘密信息需要知道嵌入信息时所使用的随机矩阵,这在一定程度上保证了秘密信息的安全性。

从表 8-5 可以看出,通过对本章生成的 QR 码份额进行遮蔽(和裁剪效果一致),添加噪声等攻击,本章生成的 QR 码份额具有一定的鲁棒性和安全性。

表 8-5 份额其他攻击测试

其他攻击			
攻击类型	裁剪	高斯噪声	椒盐噪声	泊松噪声

| 份额可读性 | Yes | No | No | No |

从表 8-6 可知,在对 QR 码份额进行遮蔽攻击时,份额能被终端正常扫描,且当对三个份额进行异或重构秘密图像时,秘密图像也能被重构出来,第三级的隐藏信息也

能成功恢复。

表 8-6　旋转攻击测试

旋转攻击			
旋转角度	45°	90°	135°	180°
份额可读性	Yes	Yes	Yes	Yes
扫描结果			

　　从以上攻击测试中可以看出,本章方案具有较好的鲁棒性,能较好地应对遮蔽、裁剪、噪声和旋转等攻击,并能很好地恢复秘密信息。

小结

　　本章介绍了一种基于 SLIC 和汉明码的三级 QR 码方案,用于存储秘密信息。第一级 QR 码存储公共信息,第二级 QR 码嵌入秘密图像,并使用随机网格生成相应的二级份额。秘密图像可以通过二级份额进行 XOR 操作来恢复。最后,采用湿纸码和汉明码相结合的方式,将秘密信息嵌入生成三级份额。用户可以通过扫描 QR 码份额获取第一层信息,而第二层的隐藏信息只需进行 XOR 运算即可恢复秘密图像。对于第三层的信息,需要借助湿纸码的第一级汉明纠错码进行 XOR 运算,从 QR 码中提取保密信息。如果传输过程中 QR 码损坏,可使用内置的纠错汉明码进行修正以获得第三层的秘密信息。该方案减轻了 QR 码的存储负荷,并且可以通过简单的 XOR 操作来恢复秘密信息。

第 9 章

基于颜色的彩色QR码秘密共享技术

随着 QR 码的快速发展，人们对信息质量的需求提高，要求提供更详细的信息或者更多样性的信息，这对 QR 码的信息容量和多样性信息的存储带来了巨大的挑战。应用最为广泛的 QR 码，由于其受最大版本的限制，对向用户提供高信息容量的内容服务发展遇到了瓶颈。针对此类问题，彩色码逐渐成为备受瞩目的解决方案。

本章中，首先介绍了现有的三种较早的彩色 QR 码，包括微软的 Tag 码、ColorZip 的彩色码（ColorCode）和可见光通信领域的 COBRA。接着，给出了彩色 QR 码中常用到的基础知识，包括 RGB 模型、颜色的亮度、颜色或和半色调技术。最后，介绍了三种彩色 QR 码的秘密共享技术。第一个方案生成的均是无意义的共享份；第二个方案生成的 n 个共享份中仅有一个是无意义的共享份，而剩余的 $n-1$ 个共享份都是有意义的；第三个方案则生成了均有意义的共享份。

9.1　引言

彩色 QR 码技术是在 QR 码的基础上，借助扩展颜色信息发展起来的。一些彩色 QR 码开发较早，但鉴于其推广和应用的局限性，最终影响了早期彩色码产品的识别。主要原因是其完全脱离了以往的条码技术体系，对其他条码的产品未提供兼容解决方案，不开放用户使用权限。目前对彩色 QR 码的研究较少，主要有微软的 Tag 码、ColorZip 的彩色码（ColorCode）和可见光通信领域的 COBRA。

9.1.1　微软 Tag 码

微软于 2009 年在国际消费类电子产品展览会上推出 Tag 码，这是一种新型的手机彩色 QR 码。微软 Tag 码的定义是通过智能设备的摄像头对准 Tag 码扫码，即可连接到对应的内容、视频、音乐、联系信息、地图、社交网络、广告等，避免了输入的麻烦，大大提高了获取信息的便捷性，如图 9-1 所示。

微软 Tag 码与普通 QR 码的区别如下。

（1）Tag 码本身只存储 ID，软件会自动在微软服务器匹配此 ID，并返回具体信息，如 URL、vCard。

图 9-1　微软 Tag 码

（2）Tag 码体积足够小，所存储的信息量要求并不高。

（3）微软 Tag 码在编码区域与 QR 码不同，采用了 HCCB(High Capacity Color Barcode)码，而不是正方形像素存储数据，进一步提高了信息密度。

Tag 码有两种格式，分别采用 4 种颜色和 8 种颜色。其中，采用 4 种颜色的 Tag 码，每一个单元模块（一个带有颜色的三角形）表征两位二进制信息，相较于 QR 码提高了信息密度。与 QR 码类似的是，Tag 码同样包含功能定位区域与编码区域，Tag 码的上边、左边与右边由宽度相同的黑色边框组成，下侧由较粗的黑色边框组成，编码区域由白色空条隔空，为彩色编码的定位与校正提供了保障。

9.1.2　ColorZip 的彩色码

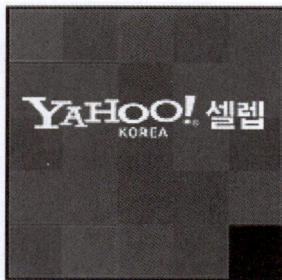

彩色码技术最初是由韩国延世大学的韩教授发明的，原本是以为无法操作数字键或者按键困难的残障人士提供简单上网入口为目标。日本 ColorZip 公司获得授权并申请专利。

彩色码是在传统的黑白 QR 码的基础上，加上黑、蓝、绿、红 4 色矩阵构成 5×5、6×6、7×7 等不同规格的彩色三维图像矩阵码。彩色码的颜色选取是以 4 种相关性最大的单一颜色——红、绿、蓝和黑来表述信息的。彩色码最常用的架构是 5×5 的矩阵图，36 个矩阵单位由上述四色中的单一颜色来填充，矩阵的外框通过黑色线条封闭，并在外框黑边处留白，如图 9-2 所示。

彩色码相较于 QR 码增加了颜色信息，对识读系统提出了更高的要求，在编码设计方案中增加了较高的容错能力，并且允许图形有一定的畸变，同时在四色的取值上也有较大的范围。并且在遵循一定的规则下，彩色码可以通过平面的创意设计，将企业的行业特质、服务特性及 CIS 标志融合其中，形成具有视觉意义的移动互联网领域的新 Logo，如图 9-3 所示。

图 9-2　ColorZip 的彩色码　　　　图 9-3　具有视觉意义的彩色码

彩色码在国内市场推广并没有获得广泛的成功，究其原因是它与微软的 Tag 码相似、识读系统独立和未开放的生成权限等。

9.1.3　可见光 COBRA

COBRA 可见光通信系统是一种用于现成智能手机的可见光通信（VLC）系统。COBRA 将信息编码为专门设计的 2D 彩色条形码，并在智能手机的屏幕和摄像头之间传输。由于可见光的方向性和短距离,COBRA 可以在智能手机之间的数据交换等许多近场通信场景中保护用户隐私和安全。

　　COBRA 可见光通信系统中彩色 QR 码的设计重点主要是能够最大限度地包含数据信息以及提升解码速率。如图 9-4 所示,彩色 QR 码是由相同大小的彩色方块所组成,彩色方块在每行每列中紧密排列。COBRA 中采用的彩色 QR 码与 QR 码类似,同样包括功能定位区域与编码区域,其中,功能区域包括角定位模块与时间基准块。角定位模块在 4 个不同的边角颜色不同,以此来快速定位与校正彩色 QR 码的空间信息;时间基准块为黑色与白色方块相间隔组成,用于编码区域中对彩色信息方块的空间信息作参考基准。

图 9-4　可见光通信领域的一种彩色 QR 码

　　彩色 QR 码的一个重要参数为信息密度,该参数由编码区域中所采用的颜色数量决定。COBRA 所采用的彩色 QR 码其中包含黑色、白色、红色、绿色和蓝色 5 种颜色,其中,黑色仅在功能区域存在,对彩色码的快速定位提供保障。因此在彩色 QR 码的编码区域中每一个颜色块都代表了两位二进制信息,00、01、10 和 11 分别由红色、绿色、蓝色和白色代表。COBRA 中彩色 QR 码的颜色块大小可以根据加速度传感器的变化变大或变小,进而获取更大的系统吞吐,在一台 4 英寸 800px×480px(1 英寸 = 2.54 厘米)的手机屏幕中,每个颜色块是大小为 6px×6px 的正方形,该彩色 QR 码能够包含 18.8KB 的信息容量。

　　不同于 QR 码的是,可见光通信系统中采用的彩色 QR 码,可以通过彩色码流增大信息吞吐,并且在传输过程中外界环境因素干扰较少,彩色码的定位结构设计鲁棒性较差,由此可见,虽然这种彩色 QR 码拥有较大的信息容量,但是针对移动互联网的快速网络接口应用并不适用。

9.2　基础知识

　　本节主要介绍彩色 QR 码的基础知识,包括 RGB 模型、颜色的亮度、颜色或操作。

9.2.1　RGB 模型

　　RGB 模型如图 9-5 所示,红(R)、绿色(G)、蓝(B)是基本色。任何两种基本颜色都可以混合生成二次色。当三种基本颜色混合时,将获得白色(W)。令 X 指代 RGB 模型中的颜色,它可以表示为一个矢量。颜色 X 是

$$X = \begin{bmatrix} X_r \\ X_g \\ X_b \end{bmatrix} \qquad (9\text{-}1)$$

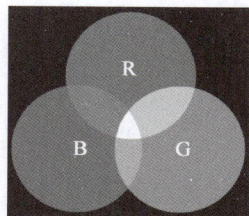

图 9-5　RGB 模型

其中，X_r、X_g、X_b 分别指红色通道、绿色通道和蓝色通道中的颜色 X 的值。X_r、X_g、X_b 满足 $X_r = 0$ 或 1，$X_g = 0$ 或 1，$X_g = 0$ 或 1。当 $X_r = 1$ 时，X 的红色通道值最大。当 $X_r = 0$ 时，X 的红色通道值最小，其他也是类似的。

这些 R、G、B 和二次色青色（C）、洋红（M）、黄色（Y）可以用矢量形式表示为

$$R = \begin{bmatrix} 1 \\ 0 \\ 0 \end{bmatrix} \quad G = \begin{bmatrix} 0 \\ 1 \\ 0 \end{bmatrix} \quad B = \begin{bmatrix} 0 \\ 0 \\ 1 \end{bmatrix} \quad C = \begin{bmatrix} 0 \\ 1 \\ 1 \end{bmatrix} \quad M = \begin{bmatrix} 1 \\ 0 \\ 1 \end{bmatrix} \quad Y = \begin{bmatrix} 1 \\ 1 \\ 0 \end{bmatrix} \qquad (9\text{-}2)$$

当 X 的三个通道值均为 1 时，则为 W。当它们的值都为 0 时，颜色 X 为黑色（K）。W 和 K 可以描述为

$$W = \begin{bmatrix} 1 \\ 1 \\ 1 \end{bmatrix} \quad K = \begin{bmatrix} 0 \\ 0 \\ 0 \end{bmatrix} \qquad (9\text{-}3)$$

9.2.2　颜色的亮度

RGB 模型采用三种颜色，红色（波长 $\lambda = 700.00\text{nm}$）、绿色（波长 $\lambda = 546.1\text{nm}$）和蓝色（波长 $\lambda = 435.8\text{nm}$）作为三原色，有

$$l(G) = 0.59\text{lm} \qquad (9\text{-}4)$$

其中，$l(\,\cdot\,)$ 是颜色的亮度，lm 是流明的缩写。如果单位为 1T，那么：

$$1\text{T}(R) = 0.30\text{lm} \quad 1\text{T}(G) = 0.59\text{lm} \quad 1\text{T}(B) = 0.11\text{lm} \qquad (9\text{-}5)$$

X 的亮度表示为

$$l(X) = 1\text{T}(R) \times X_r + 1\text{T}(G) \times X_g + 1\text{T}(B) \times X_b \qquad (9\text{-}6)$$

品红的亮度可以表示为

$$l(C) = 1\text{T}(R) \times C_r + 1\text{T}(G) \times C_g + 1\text{T}(B) \times C_b = 0.70\text{lm}$$

表 9-1 给出了一些其他颜色的亮度值。

表 9-1　其他颜色的亮度值

颜色 X	K	B	R	M	G	C	Y	W
亮度/lm	0	0.11	0.30	0.41	0.59	0.70	0.89	1

9.2.3　颜色或

定义 9-1　OR：OR(0,0)=0；OR(0,1)=1；OR(1,0)=1；OR(1,1)=1。

定义 9-2　COR(1,1)=1：当两种颜色被 COR 操作时，颜色的三个通道的值分别被执行 OR 操作。这两种颜色来自集合 COLOR={R,G,B,C,M,Y,W,K}。两种颜

色（P 和 Q）的 COR 运算被定义为

$$COR(\boldsymbol{P},\boldsymbol{Q}) = \begin{bmatrix} P_r OR Q_r \\ P_g OR Q_g \\ P_b OR Q_b \end{bmatrix} \rightarrow \begin{bmatrix} X_r \\ X_g \\ X_b \end{bmatrix} = \boldsymbol{X} \qquad (9\text{-}7)$$

对颜色集合 COLOR 中的颜色均可执行上述操作。如下展示了对颜色集合 COLOR 中的颜色进行 COR 运算的结果。

$COR(\boldsymbol{R},\boldsymbol{R})=\boldsymbol{K}$　　$COR(\boldsymbol{R},\boldsymbol{G})=\boldsymbol{Y}$　　$COR(\boldsymbol{R},\boldsymbol{B})=\boldsymbol{M}$　　$COR(\boldsymbol{R},\boldsymbol{C})=\boldsymbol{W}$

$COR(\boldsymbol{R},\boldsymbol{M})=\boldsymbol{M}$　　$COR(\boldsymbol{R},\boldsymbol{Y})=\boldsymbol{Y}$　　$COR(\boldsymbol{R},\boldsymbol{W})=\boldsymbol{W}$　　$COR(\boldsymbol{R},\boldsymbol{K})=\boldsymbol{R}$

$COR(\boldsymbol{G},\boldsymbol{G})=\boldsymbol{G}$　　$COR(\boldsymbol{G},\boldsymbol{B})=\boldsymbol{C}$　　$COR(\boldsymbol{G},\boldsymbol{C})=\boldsymbol{C}$　　$COR(\boldsymbol{G},\boldsymbol{M})=\boldsymbol{W}$

$COR(\boldsymbol{G},\boldsymbol{Y})=\boldsymbol{Y}$　　$COR(\boldsymbol{G},\boldsymbol{W})=\boldsymbol{W}$　　$COR(\boldsymbol{G},\boldsymbol{K})=\boldsymbol{G}$　　$COR(\boldsymbol{B},\boldsymbol{B})=\boldsymbol{B}$

$COR(\boldsymbol{B},\boldsymbol{C})=\boldsymbol{C}$　　$COR(\boldsymbol{B},\boldsymbol{M})=\boldsymbol{M}$　　$COR(\boldsymbol{B},\boldsymbol{Y})=\boldsymbol{W}$　　$COR(\boldsymbol{B},\boldsymbol{W})=\boldsymbol{B}$

$COR(\boldsymbol{B},\boldsymbol{K})=\boldsymbol{B}$　　$COR(\boldsymbol{C},\boldsymbol{C})=\boldsymbol{C}$　　$COR(\boldsymbol{C},\boldsymbol{M})=\boldsymbol{W}$　　$COR(\boldsymbol{C},\boldsymbol{Y})=\boldsymbol{W}$

$COR(\boldsymbol{C},\boldsymbol{W})=\boldsymbol{W}$　　$COR(\boldsymbol{C},\boldsymbol{K})=\boldsymbol{C}$　　$COR(\boldsymbol{M},\boldsymbol{M})=\boldsymbol{M}$　　$COR(\boldsymbol{M},\boldsymbol{Y})=\boldsymbol{W}$

$COR(\boldsymbol{M},\boldsymbol{W})=\boldsymbol{W}$　　$COR(\boldsymbol{M},\boldsymbol{K})=\boldsymbol{M}$　　$COR(\boldsymbol{Y},\boldsymbol{Y})=\boldsymbol{Y}$　　$COR(\boldsymbol{Y},\boldsymbol{W})=\boldsymbol{W}$

$COR(\boldsymbol{Y},\boldsymbol{K})=\boldsymbol{Y}$　　$COR(\boldsymbol{W},\boldsymbol{W})=\boldsymbol{W}$　　$COR(\boldsymbol{W},\boldsymbol{K})=\boldsymbol{W}$　　$COR(\boldsymbol{K},\boldsymbol{K})=\boldsymbol{K}$

9.3　彩色 QR 码秘密共享技术

本节介绍三种基于颜色异或（CXOR）的秘密图像共享方案。在常见的图像秘密共享方案中，根据共享份是否有意义分为两类：有意义的共享份方案和无意义的共享份方案。当共享份杂乱无章、无意义时，容易受到敌手攻击，因此有意义的共享份方案更加安全。普通的秘密图像共享方案的大致流程如图 9-6 所示。首先，将经过半色调技术处理的彩色图像称为秘密图像，并根据秘密图像共享方案生成对应的 n 个共享份。在恢复秘密图像时，通过基于颜色的异或操作对 n 个共享份进行处理，即可得到秘密图像。此外，还可以通过直接修改图像的像素值来嵌入更多的秘密信息。

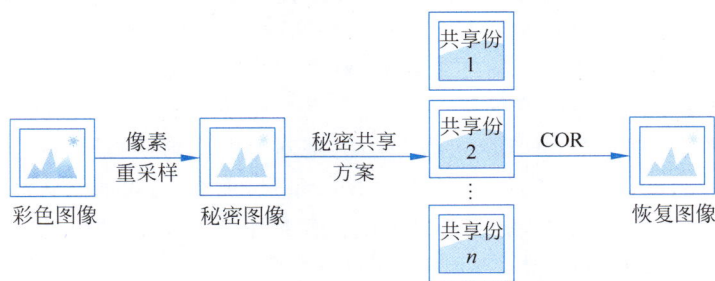

图 9-6　秘密图像共享方案

9.3.1　共享份无意义的方案

共享份无意义的方案是指，生成的共享份本身没有特定的意义，无法直接解读出原始图像的信息。这种方案通常会使用一些随机算法或者加密算法，将原始图像转换为一些看起来毫无规律的像素值,然后再将这些像素值按照一定的规则分散到不同的共享份中。这种方案的优点是安全性较高,因为生成的共享份本身没有特定的意义,所以很难通过破解共享份来获取原始图像的信息。下面展示了一个共享份无意义的秘密图像共享方案。

首先选取一个需要传送的秘密图像,对秘密图像进行半色调处理,称为秘密图像 $S_{(n×n)}$。这种处理方式可以将原始图像连续色调的图像转换为色调不连续的图像,使得图像的信息量减少,同时也可以提高图像的清晰度和可读性。

在颜色集合 COLOR 中随机选取颜色,按照式(9-8)生成 m 个共享份 P_i($1 \leqslant i \leqslant m-1, i \in \mathbf{Z}$)。

$$P_{i(n×n)} = \text{random}(\text{COLOR}) \tag{9-8}$$

在本节中,定义一个新的运算符"▲",表示两个颜色进行 COR 运算,如 $\mathbf{R} ▲ \mathbf{B} = \text{COR}(\mathbf{R}, \mathbf{B}) = \mathbf{M}$。接下来,通过式(9-9)得到第 m 个共享份:

$$P_m = P_1 ▲ P_2 ▲ \cdots ▲ P_{m-1} ▲ S \tag{9-9}$$

根据上述过程,可以得到所有的共享份 P_i。发送方在传输秘密图像时,为了提高信息的安全性,仅需传输这 m 个共享份。通过这种方式,即使攻击者截获了其中几个共享份,也无法轻易地推断出原始图像的信息。因此,这种方法可以有效地保护秘密图像的安全性和隐私性。

当接收方得到所有共享份时,按照式(9-10)即可恢复出秘密信息 S。

$$S = P_1 ▲ P_2 ▲ \cdots ▲ P_{m-1} ▲ P_m \tag{9-10}$$

但是,这种方案的缺点是,由于共享份本身没有意义,无法直接解读出原始图像的信息,容易引起攻击者或敌手的怀疑。此外,如果敌手能够获得足够的共享份,他们可能会尝试破解这些无意义的共享份,以获取有关原始图像的线索。因此,这种方案需要采取额外的安全措施来保护共享份,以确保图像的安全性和隐私性。

9.3.2　共享份有意义的方案

共享份有意义的方案则是指,生成的共享份本身具有特定的意义,可以解读出原始图像的一些信息。这种方案通常会使用一些图像处理算法或者人工智能算法,将原始图像转换为一些看起来有规律的像素值,然后再将这些像素值按照一定的规则分散到不同的共享份中。这种方案的优点是,由于共享份本身具有意义,所以可以直接解读出原始图像的一些信息,不需要在共享份的基础上进行额外的计算或者解密操作。

假如使用 (n, n) 门限来传递一个秘密的图片信息,那么,可以通过将 $n-1$ 个 QR 码嵌入前 $n-1$ 个无意义的共享份上来减少攻击者的怀疑。QR 码能扫描出信息的原因在于它利用了特定的几何图形,按照一定的规律在平面上分布黑白相间的图形,以此来记录和表示数据符号信息。将颜色集合 COLOR 中的颜色按照表 9-1 中的不同亮度分为深模块 COLOR1 和亮模块 COLOR2 两种。

$$\text{COLOR1} = \{K, B, R, M\}$$
$$\text{COLOR2} = \{G, C, Y, W\}$$

在 COLOR1 的颜色中随机选取像素,替换 QR 码的黑色像素区域。同样地,在 COLOR2 的颜色中随机选取像素,替换 QR 码的白色像素区域。

$$P_{i(n \times n)} = \text{random}(\text{COLOR1}), \qquad 当 \text{QR}(i,j) = 0 时$$

$$P_{i(n \times n)} = \text{random}(\text{COLOR2}), \qquad 当 \text{QR}(i,j) = 1 时$$

上述方式可以生成前 $n-1$ 个共享份,第 n 个共享份需要根据式(9-11)生成。

$$P_m = P_1 \blacktriangle P_2 \blacktriangle \cdots \blacktriangle P_{m-1} \blacktriangle S \tag{9-11}$$

遵循上述流程,可以获取到所有的共享份 P_i。在传输秘密图像的过程中,为了提升信息的安全性,发送方仅需传输这 m 个共享份。这样一来,即使攻击者捕获到其中的部分共享份,他们也无法轻易地还原出原始图像的信息。因此,这种方法对于保护秘密图像的安全性和隐私性十分有效。

当接收方获得所有共享份时,可以按照式(9-12)来恢复出秘密信息 S。

$$S = P_1 \blacktriangle P_2 \blacktriangle \cdots \blacktriangle P_{m-1} \blacktriangle P_m \tag{9-12}$$

这种方案产生的共享份降低了敌手攻击的概率,从而提高了秘密信息的安全性。由于共享份本身无意义,无法直接解读出原始图像的信息,因此即使敌手截获了部分共享份,也无法推断出原始图像的信息。同时,由于共享份具有特定的规律和分布,可以有效地防止敌手进行破解和攻击。因此,这种方案能够有效地保护秘密图像的安全性和隐私性。

9.3.3　共享份为彩色 QR 码的方案

将秘密图像划分为多个共享份可以提升秘密图像传输的安全性。然而,这种方法的显著缺点是传输效率较低。为了应对这一挑战,一类全新的彩色 QR 码设计方法应运而生。这种彩色 QR 码在传输普通信息的同时,将秘密图像以颜色信息的形式嵌入其中,提升了信息的传输效率。

具体而言,彩色 QR 码是在传统的黑白 QR 码的基础上发展而来的。它充分利用了颜色信息来对数据编码,使得每个像素点都能够存储更多的信息。与传统方案相比,在安全性和效率上均得到了提升。

设需要传递的秘密信息为 QR 码 S,选择可公开传输的 QR 码 P(要求 P 的版本号与 S 一致)。可依据 S 的信息,将 P 的像素值进行修改,得到彩色 QR 码 P',这里 P 和 P' 扫描出来的信息一致。

为了增加彩色 QR 码中的颜色对比度,从 9.2.3 节中介绍的颜色集合 COLOR 中选取两个较深的颜色 R 和 B(这里 R 和 B 仅为举例,可以表 9-1 中颜色的亮度值为依据,根据需求或者随机选取),再选取两个较浅的颜色 C 和 Y,可设计映射规则如表 9-2 所示。

表 9-2　彩色 QR 码的颜色映射规则

图像 像素值	$S_{(i,j)}$	$P_{(i,j)}$	$P'_{(i,j)}$
Pixel	K	K	R
		W	B
	W	K	C
		W	Y

（1）若秘密 QR 码的像素值为 K 且载体 QR 码的像素值为 K，则将载体 QR 码的像素值修改为 R。

（2）若秘密 QR 码的像素值为 K 且载体 QR 码的像素值为 W，则将载体 QR 码的像素值修改为 B。

（3）若秘密 QR 码的像素值为 W 且载体 QR 码的像素值为 K，则将载体 QR 码的像素值修改为 C。

（4）若秘密 QR 码的像素值为 W 且载体 QR 码的像素值为 W，则将载体 QR 码的像素值修改为 Y。

通过该颜色映射规则，可由秘密信息 S 和公开传输的 QR 码 P 生成携带秘密信息的彩色 QR 码 P'。

如图 9-7(a)所示，QR 码是由秘密信息编码生成的，其版本号为 5。如图 9-7(b)所示，QR 码的版本号也为 5，但是其信息是公开信息。根据颜色的映射规则，可得到彩色 QR 码如图 9-7(c)所示。扫描彩色 QR 码将得到的结果与扫描图 9-7(b)的结果相同，如图 9-8 所示。要获取秘密信息，则需要进一步的解码操作。

(a)   (b)   (c)

图 9-7　彩色 QR 码的实现

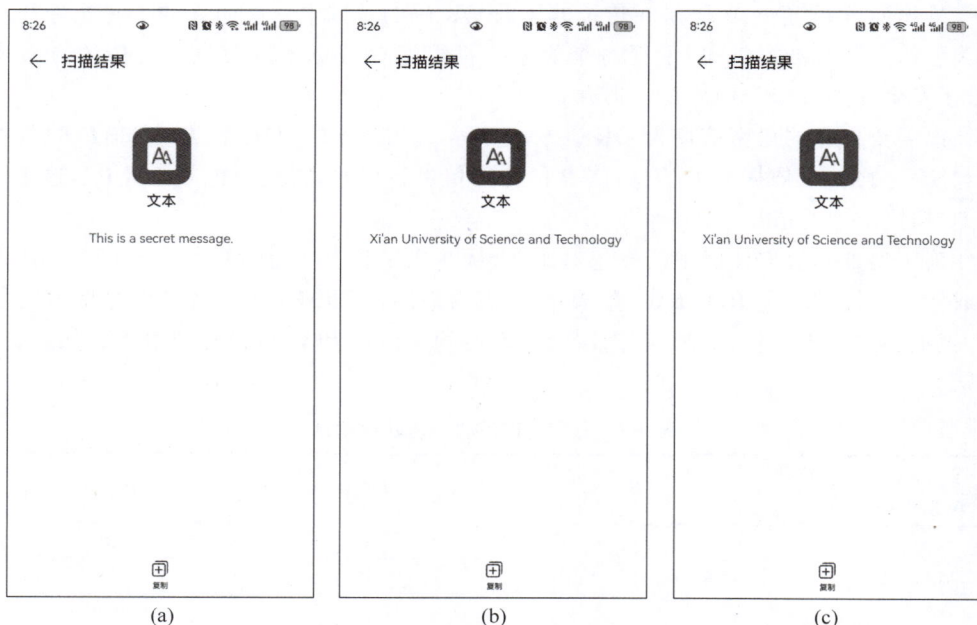

(a)   (b)   (c)

图 9-8　QR 码扫描结果

根据上述规则生成的彩色 QR 码不仅保持了 QR 码的公开性,还提升了秘密信息的传输效率。这种改进的 QR 码尤其适用于需要高效性的信息传输应用。

在彩色 QR 码中,秘密信息被编码为颜色信息,并被附加在 QR 码上。每个像素点不仅包含 QR 码的信息,还包含秘密信息的颜色编码。即使攻击者能够获得 QR 码,他们也很难从颜色信息中提取出秘密信息。此外,由于彩色 QR 码使用了更多的颜色和更复杂的编码方式,它们比传统的黑白 QR 码更难以被复制和伪造,从而提供了更高的安全性。

小结

近年来,随着 QR 码技术的飞速发展,学者们开始对彩色 QR 码进行深入研究。与传统 QR 码不同的是,彩色 QR 码在编码区域采用多种颜色来表示信息,从而显著提升了信息容量和传输效率。然而,颜色的引入也给 QR 码的识别带来了一定的挑战。

本章介绍了彩色 QR 码的相关概念和技术,并探讨了三种基于彩色 QR 码的秘密共享方法,分别是无意义共享份、有意义共享份和全意义共享份。其目的在于为彩色 QR 码的研究和应用提供基本理论和方法。彩色 QR 码正朝着高安全性和高信息容量的方向迅速发展,以满足不断增长的应用需求。

第 10 章

安全QR码编码方法

10.1　QR 码的编码流程

QR 码的通用标准中规定了将数据编码成 QR 码的流程如下。

Step1：数据分析。分析输入数据,根据数据决定要使用的 QR 码版本、容错级别和编码模式。低版本的 QR 码无法编码过长的数据,含有非数字字母字符的数据要使用扩展字符编码模式。

Step2：编码数据。根据选择的编码模式,将输入的字符串转换成比特流,插入模式标识码和终止标识符,把比特流切分成 8b 的字节,加入填充字节来满足标准的数据字码数要求。

Step3：计算容错码。对 Step2 产生的比特流计算容错码,附在比特流之后。高版本的编码方式可能需要将数据流切分成块再分别进行容错码计算。

Step4：组织数据。根据结构图把 Step3 得到的有容错的数据流切分,准备填充。

Step5：填充。把数据和功能性图样根据标准填充到矩阵中。

Step6：应用数据掩码。应用标准中的 8 个数据掩码来变换编码区域的数据,选择最优的掩码应用。

Step7：填充格式和版本信息。将计算格式和版本信息填入矩阵,完成 QR 码。

完成上述 QR 编码流程,会根据编码的数据长度和版本生成不同的 QR 码。QR 码由多个区域组成,每个区域都具有不同的功能。包括位置探测区、格式信息、空白区、版本信息、定位图像和校正图形,以及数据编码区等。

不同版本的 QR 码具有不同的容量和功能。版本 1 的 QR 码是最简单的,只包含一个位置探测区、格式信息、定位图像和数据编码区。版本 4 和版本 7 的 QR 码则更复杂,包含更多的位置探测区和定位图像,以支持更大容量的数据编码。这意味着版本 7 的 QR 码可以存储比版本 1 更多的信息,但也需要更多的空间。图 10-1 展示了不同版本 QR 码的结构。

(a) 版本1　　　　　　　(b) 版本4　　　　　　　(c) 版本7

图 10-1　不同版本 QR 码的结构

10.2　库函数调用生成 QR 码

10.2.1　使用 qrcode 库

qrcode 库是 Python 中一个用于生成 QR 码的模块。它提供了一系列函数和类，使用户能够轻松地生成 QR 码图像，并在其中嵌入各种类型的数据。

要使用 qrcode 库，首先需要通过 pip 命令进行安装。在终端或命令提示符中执行以下命令。

```
pip install qrcode
```

在 Python 代码中，导入 qrcode 库可以使用以下语句。

```
import qrcode
```

以下简单范例演示了设置数据为"xust"，调用 qrcode 中的 make() 函数即可直接生成名字为 img1.jpg 的 QR 码，代码执行结果如图 10-2 所示。

```
import qrcode

data = "xust"
img = qrcode.make(data)
img.save("img1.jpg")
```

图 10-2　数据为"xust"的简单 QR 码

下面为另一个使用 qrcode 库生成 QR 码的范例。在该代码中，首先使用 make() 函数创建一个 QR 码对象，接着调用 add_data() 方法传入要存储在 QR 码中的数据，然后使用 make_image() 方法生成 QR 码的图像对象，最后使用 save() 方法保存 QR

码图像或使用 show( )方法直接显示 QR 码图像,代码执行结果如图 10-3 所示。

```
import qrcode

data = "hello xust"
qr = qrcode.QRCode()
qr.add_data(data)
qr.make()
image = qr.make_image()
image.show()
image.save("img2.png")
```

图 10-3 数据为"hello xust"的 QR 码

还可以通过在之前使用该 QRCode 函数创建的 qr 对象中添加一些属性来自定义 QR 码的设计和结构。基本参数如下。

(1) version:一个 1~40 的整数,用于控制 QR 码的大小(最小的版本 1 是一个 21×21 矩阵)。默认为 None,表示代码自动确认该参数。

(2) error_correction:用于 QR 码的纠错。qrcode 包中提供了以下 4 个常量。

• ERROR_CORRECT_L:可以纠正大约 7%或更少的错误。

• ERROR_CORRECT_M:(默认)可以纠正大约 15%或更少的错误。

• ERROR_CORRECT_Q:可以纠正大约 25%或更少的错误。

• ERROR_CORRECT_H:可以纠正大约 30%或更少的错误。

(3) box_size:控制 QR 码的每个像素由多少像素块组成,默认为 10。

(4) border:控制边框应该有多少个框厚(默认为 4,这是根据规范的最小值)。

代码范例如下。

```
import qrcode

qr = qrcode.QRCode(
    version = 5                    #版本号
    error_correction = qrcode.constants.ERROR_CORRECT_M,    #纠错等级
    box_size = 3,
    border = 4
)
data = "hello world!"
qr.add_data(data)
qr.make(fit = True)
img = qr.make_image()
img.show()                         #显示图片
img.save("img3.png")               #保存图片
```

代码执行结果如图 10-4 所示。

图 10-4　生成 QR 码

qrcode 库提供的主要功能可总结如下。

qrcode.make(data, ** kwargs)：根据给定的数据(字符串或字节)生成一个 QR 码图像,并返回一个 PIL. Image 对象。可以通过 ** kwargs 参数指定 QR 码的版本、容错级别、边框宽度、填充颜色、背景颜色等属性。

qrcode.QRCode(version = None, error_correction = qrcode. constants. ERROR_CORRECT_M, box_size = 10, border = 4, ** kwargs)：创建一个 qrcode.QRCode 对象,用于生成和操作 QR 码图像。可以通过参数指定 QR 码的属性,与 qrcode.make 类似。

qrcode.QRCode 对象提供了以下方法。

add_data(data, optimize = 20)：向 QR 码中添加数据(字符串或字节),可以指定优化参数,用于压缩数据。

clear()：清除 QR 码中的所有数据。

make(fit = True)：根据添加的数据生成 QR 码图像。可以指定 fit 参数,用于自动调整 QR 码的版本和大小。

make_image(image_factory = None, ** kwargs)：返回一个 PIL. Image 对象,表示 QR 码图像。可以指定 image_factory 参数,用于自定义图像的生成方式。

print_ascii(invert = False)：在终端中以 ASCII 字符的形式打印 QR 码图像。可以指定 invert 参数,用于反转黑白颜色。

print_tty(invert = False)：在终端中以 ANSI 转义序列的形式打印 QR 码图像。可以指定 invert 参数,用于反转黑白颜色。

save(file, format = None, ** kwargs)：将 QR 码图像保存到文件中。可以指定文件名、格式、质量等参数。
get_matrix()：返回一个 QR 码列表,表示 QR 码图像的矩阵。

下述代码分别是生成彩色 QR 码和 SVG 格式 QR 码的范例。

```python
#生成彩色 QR 码,自定义前景色和背景色
import qrcode
qr = qrcode.QRCode(
    version = 1,
    error_correction = qrcode.constants.ERROR_CORRECT_L,
    box_size = 10,
    border = 4,
)
data = "hello world!"
```

```
qr.add_data(data)
qr.make(fit = True)

#fill_color 和 back_color 分别控制前景颜色和背景颜色
#支持输入 RGB 色
img = qr.make_image(fill_color = ( 213 , 143 , 1 ), back_color = "lightblue")
#display(img)
print(type(img))
img.save("img4.png")
```

代码执行结果如图 10-5 所示。

图 10-5 彩色 QR 码范例

```
#生成 SVG 格式 QR 码
import qrcode
import qrcode.image.svg
method = 'fragment'
if method == 'basic':
    #Simple factory, just a set of rects.
    #简单模式
    factory = qrcode.image.svg.SvgImage
elif method == 'fragment':
    #Fragment factory (also just a set of rects)
    #碎片模式
    factory = qrcode.image.svg.SvgFragmentImage
else:
    #Combined path factory, fixes white space that may occur when zooming
    #组合模式,修复缩放时可能出现的空白
    factory = qrcode.image.svg.SvgPathImage

img = qrcode.make('hello world!', image_factory = factory)

#保存图片
img.save("img5.svg")
```

代码执行结果如图 10-6 所示。

图 10-6 SVG 格式 QR 码范例

```python
# 修改形状、颜色、嵌入图片的 QR 码
import qrcode
from qrcode.image.styledpil import StyledPilImage
from qrcode.image.styles.moduledrawers import RoundedModuleDrawer, SquareModuleDrawer
from qrcode.image.styles.colormasks import
RadialGradiantColorMask, SquareGradiantColorMask
from matplotlib import pyplot as plt

# 纠错设置为高
qr = qrcode.QRCode(error_correction = qrcode.constants.ERROR_CORRECT_H)
# 如果想扫描 QR 码后跳转到网页，需要添加带 https:// 的地址，例如，加入百度地址
qr.add_data('https://www.baidu.com')

# 修改 QR 码形状
img_41 = qr.make_image(image_factory = StyledPilImage,
module_drawer = RoundedModuleDrawer())
# 修改 QR 码颜色
img_42 = qr.make_image(image_factory = StyledPilImage,
color_mask = SquareGradiantColorMask())
# 嵌入图像
img_43 = qr.make_image(image_factory = StyledPilImage, embeded_image_path = "person.jpg")
# 嵌入图像
img_44 = qr.make_image(image_factory = StyledPilImage,
module_drawer = SquareModuleDrawer(),
color_mask = RadialGradiantColorMask(), embeded_image_path = "person.jpg")

img_41.save("img_41.png")
img_42.save("img_42.png")
img_43.save("img_43.png")
img_44.save("img_44.png")

# 创建一个图形窗口，大小为 8×8
fig = plt.figure(figsize = (8, 8))

# 在第一行第一列显示第一张图片
fig.add_subplot(2, 2, 1)
plt.imshow(img_41)

# 在第一行第二列显示第二张图片
fig.add_subplot(2, 2, 2)
plt.imshow(img_42)

# 在第二行第一列显示第三张图片
fig.add_subplot(2, 2, 3)
plt.imshow(img_43)

# 在第二行第二列显示第四张图片
fig.add_subplot(2, 2, 4)
plt.imshow(img_44)

# 显示图形窗口
plt.show()
```

代码执行结果如图 10-7 所示。

图 10-7　修改 QR 码属性范例

10. 2. 2　使用 myqr 库

myqr 库是 Python 中另一个用于生成 QR 码的模块。myqr 相比于 qrcode 使用起来功能更加强大、便捷，根据输入参数即可生成多种多样的 QR 码，例如彩色 QR 码、附带图像 QR 码、动态图像 QR 码等。

要使用 myqr 库，首先需要通过 pip 命令进行安装。在终端或命令提示符中执行以下命令。

```
pip install myqr
```

在 Python 代码中，导入 myqr 库可以使用以下语句。

```
import myqr
```

下面的示例演示了设置数据为"hello xust"，调用 myqr 中的 run 函数即可在程序运行的目录下，直接生成默认文件名为 qrcode. png 的 QR 码，代码执行结果如图 10-8 所示。

```
from MyQR import myqr
myqr.run(words = "hello xust!")
```

现在详细地说明一下 myqr. run()函数中常用到的几个参数，如表 10-1 所示。

图 10-8　数据为"hello xust"的 QR 码

表 10-1　myqr. run()函数常用参数

参数	含义	说　　　明
words	QR 码内容	链接或者文本内容
version	QR 码大小	控制边长,范围是 1~40,数字越大,边长越长,默认边长取决于输入信息的长度和使用的纠错等级
level	纠错等级	控制纠错水平,范围是 L、M、Q、H,从左到右依次升高,默认纠错等级为 H
picture	背景图片	将 QR 码图像与一张同目录下的图片相结合,制作 QR 码的背景图片
colorized	背景颜色	使产生的图片由黑白变为彩色的。默认为 false,即黑白色
contrast	对比度	调节图片的对比度,1.0 表示原始图片,更小的值表示更低对比度,更大反之。默认为 1.0
brightness	亮度	调节图片的亮度,其余用法和取值与 contrast 相同
save_name	保存 QR 码名称	默认输出文件名是"qrcode.png"
save_dir	存储位置	默认存储位置是当前目录

简单演示:

```
from MyQR import myqr

myqr. run(
    words = 'hello world',        #网址链接或者字符串,不支持中文
    version = 5,                  #设置容错率,即控制边数
    level = 'L',                  #纠错等级,范围是 L、M、Q、H,从左到右依次升高
    picture = 'test.jpg',         #图片所在目录,可以是动图
    colorized = True,             #黑白(False)还是彩色(True)
    contrast = 1.0,               #调节对比度,1.0 表示原始图片.默认为 1.0
    brightness = 1.0,             #调节亮度,用法同上
    save_name = 'qrcode.png',     #控制输出文件名,格式可以是.jpg、.png、.bmp、.gif
    save_dir = r'./',             #图片存储位置
)
```

结果如图 10-9 所示。

图 10-9　对比度为 1.0 与 0.2 的效果对比

10.3 传统信息加/解密程序实现

10.3.1 古典密码

古典密码是一种基于传统方法的加密技术,通常使用简单的数学和替换操作来隐藏消息的内容。这些密码技术在现代密码学中已经不再安全,但它们仍然有历史和教育上的重要性。

古典密码最常用的加/解密方法有移位变换、仿射变换等。

1. 移位变换

移位变换是通过把字母移动一定的位数来实现加密和解密。明文中的所有字母都在字母表上向后(或向前)按照一个固定数目进行偏移后被替换成密文。例如,当偏移量是3的时候,所有的字母A将被替换成D,B变成E,以此类推,X将替换成A,Y替换成B,Z替换成C。当移动的位数是3时就是最古老的对称密码:凯撒密码。

代码实现如下。

(1)相关库的下载和导入。

```
pip install pycipher
from pycipher import Caesar
```

(2)加密。

```
plain_text = 'HELLO WORLD'   ＃明文
cipher_text = Caesar(3).encipher(plain_text)
'''
Caesar(key).encipher(string,keep_punct = False)
参数1:string 表示要进行加密的明文
参数2:keep_punct 为 true 时,保留标点符号和空格; 为 false 时,则将其全部删除。默认
为 false
'''
```

(3)解密。

```
result_text = Caesar(3).decipher(cipher_text)
'''
Caesar(key).encipher(string,keep_punct = False)
参数1:string 表示要进行解密的密文
参数2:keep_punct 为 true 时,保留标点符号和空格; 当为 false 时,则将其全部删除。默认
为 false
'''
```

(4)函数调用。

```
if __name__ == '__main__':
    plain_text = 'HELLO WORLD'   ＃明文
    cipher_text = Caesar(3).encipher(plain_text)
```

```
result_text = Caesar(3).decipher(cipher_text)
print('原文:' + plain_text)
print('密文:' + cipher_text)
print('明文:' + result_text)
```

运行结果如图 10-10 所示。

原文: HELLO WORLD
密文: KHOORZRUOG
明文: HELLOWORLD

图 10-10　移位变换加解密

2. 仿射变换

仿射变换与移位变换的区别很小,因为明文的每个字母分别只映射到一个密文字母。仿射密码的加密算法就是一个线性变换,即对任意的明文字符 x,对应的密文字符为 y。加密变换为 $y = E(x) = ax + b \bmod 26$,其中,$a, b \in Z_{26}$,且要求 $\gcd(a, 26) = 1$,函数 $E(x)$ 称为仿射加密函数。

代码实现如下。

(1) 相关库的下载和导入。

```
pip install pycipher
from pycipher import Affine
```

(2) 加密。

```
a,b = 7,21            #密钥
plain_text = 'SECURITY' #明文
cipher_text = Affine(a,b).encipher(plain_text)
'''
Affine(a,b).encipher(string,keep_punct = False)
其中,a,b 分别为密钥,a 为在模 26 情况下有逆元的整数,b 为 0～25 的整数
所有满足条件的 a 有 1,3,5,7,9,11,15,17,19,21,23,25
参数 1: string 表示要进行加密的明文
参数 2: keep_punct 为 true 时,保留标点符号和空格; 为 false 时,则将其全部删除。默认
为 false
'''
```

(3) 解密。

```
result_text = Affine(a,b).decipher(cipher_text)
'''
Caesar(key).encipher(string,keep_punct = False)
参数 1: string 表示要进行解密的密文
参数 2: keep_punct 为 true 时,保留标点符号和空格; 为 false 时,则将其全部删除。默认
为 false
'''
```

(4) 函数调用。

```
if __name__ == '__main__':
    a, b = 7, 21                ♯密钥
    plain_text = 'SECURITY'   ♯明文
    cipher_text = Affine(a, b).encipher(plain_text)
    result_text = Affine(a, b).decipher(cipher_text)
    print('原文:' + plain_text)
    print('密文:' + cipher_text)
    print('明文:' + result_text)
```

运行结果如图 10-11 所示。

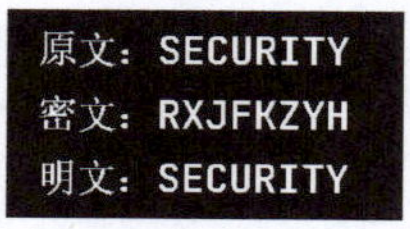

```
原文: SECURITY
密文: RXJFKZYH
明文: SECURITY
```

图 10-11　仿射变换加解密

10.3.2　对称密码

对称加密又称单密钥加密,整个加密过程中只使用一个密钥。所谓对称其实就是使用某一密钥加密,使用相同密钥解密。对称加密在加解密的过程中速度比较快,适用于数据量比较大的加解密。下面展示一些常用的对称密码算法的代码实现。

1. AES

AES 加密算法为分组密码,分组长度为 128b 即 16B,密钥长度有 128b、192b 或 256b,根据密钥长度的不同,加密的轮数也不同。本文采用长度为 128b 的密钥,加密轮数为 10 轮。AES 加密算法不仅编码紧凑、设计简单,而且可抵抗多种类型的攻击,其基本结构包括 4 部分。这 4 部分分别为字节替换、行位移、列混合和轮密钥加。

(1) 字节替换(SubBytes)。

字节替换也就是通过 S-BOX 对字节元素进行非线性的变换,S-BOX 由有限域 $GF(2^8)$ 上的乘法求逆运算和仿射变换运算而来,通过查表的方式即可直接得到变换前后的字节元素,替换后字节元素至少有两位发生变换,能充分打乱原来的字节元素,本文所介绍的 AES 加密算法就是对 S-BOX 进行改进而来的。具体替换规则为假设 1 字节为 xy,则 S-BOX 中第 x 行第 y 列所对应的元素就是替换后的元素。

(2) 行位移(ShiftRows)。

行位移是 AES 加密算法中的一个简单线性运算,即在 4×4 的状态矩阵中,将第 i 行循环左移 i 字节($i = 0, 1, 2, 3$)。

(3) 列混合(MixColumns)。

列混合是将状态矩阵中的每一列看成一个多项式,让其与一个固定的多项式 $c(x)$ 进行模 $x^4 + 1$ 乘法,其中,$c(x) = '03'x^3 + '01'x^2 + '01'x + '02'$。

(4) 轮密钥加(AddRoundKey)。

轮密钥加变换是将状态矩阵与经过密钥扩展得到的子密钥做异或运算,因此轮密

钥加变换的逆变换即为其本身。

整个算法的流程图如图 10-12 所示。

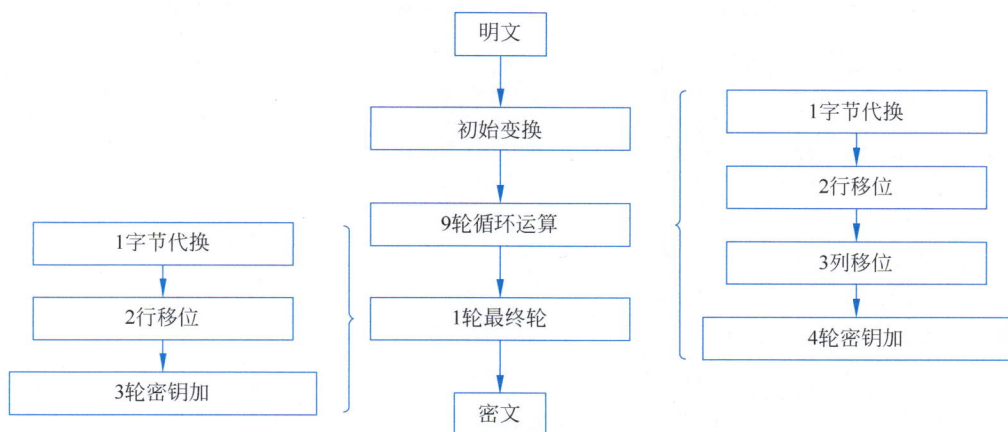

图 10-12 AES 算法流程图

在图 10-12 中,解密过程就是加密过程的逆过程,解密过程仍为 10 轮,每一轮的操作是加密操作的逆操作。由于 AES 的 4 个轮操作都是可逆的,因此解密操作的一轮就是顺序执行逆行移位、逆字节代换、轮密钥加和逆列混合。同加密操作类似,最后一轮不执行逆列混合,在第 1 轮解密之前,要执行一次密钥加操作。

代码实现如下。

(1)相关库的下载和导入。

```
pip install base64
pip install pycryptodome
import base64
from Crypto.Cipher import AES
```

(2)加密。

```
# 加密方法
def encryption(text):
    # 密钥
    key = 'China19491001'
    # 待加密文本
    # 初始化加密器
    aes = AES.new(add_to_16(key), AES.MODE_ECB)
    '''
    AES.new(key, mode, * args, ** kwargs)
    key: 加密密钥 长度必须是 16( * AES-128) * 、24( * AES-192 * )或 32( * AES-256 * )字节
    mode: 可以选择 MODE_CBC(密文分组链接模式)、MODE_CFB(密码反馈模式)、
              MODE_OFB(输出反馈模式)、MODE_OPENPGP
    '''
    # 先进行 AES 加密
    encrypt_aes = aes.encrypt(add_to_16(text))
    '''
```

```
aes.encrypt(plaintext, output = None):
plaintext: 类型必须是字节或者字节数组
output: 表示密文是否返回,若 output = None,密文返回,类型为字节类型;否则,返回 None
'''
#用 base64 转换成字符串形式
encrypted_text = str(base64.encodebytes(encrypt_aes), encoding = 'UTF - 8')
                                              #执行加密并转码返回 bytes
return encrypted_text
```

（3）解密。

```
def decryption(text):
    #密钥
    key = 'China19491001'
    #密文
    #初始化加密器
    aes = AES.new(add_to_16(key), AES.MODE_ECB)
    #优先逆向解密 base64 成 bytes
    base64_decrypted = base64.decodebytes(text.encode(encoding = 'UTF - 8'))
    '''
    aes.encrypt(plaintext, output = None):
    plaintext: 类型必须是字节或者字节数组
    output: 表示密文是否返回,若 output = None,密文返回,类型为字节类型;否则,返回 None
    '''
    #执行解密并转码返回 str
    decrypted_text = str(aes.decrypt(base64_decrypted), encoding = 'UTF - 8').replace('\0','')
    return decrypted_text
```

（4）辅助函数。

```
#定义一个字符补充函数。若字节型数据长度不是 16 的整数倍就进行补充
def add_to_16(value):
    while len(value) % 16 != 0:
        value += '\0'
    return str.encode(value)    #返回 bytes
```

（5）主函数。

```
if __name__ == '__main__':
    plain_message = "hello world" #示例明文
    encrypt_text = encryption(plain_message)    #AES 加密
    print("Encrypted Message:", encrypt_text)
    decrypt_text = decryption(encrypt_text)    #AES 解密
print("Decrypted Message:",decrypt_text)
```

运行结果如图 10-13 所示。

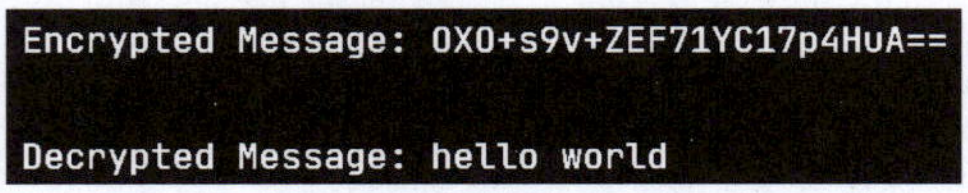

```
Encrypted Message: OXO+s9v+ZEF71YC17p4HuA==

Decrypted Message: hello world
```

图 10-13　AES 加解密

2. DES

DES(Data Encryption Standard)是目前最为流行的加密算法之一。DES 是对称密码中的一种,也就是说,它使用同一个密钥来加密和解密数据。它还是一种分组加密算法,该算法每次处理固定长度的数据段,称为分组。DES 分组的大小是 64 位,如果加密的数据长度不是 64 位的倍数,可以按照某种具体的规则来填充位。

从本质上来说,DES 的安全性依赖于"混乱和扩散"的原则。混乱的目的是隐藏任何明文同密文或者密钥之间的关系,而扩散的目的是使明文中的有效位和密钥一起组成尽可能多的密文。两者结合到一起就使得安全性变得相对较高。

DES 算法具体通过对明文进行一系列的排列和替换操作来将其加密。过程的关键就是从给定的初始密钥中得到 16 个子密钥的函数。要加密一组明文,每个子密钥按照顺序(1~16)以一系列的位操作施加于数据上,每个子密钥一次,一共重复 16 次。每一次迭代称为一轮。要对密文进行解密可以采用同样的步骤,只是子密钥是按照逆向的顺序(16~1)对密文进行处理。

代码实现如下。

(1) 相关库的下载和导入。

```
pip install base64
pip install pycryptodome
import base64
from Crypto.Cipher import DES
```

(2) 加密。

```
#加密方法
def encryption(text):
    #密钥
    key = 'China19491001'
    #初始化加密器
    aes = AES.new(add_to_16(key), AES.MODE_ECB)
    '''
    AES.new(key, mode, * args, ** kwargs)
    key: 加密密钥,长度必须是 16( * AES - 128 * )、24( * AES - 192 * )或 32( * AES - 256 * )
字节
    mode: 可以选择 MODE_CBC(密文分组链接模式)、MODE_CFB(密码反馈模式)、
            MODE_OFB(输出反馈模式)、MODE_OPENPGP
    '''
    #先进行 AES 加密
    encrypt_aes = aes.encrypt(add_to_16(text))
    '''
    aes.encrypt(plaintext, output = None):
    plaintext: 类型必须是字节或者字节数组
    output: 表示密文是否返回,若 output = None,密文返回,类型为字节类型;否则,返回 None
    '''
    #用 base64 转换成字符串形式
    encrypted_text = str(base64.encodebytes(encrypt_aes), encoding = 'utf - 8')
                                                #执行加密并转码返回 bytes
    return encrypted_text
```

（3）解密。

```
#解密方法
def decryption(text):
    #密钥
    key = b'ChinaNo1' #密钥为 8 位或 16 位,必须为 bytes
    #密文
    #初始化加密器
    des = DES.new(key, DES.MODE_ECB)
    #优先逆向解密 base64 成 bytes
    decrypt_text = des.decrypt(text).decode().rstrip('')
    '''
    des.decrypt(plaintext, output = None):
    plaintext: 类型必须是字节或者字节数组
    output: 表示密文是否返回,若 output = None,密文返回,类型为字节类型;否则,返回 None
    '''
    #执行解密并转码返回 str
    # decrypted_text = str(aes.decrypt(base64_decrypted))
    return decrypt_text
```

（4）辅助函数。

```
def pad(text):
    #如果 text 不是 8 的倍数(加密文本 text 必须为 8 的倍数),补足为 8 的倍数
    while len(text) % 8 != 0:
        text += ''
    return text
```

（5）主函数。

```
if __name__ == '__main__':
    plain_text = 'hello world'
    encrypt_text = encryption(plain_text)
    decrypt_text = decryption(encrypt_text)
    print("Encrypted Message:", str(base64.encodebytes(encrypt_text),encoding = 'utf-8'))
    print("Decrypted Message:", decrypt_text)
```

运行结果如图 10-14 所示。

```
Encrypted Message: 7E24gmKkszAe46Z865NtEQ==

Decrypted Message: hello world

进程已结束,退出代码为 0
```

图 10-14　DES 加解密

10.3.3　公钥密码

与对称加密算法不同,非对称加密算法需要两个密钥:公开密钥和私有密钥。公开密钥与私有密钥是一对,如果用公开密钥对数据进行加密,只有用对应的私有密钥

才能解密；如果用私有密钥对数据进行加密，那么只有用对应的公开密钥才能解密。因为加密和解密使用的是两个不同的密钥，所以这种算法叫作非对称加密算法。常用的非对称密码算法有 RSA、DSA 和 ECC 等。

1. RSA

RSA 公钥加密算法是 1977 年由罗纳德·李维斯特(Ronald L. Rivest)、阿迪·萨莫尔(Adi Shamir)和伦纳德·阿德曼(Leonard Adleman)一起提出的。

RSA 是目前最有影响力的公钥加密算法，它能够抵抗到目前为止已知的绝大多数密码攻击，已被 ISO 推荐为公钥数据加密标准。

其算法基于大整数因子分解的数学难题：将两个大质数相乘十分容易，但是想要对其乘积进行因式分解却极其困难，因此可以将乘积公开作为加密密钥。

密钥生成过程如下。

(1) 选择两个保密的大质数 p 和 q。

(2) 计算 $n = p \times q, \varphi(n) = (p-1)(q-1)$，其中，$\varphi(n)$ 是 n 的欧拉函数值。

(3) 选择一个整数 e 满足 $1 < e < \varphi(n)$，且 $\gcd(\varphi(n), e) = 1$，即 $\varphi(n)$ 与 e 互素。

(4) 计算 d，满足 $d \cdot e \equiv 1 \bmod \varphi(n)$，即 d 是 e 在模下的乘法逆元，因为 $\varphi(n)$ 与 e 互素，由模运算可知，它的乘法逆元一定存在。

(5) 以 $\{e, n\}$ 作为公开密钥，以 $\{d, n\}$ 作为秘密密钥。

1) 加密过程

加密时需要将明文的比特串进行分组，使得每个分组数据小于 n，然后对每个明文分组 m 进行加密运算：

$$c \equiv m^e \bmod n$$

2) 解密过程

对每个密文块进行解密的运算为

$$m \equiv m^d \bmod n$$

3) 代码实现

(1) 相关库的下载和导入。

首先需要使用 pip install 命令来安装 base64 和 pycryptodemo 库。范例如下。

```
pip install base64
pip install pycryptodome
```

第三方库导入语句如下。

```
from Crypto import Random          #用于伪随机数处理
from Crypto.Hash import SHA         #SHA 安全哈希算法库,主要用于生成信息摘要
from Crypto.Cipher import PKCS1_v1_5 as Cipher_pkcs1_v1_5      #主要用于信息加密
from Crypto.Signature import PKCS1_v1_5 as Signature_pkcs1_v1_5 #用于数字签名和验签
from Crypto.PublicKey import RSA    #RSA 非对称算法库,主要用于生成密钥对象
import base64                       #主要用于对类似字节的对象进行编码
```

（2）密钥生成。

```
＃伪随机数生成器
random_generator = Random.new().read
＃RSA算法生成实例
rsa = RSA.generate(1024, random_generator)
'''
    generate(bits, randfunc = None, e = 65537):
        密钥（integer）：长度应该为1024、2048或者3072。
        randfunc（callable）：返回随机字节的函数。默认值为func:
"Crypto.Random.get_random_bytes"。
        e（integer）：指数,必须为奇整数。一般默认至少为65537。
'''
＃密钥对的生成
private_pem = rsa.exportKey()
'''
PEM文件还包含描述编码数据类型的页眉和页脚,举例如下。
PEM是DER证书的base64编码机制。PEM还可以对其他类型的数据进行编码,例如,公钥/私
钥和证书请求。
-----BEGIN RSA PRIVATE KEY-----
...Base64 encoding of the DER encoded certificate...
-----END RSA PRIVATE KEY-----
'''
public_pem = rsa.publickey().exportKey()
```

（3）密钥对的文件保存。

```
private_pem = rsa.exportKey()
with open('B_PrivateKey.txt', 'wb') as f:  ＃B_PrivateKey.txt为生成的B的私钥文件
    f.write(private_pem)
public_pem = rsa.publickey().exportKey()
with open('B_PublicKey.txt', 'wb') as f:   ＃B_PublicKey.txt为生成的B的公钥文件
    f.write(public_pem)
```

（4）加密过程。

```
message = '加密数据'
with open('B_PublicKey.txt') as f:
    key = f.read()
    rsakey = RSA.importKey(key)
    cipher = Cipher_pkcs1_v1_5.new(rsakey)
    '''
    RSA.new(key, randfunc = None):
    key:用于加密或加密的密钥,为Crypto.PublicKey.RSA对象,只有当key是私钥时才可
以解密
    randfunc = None: 生成随机数的函数,默认返回Crypto.Random.get_random_bytes对象
    '''
    cipher_text = base64.b64encode(cipher.encrypt(bytes(message.encode("utf8"))))
    '''
    encrypt(self, message):
    message: 要加密的明文,类型必须为字节或者字节数组
    '''
```

（5）解密过程。

```
# B 使用自己的私钥对内容进行 RSA 解密
with open('B_PrivateKey.txt') as f:
    key = f.read()
    rsakey = RSA.importKey(key)
    cipher = Cipher_pkcs1_v1_5.new(rsakey)
    text = cipher.decrypt(base64.b64decode(cipher_text), random_generator)
    '''
     decrypt(self, ciphertext, sentinel, expected_pt_len = 0):
     ciphertext:需要解密的密文
     sentinel:检测到错误有要返回的对象
     expected_pt_len = 0: 已知明文长度,如果未知,则为 0
    '''
    print("解密(decrypt)")
    print("text:" + str(text, "utf8"))
    print("message:" + message)

assert str(text, "utf8") == message
```

（6）签名过程。

```
with open('A_PrivateKey.txt') as f:
    key = f.read()
    rsakey = RSA.importKey(key)
    signer = Signature_pkcs1_v1_5.new(rsakey)
    '''
    def new(rsa_key):
        pkcs1 = pkcs1_15.new(rsa_key)
            new(rsa_key):
            rsa_key: 用于对消息进行签名或验证的 RSA 密钥,为 Crypto.PublicKey.RSA 对
象,只有当 key 是私钥时才可以解密
        pkcs1._verify = pkcs1.verify
        pkcs1.verify = types.MethodType(_pycrypto_verify, pkcs1)
        return pkcs1
    '''
    digest = SHA.new()
    # < Crypto.Hash.SHA1.SHA1Hash object at 0x0000011BEAB4B460 >
    digest.update(message.encode("utf8"))
    sign = signer.sign(digest)
    signature = base64.b64encode(sign)
```

（7）验签过程。

```
with open('A_PublicKey.txt') as f:
    key = f.read()
    rsakey = RSA.importKey(key)
    verifier = Signature_pkcs1_v1_5.new(rsakey)
    digest = SHA.new()
    digest.update(message.encode("utf8"))
is_verify = verifier.verify(digest, base64.b64decode(signature))
```

运行结果如图 10-15 和图 10-16 所示。

2:信息的加解密演示
需要加密的明文：加密数据
加密（encrypt）
b'BSU3I77Mf0kfUgJB2LohiB2tI9f5qB6Oz+1rTfkGR/XqiSIPOREqIrvy2YLMg8LXk0/QHxvDU8xe
解密（decrypt）
text:加密数据
message:加密数据

图 10-15　RSA 加解密

3:数字签名与验证演示
签名
b'KZ+USTgVqmbkzqcchkDxCyrKL4nRfXN3fu48emLge5+qdwxw1FX/KLC6i6vbGgubWjiu+iBR
验签
True

图 10-16　RSA 签名验证

2. DSA

DSA(Digital Signature Algorithm)是 Schnorr 和 ElGamal 签名算法的变种,被美国 NIST 作为 DSS(Digital Signature Standard,数字签名标准)。DSA 是基于整数有限域离散对数难题的。

利用私钥和数据生成数字签名,公钥验证数据及签名,如果数据和签名不匹配则认为验证失败。数字签名的作用就是校验数据在传输过程中不被修改。

DSA 是基于整数有限域离散对数难题的。DSA 的一个重要特点是两个素数公开,这样,当使用别人的 p 和 q 时,即使不知道私钥,也能确认它们是否是随机产生的。

参数介绍如下。

(1) 全局公开钥。

p:满足 $2^{L-1}<p<2^{L}$ 的大素数,其中,$512{\leqslant}L{\leqslant}1024,L$ 是 64 的倍数。

q:$p-1$ 的素因子,满足 $2^{159}<q<2^{160}$,即 q 长度为 160b。

g:$g\equiv h^{(p-1)/q} \bmod p$,其中,$h$ 是满足 $1<h<p-1$ 且使得 $h^{(p-1)/q} \bmod p>1$ 的任一整数。

(2) 用户密钥 x。

x 是满足条件的随机数或伪随机数。

(3) 用户公开钥 y。

$$y \equiv g^{x} \bmod p$$

(4) 用户为代签消息选取的秘密数字 k。

k 是满足 $1<k<q$ 的随机数或伪随机数。

(5) 签名过程。

用户对消息 M 的签名为 (r,s),其中,$r\equiv(g^{k} \bmod p) \bmod q,s\equiv\left[k^{-1}(H(M)+xr)\right] \bmod q,H(M)$ 是由 SHA 求出的哈希值。

（6）验签过程。

设接收方收到的消息为 M'，签名为 (r',s')。计算

$$\omega \equiv (s')^{-1} \bmod q, \quad u_1 \equiv [H(M')\omega] \bmod q$$

$$u_2 \equiv (r'\omega) \bmod q, \quad v \equiv [g^{u_1} y^{u_2} \bmod p] \bmod q$$

检查 v 是否和 r 相等，若相等，则验证签名成功；否则，失败。

代码实现如下。

（1）相关库的下载和导入。

```
pip install pycryptodome
from Crypto.Random import random
from Crypto.PublicKey import DSA
from Crypto.Hash import SHA
```

（2）密钥生成。

```
message = "Hello World"
key = DSA.generate(1024)
#<DsaKey @0x26f0bb24f10 y,g,p(1024),q,x,private>
'''
def generate(bits, randfunc = None, domain = None):
生成 DSA 的密钥对
bits:密钥的长度,可以选择 1024、2048 和 3072
Randfunc:随机函数(可选)它接收单个整数 N 并返回一串 N 字节长的随机数据.如果没有指定
就是用 func:Crypto.Random.get_random_bytes
domain = None
'''
h = SHA.new(message.encode('utf - 8')).hexdigest()
k = random.StrongRandom().randint(1, key.q - 1)
```

（3）签名过程。

```
sig = key._sign(int(h, 16), k)
```

（4）验签过程。

```
#签名的验证
if key._verify(int(h, 16), sig):
    print("Signature verification is true")
else:
    print("Sorry, signature verification is false")
```

运行结果如图 10-17 所示。

```
Message is  Hello World
signature is  <map object at 0x000001FAE7513BE0>
Signature verification is true
```

图 10-17 DSA 加解密

3. ECC

椭圆曲线加密算法,简称 ECC,是基于椭圆曲线数学理论实现的一种非对称加密算法。相比 RSA,ECC 的优势是可以使用更短的密钥,来实现与 RSA 相当或更高的安全。

代码实现如下。

(1) 相关库的下载和导入。

```
pip install pycryptodome
from Crypto.PublicKey import ECC
from Crypto.Hash import SHA256
from Crypto.Signature import DSS
```

(2) 密钥对生成。

```
# 生成 ECC 密钥对
key = ECC.generate(curve = 'P - 256')
```

(3) 签名过程。

```
# 待签名内容(发送的文本内容)
message = 'Hello World'
# 签名
signer = DSS.new(key, 'fips - 186 - 3')
hasher = SHA256.new(message.encode())       # Hash 对象,取内容摘要
sign_obj = signer.sign(hasher)              # 用私钥对消息签名
```

(4) 签名文件的写入和写出。

```
# 将签名写入文件,模拟发送(同时还发送了文本内容,为了方便,不写文件,后面直接引用)
with open('sign.bin', 'wb') as f:
    f.write(sign_obj)
# 读取签名内容,模拟接收
with open('sign.bin', 'rb') as f:
    sign_new = f.read()                      # 签名内容(二进制),并转成 bytearray,以便修改
```

(5) 验证过程。

```
# 验证签名
verifier = DSS.new(key.public_key(), 'fips - 186 - 3')   # 使用公钥创建校验对象
hasher = SHA256.new(message.encode())                    # 对收到的消息文本提取摘要

try:
    verifier.verify(hasher, sign_new)    # 校验摘要(本来的样子)和收到并解密的签名是否一致
    print("The signature is valid.")
except (ValueError, TypeError):
    print("The signature is not valid.")
```

运行结果如图 10-18 所示。

```
签名内容：  b'\xacH\x9d\x14\xd8\x1c\xf6\x03\x98\xbap\x05\xd6d\x94\xc1\xa4u\xa4\xe8|\n}
收到签名：  b'\xacH\x9d\x14\xd8\x1c\xf6\x03\x98\xbap\x05\xd6d\x94\xc1\xa4u\xa4\xe8|\n}
The signature is valid.

进程已结束，退出代码为 0
```

图 10-18 ECC 加解密

10.4 图像安全处理程序实现

QR 码图像加密即对 QR 码图像中的像素点进行加密操作，加密方法主要有像素点替换、异或以及置乱等。

10.4.1 像素点替换

像素点替换是一种图像处理技术，用于将图像中的一部分像素替换为其他像素或颜色。在实际应用中，像素点替换可以应用于诸如图像增强、图像修复、图像合成等领域。

替换算法步骤如下。

（1）首先，导入所需的库，如 qrcode 和 PIL（Python Imaging Library，用于处理图像）。

```
import qrcode
import numpy
from PIL import Image
import matplotlib.pyplot as plt
```

（2）创建一个函数，用于生成 QR 码。在这个函数中，可以使用 qrcode 库生成一个 QR 码图像。

```
def QR_Create():
        #设定 QR 码参数
        qr = qrcode.QRCode(version=5,
                           error_correction=qrcode.constants.ERROR_CORRECT_H,
                           box_size=5,
                           border=0)
        qr.add_data("西安科技大学")      #向 QR 码中添加信息
        img = qr.make_image()          #使用 QR 码数据制作图像
        img.show()
        img.save('初始 QR 码.jpg')
```

（3）创建一个函数，用于加密像素点。在这个函数中，可以遍历像素点矩阵，并将每个像素点的值替换为加密后的值。可以使用一个密钥来控制加密过程，例如，将像素点的值替换为密钥对应的值。下面以 0,1 相互替换为例编写代码。

```
#替换
def  Replace_encrypt(qr_array):
        #简单地按位取反,即 0 替代 1,1 替代 0
        encrypt_array = numpy.bitwise_not(qr_array)
        return encrypt_array
```

（4）创建一个函数，用于解密像素点。在这个函数中，可以遍历像素点矩阵，并将每个像素点的值替换为解密后的值。可以使用相同的密钥来控制解密过程，例如，将像素点的值替换为密钥对应的值。

```
# 替换恢复
def Replace_decrypt(encrypt_array):
        decrypt_array = numpy.bitwise_not(encrypt_array)
        return decrypt_array
```

（5）接下来编写代码调用上述函数。

```
# 生成 QR 码像素矩阵
img = Image.open('初始 QR 码.jpg')
height = img.size[1]        # QR 码的高度(按像素)
width = img.size[0]         # QR 码的宽度(按像素)
qr_list = list(numpy.array(qr_array).flatten())        # QR 码像素一维矢量
# 替换加密
encrypt_array = Replace_encrypt(qr_array)
plt.imshow(encrypt_array, cmap = 'gray')
plt.savefig('替换加密 QR 码.jpg')
plt.show()

# 替换加密恢复
decrypt_array = Replace_encrypt(encrypt_array)
plt.imshow(decrypt_array, cmap = 'gray')
plt.savefig('替换加密恢复 QR 码.jpg')
plt.show()
```

上述代码运行结果如图 10-19 所示。

初始QR码　　　　　替换加密QR码　　　　　替换加密恢复QR码

图 10-19　QR 码像素点替换

10.4.2　像素点异或

像素点异或(Pixelwise XOR)是一种计算机图形学中的操作，用于在两幅图像之间创建一幅合成图像。它通过对应像素点的异或运算来实现，即如果两个像素值相同，则合成图像中的对应像素值为 0(黑色)，否则合成图像中的对应像素值为 1(白色)。

在 QR 码中，像素点异或即是将原 QR 码像素序列与通过混沌映射等方法生成的随机序列进行逐位异或。

异或算法步骤如下。

（1）生成混沌序列。首先通过混沌映射生成随机序列，如 Logistic 映射。

```
#Logistic 映射生成混沌序列
def  Logistic(x0, u, times):
    #迭代 times 次
    xlist = []
    for i in range(times):
        x = u * x0 * (1 - x0)   #公式:xn + 1 = xn * μ(1 - xn),μ∈[0,4],xn∈(0,1)
        xlist.append(x)
        x0 = x
    #将小数序列转换成 0、1 序列
    for i in range(len(xlist)):
        if xlist[i] > 0.5:
                xlist[i] = 1
        else:
                xlist[i] = 0
    return numpy.asarray(xlist)   #返回 numpy 数组
```

（2）创建异或函数。在此函数中,可以将原 QR 码像素矩阵与生成的随机混沌序列进行逐位异或。

```
#异或
def QR_Xor(qr_array, log_array):
    xor_list = []   #异或后矩阵
    for i in range(len(qr_array)):
        xor_list.append([])
        for j in range(len(qr_array)):
            xor_list[i].append(qr_array[i][j] ^ log_array[i][j])
    return xor_list
```

（3）调用函数进行异或加解密。

```
#生成混沌序列
x0 = 0.65 #迭代初始值
u = 3.75  #Logistic 映射 μ 值(只有当 3.569 945 6 < μ≤4 时,Logistic 映射才具有混沌性质)
times = height * width                  #迭代次数
log = Logistic(x0, u, times)
log_array = log.reshape((height, width))   #将一维数组变成二维数组

#异或
xor_QR = QR_Xor(qr_array, log_array)    #异或后矩阵
plt.imshow(xor_QR, cmap = 'gray')
plt.savefig('异或 QR 码.jpg')
plt.show()
#异或恢复
recover_QR = QR_Xor(xor_QR, log_array)    #恢复后矩阵
plt.imshow(recover_QR, cmap = 'gray')
plt.savefig('异或恢复 QR 码.jpg')
plt.show()
```

上述代码运行结果如图 10-20 所示。

初始QR码 异或QR码 异或恢复QR码

图 10-20　QR 码像素点异或

10.4.3　像素点置乱

常用置乱方法分为三种：行列置乱、一维置乱、伪随机矩阵置乱。

1. 行列置乱

行列置乱是指将一个二维数组中的行和列进行随机重排，从而打乱数组中的元素顺序。这种操作在计算机科学中非常常见，例如，在矩阵操作、图像处理、数据压缩等领域都有应用。

```python
# 行列置乱
def Row_Column(qr_array):
    """
    先置乱 QR 序列索引值，然后按照置乱后的索引值将对应的 QR 序列置乱。
    行置乱函数:row_y = (row_x + 5) % n,其中,n 为 QR 序列长度,row_x,row_y 为置乱
行数。
    列置乱函数:column_y = (column_x + 5) % n,其中,column_x、column_y 为置乱列数
    """
    # 行置乱
    for i in range(len(qr_array)):
            j = (i + 17) % (len(qr_array))
            row_temp = qr_array[[i], :]
            qr_array[[i], :] = qr_array[[j], :]
            qr_array[[j], :] = row_temp
    # 列置乱
    for i in range(len(qr_array)):
            j = (i + 26) % (len(qr_array))
            column_temp = qr_array[:, [i]]
            qr_array[:, [i]] = qr_array[:, [j]]
            qr_array[:, [j]] = column_temp
    return qr_array
# 行列置乱恢复
def Derow_column(rc_array):
    # 列置乱恢复
    for i in range(len(rc_array) - 1, - 1, - 1):
            j = (i + 26) % (len(rc_array))
            column_temp = rc_array[:, [i]]
            rc_array[:, [i]] = rc_array[:, [j]]
            rc_array[:, [j]] = column_temp
        # 行置乱恢复
```

```
        for i in range(len(rc_array) - 1, -1, -1):
            j = (i + 17) % (len(rc_array))
            row_temp = rc_array[[i], :]
            rc_array[[i], :] = rc_array[[j], :]
            rc_array[[j], :] = row_temp
        return rc_array

#行列置乱演示
if __name__ == '__main__':
    rc_array = Row_Column(qr_array)
    plt.imshow(rc_array, cmap = 'gray')
    plt.savefig('行列置乱 QR 码.jpg')
    plt.show()
    #行列置乱恢复
    derc_array = Derow_column(rc_array)
    plt.imshow(derc_array, cmap = 'gray')
    plt.savefig('行列置乱恢复 QR 码.jpg')
    plt.show()
```

上述代码运行结果如图 10-21 所示。

初始QR码　　　　　　　行列置乱QR码　　　　　　行列置乱恢复QR码

图 10-21　QR 码像素点行列置乱

2. 一维置乱

一维置乱是一种将二维图像展开成一维行矢量或一维列矢量,然后将一维数组中的元素随机重新排列的算法,可以用来生成伪随机数序列。在一维置乱中,元素的相对顺序被保留,只是它们在数组中的位置发生了变化。这种置乱方式可以用来模拟随机抽样、加密算法等应用。

```
#一维矢量置乱
def Vector(qr_list):
    """
        先置乱 QR 序列索引值,然后按照置乱后的索引值将对应的 QR 序列置乱。
        置乱函数:H(index) = (5 * index + 5) % n,其中,n 为 QR 序列长度。
        处理冲突方法:线性探测法,具体函数形式为 H(i) = (H(index) + di) % n,其中,
    di = 0,1,2,…,k(k ≤ m - 1)
    """
    index = [None] * len(qr_list)        #存储置乱后的 QR 序列索引值
    scrambling_list = []                 #存储置乱后的 QR 序列
    #置乱索引值
    for i in range(len(qr_list)):
```

```
                h = (5 * i + 5) % len(qr_list)
                di = 1
                while index[h] is not None:
                        h = (h + di) % len(qr_list)
                else:
                        index[h] = i
        for i in range(len(qr_list)):
                scrambling_list.append(qr_list[index[i]])
        return numpy.asarray(scrambling_list)
```

```
#一维矢量置乱恢复
def Devector(vector_list):
        index = [None] * len(vector_list)        #存储置乱后的 QR 序列索引值
        restore_list = [None] * len(vector_list)  #存储从置乱状态恢复后的 QR 序列
        #置乱索引值
        for i in range(len(vector_list)):
                h = (5 * i + 5) % len(vector_list)
                di = 1
                while index[h] is not None:
                        h = (h + di) % len(vector_list)
                else:
                        index[h] = i
        #置乱恢复
        for i in range(len(index)):
                restore_list[index[i]] = vector_list[i]
        return numpy.asarray(restore_list)
```

```
#一维矢量置乱演示
if __name__ == '__main__':
    vector_list = Vector(qr_list)
    vector_array = vector_list.reshape((height, width))    #将一维数组变成二维数组
    plt.imshow(vector_array, cmap = 'gray')
    plt.savefig('一维矢量置乱 QR 码.jpg')
    plt.show()
    #一维矢量置乱恢复
    devector_list = Devector(vector_list)
    devector_array = devector_list.reshape((height, width))
    plt.imshow(devector_array, cmap = 'gray')
    plt.savefig('一维矢量置乱恢复 QR 码.jpg')
    plt.show()
```

上述代码运行结果如图 10-22 所示。

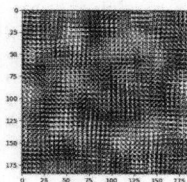

初始QR码　　　　　　一维矢量置乱QR码　　　　　一维矢量置乱恢复QR码

图 10-22　QR 码像素点一维矢量置乱

3. 伪随机矩阵

伪随机矩阵置乱是一种常用的数据加密方法,它利用伪随机矩阵对数据进行加密和解密。伪随机矩阵是一种特殊的矩阵,它的元素看起来像是随机排列的,但实际上它们是按照一定的规律排列的。这种矩阵具有良好的伪随机性质,可以用来生成伪随机数序列,从而实现数据加密和解密。

在伪随机矩阵置乱中,首先选择一个合适的伪随机矩阵,然后将待加密数据按照一定的规则填充到矩阵中。通过矩阵的运算,可以得到加密后的数据。解密过程则是加密过程的逆操作,通过相同的伪随机矩阵和相应的解密算法,可以将加密后的数据还原为原始数据。

```python
#创建一个伪随机矩阵
def create_permutation_matrix(image_shape):
        permutation_matrix = numpy.random.permutation(image_shape[0] * image_shape[1])
        permutation_matrix = permutation_matrix.reshape(image_shape)
        return permutation_matrix

        #伪随机矩阵置乱
def apply_permutation_matrix(image, permutation_matrix):
        permuted_image = numpy.dot(permutation_matrix, image)
        permuted_image = permuted_image.reshape(image.shape)
        return permuted_image
#伪随机矩阵置乱恢复
def inverse_permutation_matrix(permutation_matrix):
        inverse_permutation_matrix = numpy.linalg.inv(permutation_matrix)
        return inverse_permutation_matrix


#伪随机矩阵置乱演示
if __name__ == '__main__':
        permutation_matrix = create_permutation_matrix(qr_array.shape)
        permuted_image = apply_permutation_matrix(qr_array, permutation_matrix)
        plt.imshow(permuted_image, cmap = 'gray')
        plt.savefig('伪随机矩阵置乱 QR 码.jpg')
        plt.show()
        #伪随机矩阵置乱恢复
        inverse_permutation_matrix = inverse_permutation_matrix(permutation QR matrix)
        recovered_image = apply_permutation_matrix(permuted_image,
        plt.imshow(recovered_image, cmap = 'gray')
        plt.savefig('伪随机矩阵置乱恢复 QR 码.jpg')
        plt.show()
```

上述代码运行结果如图 10-23 所示。

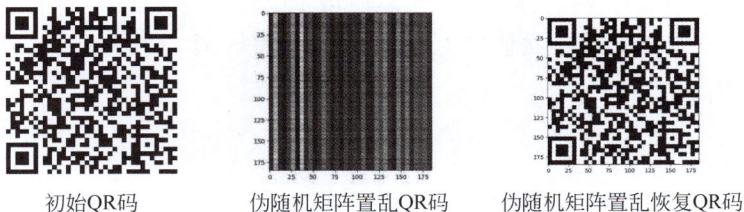

初始QR码　　　　伪随机矩阵置乱QR码　　　　伪随机矩阵置乱恢复QR码

图 10-23　QR 码像素点伪随机矩阵置乱

10.5　信息隐藏程序实现

信息隐藏技术是一种广泛应用于计算机科学和网络安全领域的技术,它的主要目标是将秘密信息嵌入其他数据中,以在不引起怀疑的情况下传输或存储信息。信息隐藏技术通常与隐写术紧密相关,但它也包括其他方法,如数字水印和加密等。其核心是不被发现、难以破坏、隐藏的内容往往先用密码技术加密过。

10.5.1　定位点寻找

位置探测图案排列在 QR 码的三个角落处。QR 码的位置通过位置探测图案进行探测,该图案支持高速读取。从 A、B、C 的各个位置,黑色和白色模块的比为1∶1∶3∶1∶1,指定代码的旋转角度/位移。可从各个方向上读取,工作效率大幅提高。具体内容如图 10-24 所示。

QR 码除了以上三个定位点,还有一个对准图案,其用于在模块因为失真而位移时探测位置,如图 10-25 所示。

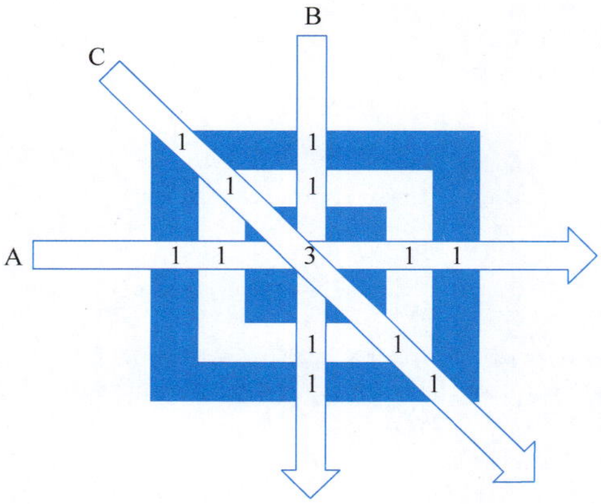

图 10-24　位置探测图案

图 10-25　对准图案

在嵌入信息时,应尽量避开这些重要区域。寻找 QR 码的位置探测图案是解析 QR 码的第一步,它帮助解码器确定 QR 码的位置和方向。QR 码的位置探测图案是三个小方块,通常位于 QR 码的 3 个角上,用于标识 QR 码的位置和方向。一旦找到了 QR 码的位置探测图案,就可以确定 QR 码的位置和方向,然后可以进一步解码 QR 码中的数据。注意,QR 码的解析通常需要使用专用的库或软件,常用的库包括 ZBar、ZXing 和 OpenCV 等。以下是使用 Python 和 OpenCV 库寻找 QR 码的位置探测图案的示例代码。

```
import cv2
import numpy as np

# 读取图像
image = cv2.imread('qrcode1.png', cv2.IMREAD_COLOR)
```

```
＃将图像转换为灰度
gray = cv2.cvtColor(image, cv2.COLOR_BGR2GRAY)
＃使用 OpenCV 的 QR 码检测器
qrCodeDetector = cv2.QRCodeDetector()
＃检测 QR 码
retval, decoded_info, points, straight_qrcode = qrCodeDetector.detectAndDecodeMulti
(gray)
＃如果成功检测到 QR 码
if retval:
    print("QR 码信息:", decoded_info)
    ＃绘制 QR 码位置探测图案的边界框
    for i in range(len(points)):
        cv2.polylines(image, np.int32([points[i]]), isClosed = True, color = (0, 255,
0), thickness = 2)
    ＃显示图像
    cv2.imshow('QR 码位置探测', image)
    cv2.waitKey(0)
    cv2.destroyAllWindows()
else:
    print("未找到 QR 码")
```

10.5.2　文本信息隐藏

1. LSB

LSB 隐写术是一种广泛使用的隐写技术,它是信息隐藏的一种基本方法。它的基本思想是将秘密信息嵌入数字媒体文件(通常是图像)中,通过修改像素值的最低有效位(即最不重要的比特位)来实现信息的隐藏。这样做的原因是,修改最低有效位通常对人眼不可察觉,因为这种修改对图像的视觉质量影响较小。LSB 算法实现起来较为简单,主要思想就是将载体的二进制低位替换为密文信息。

对于图像隐写术,LSB 隐写术通常应用于像素的颜色通道,如红色、绿色和蓝色通道。每个像素由 RGB(红绿蓝)值组成,每个通道都用 8 位表示,范围从 0 到 255。LSB 隐写术通过将秘密消息的比特逐个嵌入像素的最低有效位上,从而隐藏信息。例如,如果要嵌入一个二进制消息"10101",则可以将它逐位嵌入像素的最低有效位上。由于人眼对最低有效位的变化不敏感,所以嵌入的信息对图像的视觉效果几乎没有明显的影响。

尽管 LSB 隐写术在很多情况下是一种简单而有效的方法,但它并不是绝对安全的,因为一些分析方法和工具可以检测到 LSB 隐写术的存在。因此,在安全关键的应用中,可能需要采用更复杂的隐写术,以提高安全性。此外要注意,如果信息嵌入太多,可能会对图像质量产生可见的影响。因此,在实际应用中,需要平衡信息隐藏和视觉质量之间的权衡。

最初有关 QR 码信息隐藏,一般做法是将 QR 码当作普通图像,利用图像相关的隐写技术将重要信息嵌入 QR 码中,利用 LSB 算法将信息嵌入 QR 码中,以下是具体代码演示。

```python
import qrcode
import hashlib
from PIL import Image

# 使用字符的 ASCII 值将编码数据转换为 8 位二进制形式
def genData(data):
    # 给定数据的二进制代码列表
    newd = []
    for i in data:
        newd.append(format(ord(i), '08b'))
    return newd

# 将像素根据 8 位二进制数据进行修改并最终返回
def modPix(pix, data):
    datalist = genData(data)
    lendata = len(datalist)
    imdata = iter(pix)
    for i in range(lendata):
        # 每次提取 3 个像素
        pix = [value for value in imdata.__next__()[:3] +
                imdata.__next__()[:3] +
                imdata.__next__()[:3]]
        # 像素值应该设置
        # 1 为奇数,0 为偶数
        for j in range(0, 8):
            if (datalist[i][j] == '0' and pix[j] % 2 != 0):
                pix[j] -= 1
            elif (datalist[i][j] == '1' and pix[j] % 2 == 0):
                if (pix[j] != 0):
                    pix[j] -= 1
                else:
                    pix[j] += 1
                    # pix[j] -= 1

        # 每组的第 8 个像素表示是停止还是继续读取
        # 0 表示继续;1 表示结束
        if (i == lendata - 1):
            if (pix[-1] % 2 == 0):
                if (pix[-1] != 0):
                    pix[-1] -= 1
                else:
                    pix[-1] += 1
        else:
            if (pix[-1] % 2 != 0):
                pix[-1] -= 1

        pix = tuple(pix)
        yield pix[0:3]
        yield pix[3:6]
        yield pix[6:9]
def encode_enc(img, data):
    newimg = img.copy()
    w = newimg.size[0]
    (x, y) = (0, 0)
    for pixel in modPix(newimg.getdata(), data):
        # 在新图像中添加修改过的像素
```

```
        newimg.putpixel((x, y), pixel)
        if (x == w − 1):
            x = 0
            y += 1
        else:
            x += 1
    return newimg

#解码图像中的数据
def decode(image):
    data = ''
    imgdata = iter(image.getdata())

    while (True):
        pixels = [value for value in imgdata.__next__()[:3] +
                    imgdata.__next__()[:3] +
                    imgdata.__next__()[:3]]

        #string of binary data
        binstr = ''

        for i in pixels[:8]:
            if (i % 2 == 0):
                binstr += '0'
            else:
                binstr += '1'

        data += chr(int(binstr, 2))
        if (pixels[-1] % 2 != 0):
            return data

if __name__ == '__main__':
    img = Image.open("qrcode.png", mode = 'r')
    img = img.convert("RGB")   #将单通道转换为RGB三通道
    newimg = encode_enc(img, "this is a secret information")
    newimg.show()
    data = decode(newimg)
    print(data)
```

结果如图 10-26 所示。

初始QR码

结果QR码

提取出的结果: this is a secret information

图 10-26　LSB 嵌入与提取

2. 汉明码

以(7,4)汉明码码为例,(7,4)汉明码是由 4 个数据位和 3 个奇偶校验位组成的 1 位纠错线性码。4 个数据位 $b_1b_2b_3b_4$ 将编码成 $c_1c_2b_1c_3b_2b_3b_4$ 码字,其中:

$$c_1 = b_1 \oplus b_2 \oplus b_4$$
$$c_2 = b_1 \oplus b_3 \oplus b_4$$
$$c_3 = b_2 \oplus b_3 \oplus b_4$$

假设 $\boldsymbol{H}$ 为(7,4)汉明码的校验矩阵,cw 为一个(7,4)汉明码码字,则:

$$\boldsymbol{H}\mathrm{cw}^{\mathrm{T}} = \begin{bmatrix} \alpha \\ \beta \\ \varphi \end{bmatrix} = \begin{bmatrix} c_1 \oplus b_1 \oplus b_2 \oplus b_4 \\ c_2 \oplus b_1 \oplus b_3 \oplus b_4 \\ c_3 \oplus b_2 \oplus b_3 \oplus b_4 \end{bmatrix}$$

如果在数据传输过程中没有引入误差,则矢量$[\alpha \quad \beta \quad \varphi]^{\mathrm{T}}$ 将等于零。假设接收到 cw+$\boldsymbol{e}_i$,其中,$\boldsymbol{e}_i$ 是一个第 i 个位为 1,其他位为 $\boldsymbol{0}$ 的矢量,也就是说,在传输过程中码字 cw 中出现了一位错误,则

$$[\alpha \quad \beta \quad \varphi]^{\mathrm{T}}$$
$$= \boldsymbol{H}(\mathrm{cw} + \boldsymbol{e}_i)^{\mathrm{T}}$$
$$= \boldsymbol{H}\mathrm{cw}^{\mathrm{T}} + \boldsymbol{H}\boldsymbol{e}_i^{\mathrm{T}}$$
$$= 0 + \boldsymbol{h}_i$$
$$= \boldsymbol{h}_i$$

其中,$\boldsymbol{h}_i$ 即为 $\boldsymbol{H}$ 的一个列矢量。据此原理,可以根据秘密信息的值 v,修改(7,4)汉明码码字的第 v 位,进而达到嵌入秘密信息的目的。

下面是使用(7,4)汉明码隐藏本文信息的代码实现过程。

(1)首先选定 QR 码,这里分别以版本 3 和版本 5,像素块为 3×3 为例,如图 10-27 所示。

版本3　　　　　　版本5

图 10-27　初始 QR 码

(2)调用库,并设定(7,4)汉明码校验矩阵。

```
#coding:utf-8
import numpy
from PIL import Image
import re
#(7,4)汉明码校验矩阵
```

```
H = numpy.array([[0, 0, 0, 1, 1, 1, 1],
                 [0, 1, 1, 0, 0, 1, 1],
                 [1, 0, 1, 0, 1, 0, 1]])
```

（3）将待隐藏信息转换成 0、1 序列并分组。

```
#字符串转 0、1 序列
def Str_encode(s: str, rule = 'utf - 8'):
        """
        将明文字符串按照 rule 的格式转换为 0、1 字符串
        :param s: 待编码字符串
        :param rule: 编码方案，默认为 utf - 8
        :return: 0、1 序列
        首先将字符串 s 编码，返回一个 bytes 类型 sc。对于 bytes 类型，当尝试解包时，会
        获得这一字节的整数(0～255)
        然后通过 bin 函数将其转换成二进制字符串形式，但是 bin 方法返回的字符串首先
        开头是'0b'，其次它的第一位必定为 1，会吞掉此前的 0，用一个右对齐 rjust()在前面填零。
        """
        sc = s.encode(rule)                   #字符串转字节
        bc = [bin(int(i))[2:].rjust(8, '0') for i in sc]
        rtn = ''.join(bc)                     #字符拼接
        return rtn


#信息分组
def Message_group(message):
        message_list = []                     #存储分组后信息
        message_bytes = Str_encode(message)   #字符串转 0、1 序列
        #print(len(message_bytes), message_bytes)
        #将信息分为 3 位一组
        for i in range(0, len(message_bytes), 3):
                s = message_bytes[i:i + 3]
                message_list.append(s)
        #print(len(message_list), message_list)
        return numpy.asarray(message_list)
```

（4）根据初始 QR 码，选定中心点，并根据中心点选取周围 3×3 像素块。然后在像素块中选取(7,4)汉明码所需像素点。

```
#获取中心点
def Central_point_select(qr_array):
        central_point_list = []               #存储中心点位置
        for i in range(1, len(qr_array), 3):
                for j in range(1, len(qr_array), 3):
                        central_point_list.append([i, j])
        return numpy.asarray(central_point_list)
#获取中心点周围 3×3 像素点
def Pixel_select(central_point, qr_array):
        pixel_list = []                       #存储周围 9 个像素点
        for i in range(central_point[0] - 1, central_point[0] + 2):
                for j in range(central_point[1] - 1, central_point[1] + 2):
                        pixel_list.append(qr_array[i][j])
```

```
        pixel_array = numpy.asarray(pixel_list).reshape((3, 3))
                                            #转换成 3×3 矩阵形式
        return numpy.asarray(pixel_array)
#选取汉明码所需像素点
def Hamming_select(pixel_array):
        data_list = []                      #存储汉明码所需像素点
        for i in range(len(pixel_array)):
        for j in range(len(pixel_array)):
                if i == 1 and j == 1:      #除去中心点
                        continue
                else:
                        data_list.append(pixel_array[i][j])
        return numpy.asarray(data_list)
```

（5）置乱像素点序列，目的是将信息随机隐藏在 QR 码中。

```
#一维矢量置乱
def Vector_Scrambling(m, inception_list):
        """
        先置乱序列索引值，然后按照置乱后的索引值将对应的序列置乱。
        置乱函数:H(index) = (m * index + m) % n,其中,m 为待定输入参数,n 为序列长度。
        处理冲突方法:线性探测法,具体函数形式为 H(i) = (H(index) + di) % n,其中,
di = 0,1,2,…,k(k ≤ m − 1)
        """
        index = [None] * len(inception_list)       #存储置乱后的序列索引值
        scrambling_list = []                       #存储置乱后的序列
        #置乱索引值
        for i in range(len(inception_list)):
                h = (m * i + m) % len(inception_list)
                di = 1
                while index[h] is not None:        #处理冲突
                        h = (h + di) % len(inception_list)
                else:
                        index[h] = i
        for i in range(len(inception_list)):
                scrambling_list.append(inception_list[index[i]])
        return numpy.asarray(scrambling_list)

#一维矢量置乱恢复
def Devector(m, vector_list):
        index = [None] * len(vector_list)          #存储置乱后的序列索引值
        restore_list = [None] * len(vector_list)   #存储从置乱状态恢复后的序列
        #置乱索引值
        for i in range(len(vector_list)):
                h = (m * i + m) % len(vector_list)
                di = 1
                while index[h] is not None:
                        h = (h + di) % len(vector_list)
                else:
                        index[h] = i
        #置乱恢复
        for i in range(len(index)):
                restore_list[index[i]] = vector_list[i]
        return numpy.asarray(restore_list)
```

（6）按照分组使用(7，4)汉明码隐藏信息，并将隐藏信息后的汉明码替换到原本的 QR 码中。

```
#QR 码像素点替换
def Pixels_replace(qr_array, pixels_hide):
        """
        将隐藏有信息的像素点替换到 QR 码中
        :param qr_array: QR 码像素点矩阵
        :param pixels_hide: [中心点坐标[i,j],隐藏信息的像素点列表[p1,…,p20],…]
        :return: 替换后的 QR 码像素点矩阵
        """
        for i in range(0, len(pixels_hide), 2):
        #每 8 个像素点进行替换
        temp = 0
        for x in range(-1, 2):
                for y in range(-1, 2):
                        if x == 0 and y == 0:
                                continue
                        else:
                                qr_array[pixels_hide[i][0] + x][pixels_hide[i][1] +
y] = pixels_hide[i + 1][temp]
                                temp += 1
        return qr_array


#(7,4)汉明码信息隐藏
def Hamming_hide(hamming_pixels, data):
        """
        :param hamming_pixels: 8 个像素点,前 7 个数作为汉明码,最后一位不变
        :param data: (str 类型)4 位,汉明码隐藏信息
        :return: 隐藏信息后的像素点列表
        """
        hamming_pixels_hide = []                #隐藏信息后的像素点列表
        hamming_code = hamming_pixels[0:7]  #前 7 个数为汉明码
        hamming_data = list(map(int, list(data)))
                                                #汉明码隐藏信息,每个元素转成 int 类型
        #print(hamming_code)
        #print(hamming_data)
        #隐藏汉明码信息
        hamming_code_location = numpy.logical_xor(numpy.dot(H, hamming_code.T) % 2,
        hamming_data)   #v = (Hcw)^S
        location = int(''.join(map(str, hamming_code_location.astype(int))), 2)
                                        #bool 值转换成 0、1 列表,然后拼接转十进制
        if location == 0:                #不改变汉明码元素
        for i in range(len(hamming_pixels)):
                hamming_pixels_hide.append(hamming_pixels[i])
        else:   #改变汉明码对应位置元素
        for i in range(len(hamming_pixels)):
                if i + 1 == location:
                        hamming_pixels_hide.append(~hamming_pixels[i] % 2)
                else:
                        hamming_pixels_hide.append(hamming_pixels[i])
        return numpy.asarray(hamming_pixels_hide)
```

（7）提取 QR 码中的隐藏信息，并将其从 0、1 序列转换回字符串序列。

```python
#0、1 序列转字符串
def Str_decode(s: str, rule = 'utf - 8'):
        """
        将 0、1 字符串(不加任何标识符和纠错码)转换为对应的明文字符串(默认为 UTF - 8)
        :param s:0、1 字符串
        :return:解码原文
        首先将输入的 0、1 字符串利用 int 函数转换为 int 形式,然后再用 hex()函数将其转
换成十六进制。
        hex()函数的返回值是字符串,但是开头必定有'0x',所以需要把'0x'删除,以方便下一
步操作。
        然后利用 bytes.fromhex()函数输入一个十六进制的字符串组,将其转换为 bytes 格
式。然后通过 decode()函数将其解码出来。
        """
        if len(s) == 0:
                    return '>>内容为空<<'
        #至少是字节的倍数才能操作
        if len(s) % 8 != 0:
                    raise SyntaxError('编码不是 8 的倍数')
        msg = re.sub(r'0x', '', hex(int(s, 2)))
        rtn = bytes.fromhex(msg).decode(rule)
        return rtn


#信息提取
def Message_extract(m, n, qr_hide_array):
        message_bytes = ''
        #获取中心点
        central_point_list = Central_point_select(qr_hide_array)
        #置乱中心点
        central_point_scrambling = Vector_Scrambling(m, central_point_list)
        for i in range(n):
        #获取中心点周围像素点
                    pixels = Pixel_select(central_point_scrambling[i], qr_hide_array)
                                                #3×3 像素点
        #选取汉明码所需像素点
        hamming_pixels = Hamming_select(pixels)
        #置乱汉明码所需像素点
        hamming_pixels_scrambling = Vector_Scrambling(m, hamming_pixels)
        hamming_code = hamming_pixels_scrambling[0:7]        #前 7 个数作为汉明码
        #提取汉明码隐藏信息
        hamming_data = numpy.dot(H, hamming_code) % 2
        for i in range(len(hamming_data)):
                    message_bytes += str(hamming_data[i])
        #print(len(message_bytes), message_bytes)
        message_extract = Str_decode(message_bytes)
        return message_extract
```

（8）编写代码调用上述各个函数，在初始 QR 码中隐藏信息。

```python
if __name__ == '__main__':
        m = 13                                    #置乱参数
        message = 'Hello World!'                   #待隐藏信息
        print('待隐藏信息:' + message)
```

```
#生成 QR 码像素矩阵
img = Image.open('初始 QR 码(版本 5).jpg')
qr_array = numpy.asarray(img).astype(int)          #QR 码像素矩阵
pixels_hide = []                                   #存储隐藏信息后的像素点
#将信息分组
message_list = Message_group(message)
n = len(message_list)
#获取中心点
central_point_list = Central_point_select(qr_array)
#置乱中心点
central_point_scrambling = Vector_Scrambling(m, central_point_list)
#按照信息分组数选中心点
for i in range(n):
            pixels_hide.append(central_point_scrambling[i])
data = message_list[i]                             #需要隐藏的信息
#获取中心点周围像素点
pixels = Pixel_select(central_point_scrambling[i], qr_array)   #3×3像素点
#选取汉明码所需像素点
hamming_pixels = Hamming_select(pixels)                        #20 个像素点
#置乱汉明码所需像素点
hamming_pixels_scrambling = Vector_Scrambling(m, hamming_pixels)
#信息隐藏到汉明码
hamming_pixels_hide = Hamming_hide(hamming_pixels_scrambling, data)
#汉明码所需像素点置乱恢复
hamming_pixels_recovery = Devector(m, hamming_pixels_hide)
pixels_hide.append(hamming_pixels_recovery)
#替换原 QR 码内像素点
qr_array_hide = numpy.asarray(Pixels_replace(qr_array, pixels_hide))
#print(qr_array_hide)

#生成隐藏文本信息的 QR 码
qr_array_hide_bool = numpy.array(qr_array_hide, dtype = bool)
                        #将 0、1 序列转换成布尔类型,否则图像是全黑
im_hide = Image.fromarray(qr_array_hide_bool)      #像素矩阵恢复 QR 码
im_hide.save('汉明码隐藏文本信息 QR 码(版本 5).jpg')
im_hide.show()

#提取文本
qr_hide_img = Image.open('汉明码隐藏文本信息 QR 码(版本 5).jpg')
qr_hide_array = numpy.asarray(qr_hide_img).astype(int)
                        #带有隐藏信息的 QR 码像素矩阵
#print(qr_hide_array)
message_extract = Message_extract(m, n, qr_array_hide)
print("提取信息为:")
print(message_extract)
```

上述代码运行结果为

```
待隐藏信息:Hello World!
提取信息为:Hello World!
```

生成的带有隐藏信息的 QR 码如图 10-28 所示。

版本3　　　　　　　　版本5

图 10-28　带有隐藏信息的 QR 码

10.5.3　嵌入有意义的图像

该算法的主要功能是将有意义的图像信息嵌入普通 QR 码图像中,同时不影响原有 QR 码的正常识别。这是由 QR 码的解码规则决定的,与正常生成 QR 码相比,这一算法显著增加了 QR 码的载荷量。

以下是具体的代码演示。

(1)下载相关库函数并导入。

```
from PIL import Image, ImageDraw
from PIL import Image
import numpy as np
import qrcode
```

(2)将封面图像转换为二值图像。如果封面图像本身已经是二值图像,可以跳过这一步。

```
im = Image.open("./picture/cameraman.png")
im = im.convert('1')   ♯转换为二值图像
```

(3)生成一个新的 QR 码,其 box_size 为 3,版本为 5。这个 QR 码将充当载体,用于嵌入图像信息。

```
data = 'test'
♯生成载体 QR 码
qr = qrcode.QRCode(
    version = 5,
    error_correction = qrcode.constants.ERROR_CORRECT_H,
    box_size = 3,
    border = 0,
)
qr.add_data(data)
img = qr.make_image()
img.show('qrcode.png')
```

(4)修改得到的二值图像,使其与 QR 码的尺寸相等,以便嵌入操作。

```
im = im.resize((111, 111))   ♯修改图像尺寸
♯将二值图像转换为二维数组
list1 = np.array(im, dtype = 'int8')
```

（5）将 QR 码中的像素分为 3×3 的像素块，其中保持中心区域与载体 QR 码一致，而其余 8 个像素块会按照从上到下、从左到右的顺序依次存储二值图像信息。

```python
#将二维数组 a 中的数据嵌入 QR 码 name1,并将最终 QR 码进行返回
def QRmake(a, name1):
    _LIGHT = 255
    _DARK = 0
    img = Image.open(name1)
    #a.flags.writeable = True    #可以更改矩阵 a 的写权限
    drw = ImageDraw.Draw(img)
    width = img.size[0]
    print(width)
    for i in range(25, 111, 3):
        for j in range(25, 111, 3):
            if (82 < j < 99) and (82 < i < 99):
                continue
            for x in range(i - 1, i + 2):
                for y in range(j - 1, j + 2):
                    #判断字符串是否到结尾
                    if x != i or y != j:
                        #drw.point((x, y), _DARK)
                        #print(x,y)
                        #print(a[x][y])
                        if a[x][y] == 0:
                            drw.point((y, x), _DARK)
                            #print(w,x,y,'0')
                        elif a[x][y] == 1:
                            drw.point((y, x), _LIGHT)
                            #print(w,x, y, '1')

    #左矩形区域随机打乱
    for i in range(1, 22, 3):
        for j in range(25, 86, 3):
            for x in range(i - 1, i + 2):
                for y in range(j - 1, j + 2):
                    if x != i or y != j:
                        #drw.point((x, y), _DARK)
                        #print(x,y)
                        if x != i or y != j:
                            #drw.point((x, y), _DARK)
                            #print(x,y)
                            if a[x][y] == 0:
                                drw.point((y, x), _DARK)
                                #print(w,x,y,'0')
                            elif a[x][y] == 1:
                                drw.point((y, x), _LIGHT)

    #上矩形区域随机打乱
    for i in range(25, 86, 3):
        for j in range(1, 22, 3):
            for x in range(i - 1, i + 2):
                for y in range(j - 1, j + 2):
```

```
                    if x != i or y != j:
                        ♯drw.point((x, y), _DARK)
                        ♯print(x,y)
                    if x != i or y != j:
                            ♯drw.point((x, y), _DARK)
                            ♯print(x,y)
                        if a[x][y] == 0:
                            drw.point((y, x), _DARK)
                            ♯print(w,x,y,'0')
                        elif a[x][y] == 1:
                            drw.point((y, x), _LIGHT)
        return img
```

（6）调用上述函数，保存生成的 QR 码，其中包含嵌入的封面图像信息。这个 QR 码可以通过标准 QR 码扫描器进行扫描，正常解码 QR 码的同时，也可以提取出嵌入的图像信息。

```
♯在 QR 码中嵌入二值图像信息
img111 = QRmake(list1, 'qrcode.png')
♯保存生成的 QR 码
img111.save('target_qrcode.jpg')
```

结果展示如图 10-29 所示。

| 封面图像 | 载体QR码 | 二值图像 | 有意义QR码 |

图 10-29　程序结果展示

10.5.4　自适应像素深度调节算法

随着使用场景的复杂变化，对于秘密图像恢复的清晰度和秘密载荷量有了更大的需求。在 QR 码嵌入过程中，使用原有的 3×3 单元模式替换算法嵌入 QR 码后，图像恢复结果严重失真，与原始图像存在较大的差异。因此，之后的研究将 3×3 像素单元模块扩展为 5×5 像素识别模块，但直接扩展为 5×5 像素会导致 QR 码读取功能受到影响，因此研究一种自适应像素深度调节算法，通过如图 10-30 所示，自动调节内矩阵 8 个像素的像素值，降低嵌入的外侧像素值与原有中心 PMM 区域模块像素的对比度，使得 QR 码原有读取功能不受影响。

在 5×5 单元模块的外矩阵，直接写入同等位置的份额像素值，在内矩阵填入同等位置像素的调节变量 $\xi_{(i,j)}$，调节算法如式（10-1）所示，变量自身可以根据周围像素值自动降低或提高该位置像素值，实现自适应调节单元模块内矩阵值。

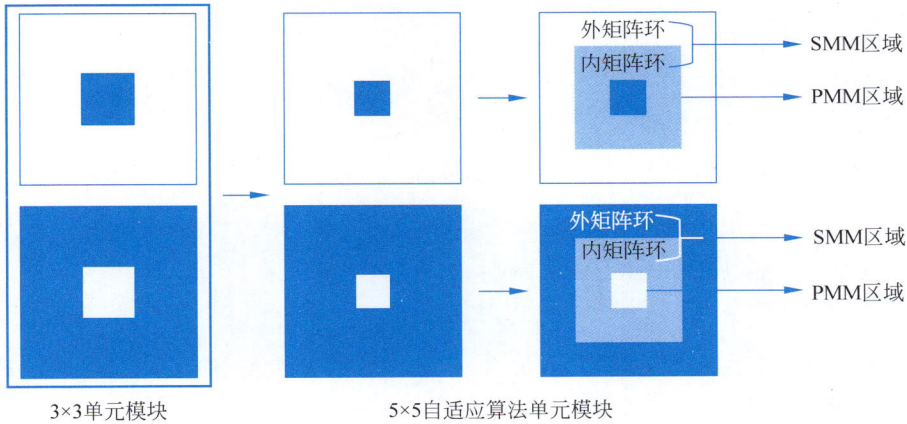

图 10-30　5×5 单元模块矩阵示意图

$$\boldsymbol{\xi}(i,j)=\cfrac{\mathrm{Pixel}(b_7)\times\displaystyle\sum_{i=k,j=k}^{\substack{i\in(i-2,i+2)\\j\in(j-2,j+2)}}(\boldsymbol{S}_t(i,j)-\mathrm{Pixel}(b_{43}))}{\displaystyle\sum_{i=k,j=k}^{i,j\in(i-1,j+1)}\boldsymbol{S}_t(i,j)+\boldsymbol{C}_k(h,w)}\,\mathrm{mod}\,p \qquad (10\text{-}1)$$

其中,b_7、b_{43}代表像素深度值,像素深度阶层越高,对像素的影响力也越强,像素深度分为 8 个等级,此处利用中阶的像素深度值来控制内矩阵像素在一定范围内浮动,以减小对原始图像的影响,控制原始图像的细节变化幅度。像素点(i,j)代表当前像素点,像素$\boldsymbol{C}_k(h,w)$代表 QR 码中第k个单元模块内中心码元的像素值,像素$\boldsymbol{S}_t(i,j)$代表原本应该嵌入该位置的像素值。

在图像嵌入过程中,待嵌入模块$\boldsymbol{S}(i,j)$利用调度矩阵$\boldsymbol{T}_k(i,j)$完成秘密共享过程,此时载体 QR 码$\boldsymbol{T}_k(1\leqslant k\leqslant(m\times n)/25)$的模块识别单元与对应的待嵌入矩阵相同位置的单元矩阵$\boldsymbol{S}_t(i,j)$满足式(10-2)。

$$\begin{bmatrix}\boldsymbol{T}_k(i-2,j-2)&\boldsymbol{T}_k(i-1,j-2)&\boldsymbol{T}_k(i,j-2)&\boldsymbol{T}_k(i+1,j-2)&\boldsymbol{T}_k(i+2,j-2)\\\boldsymbol{T}_k(i-2,j-1)&\boldsymbol{T}_k(i-1,j-1)&\boldsymbol{T}_k(i,j-1)&\boldsymbol{T}_k(i+1,j-1)&\boldsymbol{T}_k(i+2,j-1)\\\boldsymbol{T}_k(i-2,j)&\boldsymbol{T}_k(i-1,j)&\boldsymbol{T}_k(i,j)&\boldsymbol{T}_k(i+1,j)&\boldsymbol{T}_k(i+2,j)\\\boldsymbol{T}_k(i-2,j+1)&\boldsymbol{T}_k(i-1,j+1)&\boldsymbol{T}_k(i,j+1)&\boldsymbol{T}_k(i+1,j+1)&\boldsymbol{T}_k(i+2,j+1)\\\boldsymbol{T}_k(i-2,j+2)&\boldsymbol{T}_k(i-1,j+2)&\boldsymbol{T}_k(i,j+2)&\boldsymbol{T}_k(i+1,j+2)&\boldsymbol{T}_k(i+2,j+2)\end{bmatrix}$$

$$=\begin{bmatrix}\boldsymbol{S}_t(i,j)&\boldsymbol{S}_t(i,j)&\boldsymbol{S}_t(i,j)&\boldsymbol{S}_t(i,j)&\boldsymbol{S}_t(i,j)\\\boldsymbol{S}_t(i,j)&\boldsymbol{\xi}(i,j)&\boldsymbol{\xi}(i,j)&\boldsymbol{\xi}(i,j)&\boldsymbol{S}_t(i,j)\\\boldsymbol{S}_t(i,j)&\boldsymbol{\xi}(i,j)&\boldsymbol{C}_k(i,j)&\boldsymbol{\xi}(i,j)&\boldsymbol{S}_t(i,j)\\\boldsymbol{S}_t(i,j)&\boldsymbol{\xi}(i,j)&\boldsymbol{\xi}(i,j)&\boldsymbol{\xi}(i,j)&\boldsymbol{S}_t(i,j)\\\boldsymbol{S}_t(i,j)&\boldsymbol{S}_t(i,j)&\boldsymbol{S}_t(i,j)&\boldsymbol{S}_t(i,j)&\boldsymbol{S}_t(i,j)\end{bmatrix} \qquad (10\text{-}2)$$

以下是具体的代码演示。

(1) 下载相关库函数并导入。

```
from PIL import Image, ImageDraw
from PIL import Image
import numpy as np
import qrcode
```

（2）将封面图像转换为二值图像。如果封面图像本身已经是二值图像，可以跳过这一步。

```
im = Image.open("./picture/lena.png")
im = im.convert('1')    #转换为二值图像
```

（3）生成一个新的 QR 码，其 box_size 为 5，版本为 5。这个 QR 码将充当载体，用于嵌入图像信息。

```
name1 = 'test'
qr1 = qrcode.QRCode(
    version = 5,
    error_correction = qrcode.constants.ERROR_CORRECT_H,
    box_size = 5,
    border = 0,
)
qr1.add_data(name1)
```

（4）修改得到的二值图像，使其与 QR 码的尺寸相等，以便嵌入操作。

```
im = im.resize((185,185))
size = im.size
#获取图片的像素
#size[0] * size[1] 横宽像素
height,width = int(size[0] ), int(size[1] )
im = im.resize((width, height))    #修改图片尺寸
im = im.convert('1')                #获得二值图像
```

（5）将 QR 码中的像素分为 5×5 的像素块，其中保持中心 PMM 区域与载体 QR 码一致，而 SMM 区域内矩阵环通过自适应像素深度调节算法自动调节内矩阵 8 个像素块的像素值，其余外矩阵 16 个像素块会按照从上到下、从左到右的顺序依次存储二值图像信息。

```
#定义函数,将图像 im 嵌入 name1(原始 QR 码),生成 name2(二级 QR 码)
def QRmake(a,name1,name2):
    _LIGHT = 255
    _DARK = 0
    img = Image.open(name1)
    drw = ImageDraw.Draw(img)                          #绘图声明
    s = 0

    #自适应像素深度调节
    for i in range(42,185,5):
        for j in range(42,185,5):
```

```
        for x in range(i - 2, i + 3):
            for y in range(j - 2, j + 3):
                s = s + a[x][y] - 64
    s = ((128 * s)/s + a[i][j]) % 256

    #跳过定位区域
    if (140 < j < 165) and (140 < i < 165):    #右下角的方形区域
        continue
    for x in range(i - 2, i + 3):
        for y in range(j - 2, j + 3):

                    #判断字符串是否到结尾
                    if x!= i or y!= j:
                        if (x in range(i - 1, i + 2)) and (y in range(j - 1, j + 3)):
                            if a[x][y] == 0:
                                drw.point((y, x), _DARK + 50)
                            elif a[x][y] == 1:
                                drw.point((y, x), _LIGHT - 50)
                        else:
                            if a[x][y] == 0:
                                drw.point((y, x), _DARK)
                            elif a[x][y] == 1:
                                drw.point((y, x), _LIGHT)

#上矩形区域嵌入
for i in range(2, 36, 5):
    for j in range(42, 144, 5):.
        for x in range(i - 2, i + 3):
            for y in range(j - 2, j + 3):
                if x!= i or y!= j:
                    if (x in range(i - 1, i + 2)) and (y in range(j - 1, j + 3)):
                        if a[x][y] == 0:
                            drw.point((y, x), _DARK + 50)

                        elif a[x][y] == 1:
                            drw.point((y, x), _LIGHT - 50)

                    else:
                        if a[x][y] == 0:
                            drw.point((y, x), _DARK)

                        elif a[x][y] == 1:
                            drw.point((y, x), _LIGHT)

#左矩形区域嵌入
for i in range(42, 144, 5):
    for j in range(2, 36, 5):
        for x in range(i - 2, i + 3):
            for y in range(j - 2, j + 3):
                if x!= i or y!= j:
                    if (x in range(i - 1, i + 2)) and (y in range(j - 1, j + 3)):
                        if a[x][y] == 0:
```

```
                                    drw.point((y, x), _DARK + 50)
                        elif a[x][y] == 1:
                            drw.point((y, x), _LIGHT - 50)
                else:
                    if a[x][y] == 0:
                        drw.point((y, x), _DARK)
                    elif a[x][y] == 1:
                        drw.point((y, x), _LIGHT)

    img.save(name2)
return img
```

结果展示如图 10-31 所示。

二值图像　　　　　　　载体QR码　　　　　　直接扩展为5×5　　　　自适应调节算法

图 10-31　程序结果展示

10.5.5　基于湿纸码的信息嵌入与提取

湿纸码是一种信息隐藏技术,它与传统的数字隐写术不同,因为它是基于纸张的物理特性进行信息隐藏的。湿纸码技术利用纸张在湿度变化时的反应来嵌入和提取信息,而不是使用数字文件。这种技术通常用于隐藏信息并确保信息的完整性,特别是在印刷和纸质文件传输方面。

湿纸码的基本原理是利用纸张在不同湿度下的吸湿和失湿特性。在一张纸张上,使用特定的技术,例如打印或刻写,将信息以微小的方式嵌入纸张的纤维结构中。当纸张暴露在不同的湿度环境中时,纸张的某些部分会吸湿而导致膨胀,而其他部分则会失湿而收缩。这种微小的维度变化可以被用来表示二进制信息。

湿纸码的实现代码取决于具体的应用场景和编程语言。湿纸码通常用于特定领域的安全需求,因此在实际应用中,可能需要根据需求进行自定义编码和解码。下面是一个简单的 Python 示例,演示如何使用湿纸码的基本原理来嵌入和提取信息。

```
import numpy as np
# 嵌入信息到湿纸码
def embed_data(wet_paper, message):
    # 在湿纸上选择一些特定的位置来嵌入信息
    # 这些位置可以通过湿度差异来表示信息的二进制位
    # 这里使用湿度差异值为 1 表示二进制 1,湿度差异值为 0 表示二进制 0
    embedded_wet_paper = wet_paper.copy()
```

```
        for i in range(len(message)):
            if message[i] == '0':
                embedded_wet_paper[i] -= 1
            elif message[i] == '1':
                embedded_wet_paper[i] += 1
    return embedded_wet_paper

# 从湿纸码中提取信息
def extract_data(wet_paper):
    extracted_message = ''
    for humidity in wet_paper:
        if humidity % 2 == 0:
            extracted_message += '0'
        else:
            extracted_message += '1'
    return extracted_message

if __name__ == "__main__":
    # 模拟湿纸码,这里用湿度值(整数)表示
    wet_paper = np.array([50, 49, 48, 51, 50, 49, 48])
    # 要嵌入的信息(二进制字符串)
    message_to_embed = "1101010"
    # 嵌入信息
    embedded_wet_paper = embed_data(wet_paper, message_to_embed)
    print("嵌入信息后的湿纸码:", embedded_wet_paper)
    # 提取信息
    extracted_message = extract_data(embedded_wet_paper)
    print("提取的信息:", extracted_message)
```

结果展示如图 10-32 所示。

```
嵌入信息后的湿纸码: [51 50 47 52 49 50 47]
提取的信息: 1010101
```

图 10-32　湿纸码嵌入与提取

10.6　图像秘密共享编码实现

之前在第 3 章中已经介绍了秘密共享技术中的多个方案流程,本节将给出基于拉格朗日插值与中国剩余定理的秘密共享方案的编码实现。

10.6.1　基于拉格朗日插值的秘密共享方案实现

(1)下载并导入相关库。

```
# - * - coding:utf - 8 - * -
import random
import math
```

（2）手动输入秘密共享方案所需的各项参数。

```python
# 输入素数 q、总参与者 n、门限 t、秘密 k
def initiateScheme(predefinedVars):
        kField = []
        n = 0
        t = 0
        # * Allows scheme to be run multiple times with different secret
        if not predefinedVars:                    # 参数数组为空
                Elements = input("输入素数 q:\n")

        q = int(Elements)
        q = testPrimality(q)                      # 检查是否为素数

        Field = createField(q)
        print("创建有限域:")
        print("q:", Field)

        kField = Field

        n = input("输入总参与者人数:\n")
        t = input("输入门限(最少参与者):\n")

        predefinedVars = [n, t, q, Field]

        if int(n) >= int(t):
                print("创建新的(" + t + ", " + n + ")-阈值方案")

        else:
                print("门限必须小于总参与者数!")
                initiateScheme()
        else:
                kField = predefinedVars[3]
        q = predefinedVars[2]
        t = predefinedVars[1]
        n = predefinedVars[0]

        secretInd = input("输入秘密 k 的索引(0~" + str(q-1) + "):\n")
        secret_k = kField[int(secretInd)]
        print("秘密 k:", secret_k)

        recovered_k = runScheme(t, n, secret_k, q, Field)

        return predefinedVars, recovered_k

# 检查是不是素数
def testPrimality(q):
        i = q
        q = math.sqrt(q)
        q = int(q)
        for p in range(2, (q + 1)):
        f = i / p
```

```
            if f.is_integer():
                    newQ = input("Enter prime number")
                    newQ = int(newQ)
                    newQ = testPrimality(newQ)
                    i = newQ
                    break
        return i
```

（3）创建有限域，并生成多项式 x 值。

```
#创建有限域 GF(q)
def createField(q):
        ModuleK = []
        for i in range(0, q):
                    ModuleK.append(i)
        return ModuleK
#生成 x 的值，x = 1～n
def getDistinctX(n, x_subi, Field):
        ind = random.randint(1, n)
        x = Field[ind]
        if not x in x_subi:
                    return x
        else:
                    x = getDistinctX(n, x_subi, Field)
        return x
```

（4）通过多项式计算获取子密钥。

```
#秘密共享与恢复
def runScheme(t_str, n_str, k, q, Field):
        x_subi = [0]                     #x 所有取值
        a_subj = [0]                     #a 所有取值
        pShares = [0]                    #所有 f(xi)
        pShares_regex = [0]              #所有子秘密 f(xi) mod q

        t = int(t_str)
        n = int(n_str)

        for i in range(1, n + 1):
                    x = getDistinctX(n, x_subi, Field)
                    x_subi.append(x)

        print("x 所有取值:", x_subi)

        for j in range(1, t):                     #系数 a 在素数 q 有限域中随机取得
                    ind = random.randint(0, q)
                    a_subj.append(Field[ind])
        #根据需要加减 a_i 的值
        print("a 所有取值:")
        print(a_subj)

        for i in range(1, n + 1):
```

```
                        x = x_subi[i]
        #print("x_i 的值:",x)
        polynomialSum = k              #子秘密 f(xi),初始值为常数项(秘密)
        #print(k)
        for j in range(1, t):
                        a = a_subj[j]
                        #print("a:", a)
                        exponent = math.pow(x, j)
                        #print("exponent:", exponent)
                        polynomialSum += a * exponent
                        #print("polynomialSum:", polynomialSum)

        regEx = polynomialSum % q      #子秘密 f(xi)
        print("( %d, %d)" % (x, regEx))
        pShares_regex.append(regEx)
        #print("all f(x) :", pShares_regex)
        pShares.append(polynomialSum)

        #生成多项式
        f_x = str(k) + '+'
        for i in range(1, t):
                        f_x = f_x + str(a_subj[i]) + 'x^' + str(i)
                        if i <= t-2:
                                        f_x = f_x + '+'
        f_x = 'f(x) = ' + f_x + 'mod' + str(q)
        print("生成多项式:", f_x)

        #恢复秘密
        generatedK = tryAccessStructure(k, pShares, x_subi, t_str, q)

    return generatedK
```

（5）通过获取的子密钥，通过拉格朗日插值多项式计算恢复秘密。

```
def tryAccessStructure(k, pShares, x_subi, t_str, q):
        generatedK = generateK(pShares, x_subi, P_Subset, q)
        if generatedK != k:
                        print("秘密恢复错误,需要满足门限要求参与者数量: " + t_str)
        else:
                        print("秘密恢复正确")
        r = input("是否希望使用不同参与者数量恢复秘密 (Y or N)\n")
        if r.upper() == "Y":
                        generatedK = tryAccessStructure(k, pShares, x_subi, t_str, q)

        return generatedK
#获取恢复密码参与者子密钥
def getSubset():
        Subset_RAWstr = input("\n 输入希望恢复秘密的参与者列表(以空格隔开)\n")
        Subset_str = Subset_RAWstr.split()
        Subset = [0]   #希望恢复秘密的参与者列表
        Subset_mm = input("输入参与者子秘密(以空格隔开)\n")
```

```
        for ID in Subset_str:
                    try:
                            ID = int(ID)
                            Subset.append(ID)
                    except:
                            print("输入列表错误,请重新输入!")
                            Subset = getSubset()

        return Subset

#恢复秘密 k
def generateK(pShares, x_subi, Subset, q):
        y_subset = []
        x_subset = []

        Subset.sort()
        for ID in Subset:
                    y_i = pShares[ID]
                    x_i = x_subi[ID]
                    y_subset.append(y_i)
                    x_subset.append(x_i)
        recoveredK = 0
        for j in range(1, (len(x_subset))):
                    x_j = x_subset[j]
                    b_j = 1
        for L in range(1, len(x_subset)):
                    if L != j:
                    x_L = x_subset[L]
                    newCoeff = float(x_L) / (x_L - x_j)
                    b_j = b_j * newCoeff
        recoveredK += y_subset[j] * (b_j)

        recoveredK_int = int(round(recoveredK))
        print("恢复出的秘密值 k:", recoveredK_int)
        return recoveredK_int
```

（6）调用上述函数,对秘密进行共享及恢复。

```
def runPackage(predefinedVars):
        predefinedVars, returnK = initiateScheme(predefinedVars)
        response = input("是否尝试不同的秘密 k (Y or N).\n")
        if (response.upper() == "Y"):
                    runPackage(predefinedVars)

if __name__ == '__main__':
        runPackage([], [])
```

以下为程序运行过程。以素数 $q=19$,秘密 $k=11$ 的 $(3,5)$ 门限秘密共享方案为例,生成多项式以及子秘密。

```
输入素数 q:19
创建有限域: q: [0, 1, 2, 3, 4, 5, 6, 7, 8, 9, 10, 11, 12, 13, 14, 15, 16, 17, 18]
Z 输入总参与者人数:5
```

```
输入门限(最少参与者):3
根据上述参数构建(3，5)－门限方案
输入秘密 k 的索引(0～18):11
秘密 k: 11
x 所有取值：[0, 1, 2, 5, 4, 3]
a 所有取值:[0, 8, 13]
x＝1 的参与者获得的子秘密为:13
x＝2 的参与者获得的子秘密为:3
x＝5 的参与者获得的子秘密为:15
x＝4 的参与者获得的子秘密为:4
x＝3 的参与者获得的子秘密为:0
生成多项式：f(x)＝11＋8x^1＋13x^2mod 19
```

当恢复秘密参与者数量满足门限所需时，以 $x＝1,2,3$ 为例，执行程序如下。

```
输入希望恢复秘密的参与者列表(以空格隔开):1 2 3
输入参与者子秘密(以空格隔开):13 3 0
恢复出的秘密值 k: 11
秘密恢复正确
```

当恢复秘密参与者数量小于门限所需时，以 $x＝4,5$ 为例，执行程序如下。

```
输入希望恢复秘密的参与者列表(以空格隔开):4 5
输入参与者子秘密(以空格隔开):4 15
恢复出的秘密值 k: －145
秘密恢复错误，需要满足门限要求参与者数量：3
```

10.6.2 基于拉格朗日插值的图像秘密共享方案实现

（1）导入并下载相关库。

```python
from PIL import Image
import numpy as np
from scipy.interpolate import lagrange as lag
import cv2
```

（2）读取秘密图像。

```python
def read_image(path):
        img = Image.open(path).convert('L')
        ♯img.show()
        img_array = np.asarray(img)
        ♯print(img_array.shape)   ♯(256, 256)
        return img_array.flatten(), img_array.shape
```

（3）通过拉格朗日插值生成共享份额图像。

```python
def polynomial(img, n, r):
        num_pixels = img.shape[0]
        ♯系数
```

```
        coef = np.random.randint(low = 0, high = 251, size = (num_pixels, r - 1))
        print(coef)
        print(coef.shape)
        gen_imgs = []
        for i in range(1, n + 1):
                base = np.array([i ** j for j in range(1, r)])
                print(base)
                base = np.matmul(coef, base)
                #print(base.shape)
                #print(img.shape)
                img_ = img + base
                img_ = img_ % 251
                gen_imgs.append(img_)
        #print(gen_imgs)
        return np.array(gen_imgs)


def lagrange(x, y, num_points, x_test):
        #所有的基函数值,每个元素代表一个基函数的值
        l = np.zeros(shape = (num_points,))

        #计算第 k 个基函数的值
        for k in range(num_points):
                #乘法时必须先有一个值
                #由于 l[k]肯定会被至少乘 n 次,所以可以取 1
                l[k] = 1
                #计算第 k 个基函数中第 k_个项(每一项,分子除以分母)
                for k_ in range(num_points):
                        if k != k_:
                                #基函数需要通过连乘得到
                                l[k] = l[k] * (x_test - x[k_]) / (x[k] - x[k_])
                        else:
                                pass
        L = 0
        for i in range(num_points):
                #求所有基函数值的和
                L += y[i] * l[i]
        return L
```

（4）根据份额图像恢复秘密图像。

```
#恢复秘密图像
def decode(imgs, index, r):
        assert imgs.shape[0] >= r
        #print(imgs.shape)
        x = np.array(index)
        dim = imgs.shape[1]
        img = []
        for i in range(dim):
                if (i + 1) % 10000 == 0:
                        print("decoding {} th pixel".format(i + 1))
                y = imgs[:, i]
```

```
                poly = lag(x, y)
                pixel = poly(0) % 251
                #print(x)
                #print(y)
                #pixel = lagrange(x, y, r, 0) % 251
                img.append(pixel)
        return np.array(img)
```

(5) 以(4,5)门限秘密图像共享方案为例,调用上述函数,对秘密图像进行共享与恢复。

```
if __name__ == '__main__':
        n = 5
        r = 4
        path = "test1.jpg"

        img_flattened, shape = read_image(path)
        gen_imgs = polynomial(img_flattened, n=n, r=r)
        to_save = gen_imgs.reshape(n, * shape)
        for i, img in enumerate(to_save):
                Image.fromarray(img.astype(np.uint8)).save("拉格朗日份额
{}.jpg".format(i + 1))
        origin_img = decode(gen_imgs[0:r, :], list(range(1, r + 1)), r = r, n = n)
        origin_img = origin_img.reshape(* shape)
        Image.fromarray(origin_img.astype(np.uint8)).save("拉格朗日恢复图像.jpg")
```

初始图像如图 10-33 所示,生成的 5 个共享份额图像如图 10-34 所示。当参与秘密图像恢复的共享份额图像数量满足门限要求时,恢复得到的秘密图像如图 10-35(a) 所示;当参与秘密图像恢复的共享份额图像数量小于门限要求时,恢复得到的秘密图像如图 10-35(b)所示。

图 10-33　初始图像

份额1　　　　份额2　　　　份额3　　　　份额4　　　　份额5

图 10-34　共享份额图像

(a) 成功恢复　　　　　(b) 错误恢复

图 10-35　恢复图像

10.6.3　基于中国剩余定理的秘密共享方案实现

在程序中以(5,7)门限秘密共享为例(如果需要其他的门限可以在程序上进行相应的更改),使用的秘密为 500 位左右的大数。

基于中国剩余定理的(5,7)门限秘密共享方案编码流程如下。

(1) 下载并导入相关库。

```
import numpy as np
import random
```

(2) 重点在于如何生成 7 个满足条件的整数,为了保证前 5 个整数的乘积大于所给的秘密(500 位的大数),后两个整数的乘积小于所给的秘密,生成的整数范围为 $10^{101} \sim 10^{102}$,因为 $5 \times 101 = 505 > 500, 2 \times 102 = 204 < 500$。

```
#判断 d 数组元素是否互素
def judge(d, loc):
        flag = 1
        for i in range(0, loc):
        for j in range(0, loc):
                if (gcd(d[i], d[j]) != 1) & (i != j): #di 两两不互素
                flag = 0
                break
        return flag


#产生 d 数组
def find_d():
        d = [1, 1, 1, 1, 1, 1, 1] #初始化 d 数组,初始值都设为 1
        temp = random.randint(pow(10, 101), pow(10, 102))
        d[0] = temp
        i = 1
        while i < 7:
                temp = random.randint(pow(10, 101), pow(10, 102))
                d[i] = temp
                if judge(d, i + 1) == 1: #确保 di 两两互素
                    i = i + 1
        return d
```

（3）根据秘密与生成的 d 数组，计算 N、M 以及 k_i。

```
# 求解 N 和 M
def find_nm(d, t):
        N = 1
        M = 1
        for i in range(0, t):
                N = N * d[i]
        for i in range(len(d) - t + 1, len(d)):
                M = M * d[i]
        return N, M

# 求 ki 值
def find_k(d, k):
        k1 = []
        for i in range(0, len(d)):
                k1.append(k % d[i])
        return k1
```

（4）选择子密钥，通过中国剩余定理计算得到明文。

```
# 求最大公约数
def gcd(a, b):
    if b == 0:
        return a
    else:
        return gcd(b, a % b)


# 扩展欧几里得算法求模逆
def findModReverse(a, m):
        if gcd(a, m) != 1:
                return None
        u1, u2, u3 = 1, 0, a
        v1, v2, v3 = 0, 1, m
        while v3 != 0:
                q = u3 // v3
                v1, v2, v3, u1, u2, u3 = (u1 - q * v1), (u2 - q * v2), (u3 - q *
v3), v1, v2, v3
        return u1 % m
def ChineseSurplus(k, d, t):    # 中国剩余定理求解方程
        di = d[0:t]
        ai = k[0:t]
        flag = 1
        # Step1:计算连乘
        m1 = 1
        for i in range(0, len(di)):
                m1 = m1 * di[i]
        # Step2:计算 Mj
        Mj = [0, 0, 0, 0, 0, 0, 0]
        for i in range(len(di)):
                Mj[i] = m1 // di[i]
```

```
#Step3:计算模逆
Mj1 = [0, 0, 0, 0, 0, 0, 0]
for i in range(0, len(di)):
        Mj1[i] = findModReverse(Mj[i], di[i])
#最后的 x
x = 0
for i in range(0, len(di)):
        x = x + Mj[i] * Mj1[i] * ai[i]

result = x % m1
return result
```

（5）选定一个 500 位左右的大数作为秘密，然后设计代码调用上述函数对秘密进行共享及恢复。

```
if __name__ == '__main__':
        #500 位的大数为秘密
        k = 207472224677734852078216952221076085874809964747211172927529925899121
966847505496583100844167325500011302120215151515151051120051510215502251515207422
246773485207821695222107608587480996474721117292752992589912196684750549658310084
4416732550001130212021515151510511200515102155022515152074722246773485207821695222
1076085874809964747211172927529925899121966847505496583100844167325500011302
1202151515151051120051510215502251515207472224677348520782169522210760858748096
4747211172927529925899121966847501
        print("秘密信息为:")
        print(k)
        #step1:生成符合条件的 d 值
        d = find_d()
        print("d 数组为:")
        for i in range(len(d)):
                print("d" + str(i) + ":" + str(d[i]))
        #step2:计算 N 和 M 的值
        N, M = find_nm(d, 5)
        print("N 和 M 的值分别为:")
        print("N:" + str(N))
        print("M:" + str(M))
        #求 k
        k1 = find_k(d, k)
        #利用中国剩余定理求解
        result = ChineseSurplus(k1, d, 5)
        print("最后恢复的秘密信息为:")
        print(result)
```

程序运行结果为

```
秘密信息为:
2074722246773485207821695222107608587480996474721117292752992589912196684750549
6583100844167325500011302120215151515151051120051510215502251515207472224677334852
0782169522210760858748099647472111729275299258991219668475054965831008441673255
00011302120215151515151051120051510215502251515207472224677348520782169522210760
8587480996474721117292752992589912196684750549658310084416732550001130212021515151
51510511200515102155022515152074722246773485207821695222107608587480996474721117
2927529925899121966847501
```

di 数组为：

d0：358713558399791594789886870635560432151498002504564923935619030672495502739294980156146919534757440642

d1：532382238161994072412814676010001154978131363286869430831911883110496842737577952741068485804590703831

d2：956951326224304459790684464463118638443845260682049700681222980976451447318576229685818420388421957251

d3：1116112873266530768650133081044087390845777242630292992120445884063035937410819334933736577515170029794

d4：733006123146289075700853397585559838887673329672238417213241961930396207446254990208740342362875245137

d5：922652831424550558183398767597865076821750897274513299235235709891282093268105475541650190237119002147

d6：616984856047051363918902321786855613941361701717269688705729085039249638902726776922669266087258309797

N 和 M 的值分别为：

N：

1495122985891619286935903556695616589195695861774425984966069061907554998875005992665211074806303757762192934221391287148068626095236366549903082875094644088372639793649061463398627155896794711906692134756012565477700914603427056638958394667801607182683282143332700534541113403013825028723562831752639300934815745546088958324046122683671340364789252981471114321966101790011167544533160581871839867465541654824069595483230983119935292280315944545375208529970000586155169267272970793428645861291619007274573246

M：

46572391870045748938340746322505886808183755497089152317916624469992961273192752766519204432589989905806672282535125634083687946966429162595953782119036576518483702375823880125151658007602844826959961992073455310956720767517217020609677295806705351023864070939062843511470824330750568716693906896037297494462404444402121506254918466774525996258207367937084109756123483084201892569251555116593885821938318557

ki 数组为：

k0：665601383577882073299406089768003939952298520790259550232349689817831140760404988536572782436983164030

k1：469813270106479820820947345606183918338963552923989102502905425945449961865225286382541970157010583031

k2：560290401540539641486811097689033230595658451754940737098753994237704749755551065530105289924577124710

k3：974764789741046192541023390910830895031161395371706093254313150442731381970115248177804355002522066150

k4：662322886937571776652767748078603643852499930313698003154590909522184616727480381254962493412033392382

k5：126200004358186646836252781655309349478371331317295313957872963554619179236557309893848183209799869941

k6：488511864312982945741517446734222363313165347756443096216879299242578955044180332400232718393348721735

最后恢复的秘密信息为：

2074722246773485207821695222107608587480996474721117292752992589912196684750549658310084416732550001130212021515151510511200515102155022515152074722246773485207821695222107608587480996474721117292752992589912196684750549658310084416732550001130212021515151510511200515102155022515152074722246773485207821695222107608587480996474721117292752992589912196684750549658310084416732550001130212021515151510511200515102155022515152074722246773485207821695222107608587480996474721117292752992589912196684750

10.6.4 基于中国剩余定理的图像秘密共享方案实现

（1）下载并导入相关库。

```python
import numpy as np
import cv2
from PIL import Image
```

（2）生成秘密共享份额图像。

```python
# 生成秘密共享份额
def generate_shares(image_path, n_shares, threshold_values):
        # 读取灰度图像
        original_image = Image.open(image_path).convert("L")
        original_array = np.array(original_image)
        # 提取图像尺寸
        height, width = original_array.shape
        # 生成秘密份额
        shares = []
        for i in range(n_shares):
        share = np.zeros((height, width), dtype = np.uint8)
        for h in range(height):
                for w in range(width):
                pixel_value = original_array[h, w]
                share[h, w] = pixel_value % threshold_values[i]
        shares.append(share)
        cv2.imwrite('CRT%s.png' % (i + 1), share)
        return shares
```

（3）通过中国剩余定理恢复原始图像。

```python
# 通过中国剩余定理恢复原始图像
def chinese_remainder_theorem(shares, threshold_values):
        total = sum(shares[i] * np.prod(threshold_values) // threshold_values[i] *
        modinv(np.prod(threshold_values) // threshold_values[i],
        threshold_values[i]) for i in range(len(shares)))
        return total % np.prod(threshold_values)


# 计算模逆元素
def modinv(a, m):
        m0, x0, x1 = m, 0, 1
        while a > 1:
        q = a // m
        m, a = a % m, m
        x0, x1 = x1 - q * x0, x0
        return x1 + m0 if x1 < 0 else x1
```

（4）以份额素数值为 13、83、37、47 的(3,4)门限秘密图像共享方案为例，调用上述函数，对秘密图像进行共享及恢复。

```
if __name__ == '__main__':
        #示例用法
        image_path = "test1.jpg"              #替换为图像路径
        n_shares = 4                          #总共生成的份额数量
        threshold_values = [13, 83, 37, 47]   #门限值列表
        #生成秘密共享份额
        shares = generate_shares(image_path, n_shares, threshold_values)
        #通过中国剩余定理恢复原始图像
        reconstructed_image = chinese_remainder_theorem(shares, threshold_values)
        #保存恢复的图像
        reconstructed_image = Image.fromarray(reconstructed_image)
        reconstructed_image.save("CRT.png")   #替换为想要保存的路径
```

初始图像如图 10-36 所示,生成的 4 个共享份额图像如图 10-37 所示。当参与秘密图像恢复的共享份额图像数量满足门限要求时恢复得到的秘密图像如图 10-38(a)所示,当参与秘密图像恢复的共享份额图像数量小于门限要求时恢复得到的秘密图像如图 10-38(b)所示。

图 10-36　初始图像

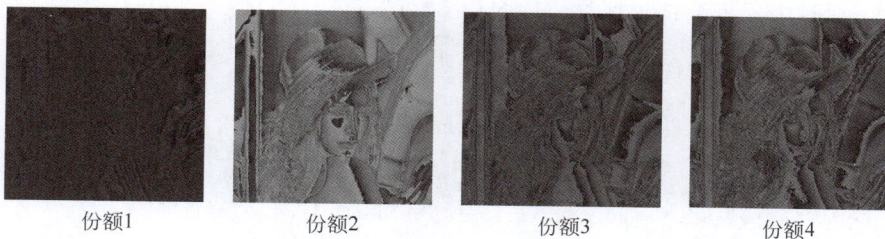

份额1　　　　　　　份额2　　　　　　　份额3　　　　　　　份额4

图 10-37　共享份额图像

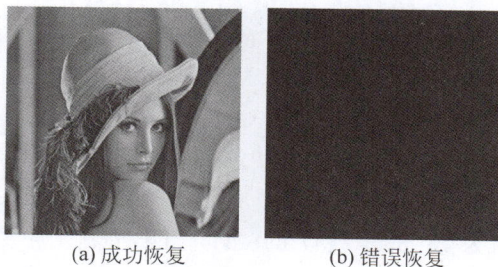

(a) 成功恢复　　　　　　　(b) 错误恢复

图 10-38　恢复图像

10.7　项目实例

以下所涉及的所有算法均以版本为 5 的 37×37 大小的 QR 码为例,相比于版本较高的 QR 码而言,版本为 5 的 QR 码具有图像结构简单、操作方便等优点。以下是不同版本的 QR 码实例图,如图 10-39 所示。

版本5　　　　　版本10　　　　　版本20

图 10-39　不同版本 QR 码

可以发现,随着 QR 码版本的增加,图像结构也发生了变化,要想在程序设计中避免 QR 码中的一些定位点或者关键点就变得复杂,所以以图像结构简单的版本 5 的 37×37 大小的 QR 码为例。

10.7.1　三级 QR 码

首先以公开的普通 QR 码作为一级 QR 码。通过利用生成一级 QR 码函数生成一级 QR 码。然后用户通过选择一幅图像组作为二级信息将其嵌入一级 QR 码,从而形成二级 QR 码。其次用户输入一个 4 位数字,将该数字作为第三级的秘密信息嵌入该二级 QR 码中生成三级 QR 码。最后将生成三种级别的 QR 码的功能进行封装,形成一个三级 QR 码系统。

1. 预备工作

首先需要通过 pip 命令进行安装。在终端或命令提示符中执行以下命令。

```
pip install qrcode
```

在 Python 代码中,导入 qrcode 库可以使用以下语句。

```
import qrcode
```

2. 生成一级 QR 码

在多级 QR 码的实现中,以公开的普通 QR 码作为一级 QR 码。通过定义生成函数 yiji,函数内部的三个参数分别为三个用户所输入的信息,最后将三幅图像进行保存。

(1)生成函数 yiji。

```
def yiji(data1, data2, data3):
        a = np.empty((111, 111))            ♯生成空矩阵
        b = np.zeros((111, 111))            ♯生成零矩阵
        c = np.zeros((111, 111))
        qr1 = qrcode.QRCode(
        version = 5,                        ♯QR码的大小
        error_correction = qrcode.constants.ERROR_CORRECT_H,
        box_size = 3,                       ♯每个点(方块)中的像素个数
        border = 0,                         ♯QR码距图像外围边框距离
    )
        qr1.add_data(data1)                 ♯添加QR码内容
        img11 = qr1.make_image()            ♯生成QR码
        img11.save('qrcode1.png')           ♯QR码保存位置
img11 = img11.convert('1')
        qr2 = qrcode.QRCode(
        version = 5,
        error_correction = qrcode.constants.ERROR_CORRECT_H,
        box_size = 3,
        border = 0,
    )
        qr2.add_data(data2)
        img22 = qr2.make_image()
        img22.save('qrcode2.png')
        img22 = img22.convert('1')
        qr3 = qrcode.QRCode(
        version = 5,
        error_correction = qrcode.constants.ERROR_CORRECT_H,
        box_size = 3,
        border = 0,
    )
        qr3.add_data(data3)
        img33 = qr3.make_image()
        img33.save('qrcode3.png')
        img33 = img33.convert('1')
        return
```

（2）函数调用。

```
if __name__ == '__main__':
        img = yiji('陕西省','西安市','西安科技大学')
```

运行结果如图 10-40 所示。

图 10-40　一级 QR 码

3. 生成二级 QR 码

在生成二级 QR 码的过程中,利用第 8 章中所提到的半色调技术和随机网格技术,用户将一幅图片作为秘密图像嵌入一级 QR 码,从而生成二级 QR 码。

在生成二级 QR 码的函数中,首先将秘密图像的灰度按照表 8-1 划分为 5 个灰度等级,每个灰度等级采用(3,3)随机网格,将灰度图片划分为三个份额,生成对应的三个分享矩阵。然后将一级 QR 码的每个黑白像素块分成 3×3 的像素,改变周围 8 个像素值,将三个分享矩阵的值分别写入每个对应的载体 QR 码周围的 8 个像素区域,生成对应的三个二级 QR 码。在恢复二级秘密图片时,由于采用的是随机网格算法,不需要复杂的计算,仅需采用轻量级的异或操作即可实现对秘密图片的解密。

具体代码如下。

(1) 半色调函数 ImageHalftone(im,a,w,n1,n2,n3,n4)主要负责将秘密图像按照灰度等级划分成三个份额,其中,im 表示需要嵌入的秘密图像,a 表示利用随机网格生成的份额图像,w 表示份额,n1～n4 分别表示不同的灰度像素,便于后续的灰度等级划分。

```python
def  ImageHalftone(im, a, w, n1, n2, n3, n4):
    q1, q2, q3, q4, q5 = w, w, w, w, w
    r1, r2, r3, r4, r5 = 1, 1, 1, 1, 1
     #37×37 个 3×3 子模块
    for i in range(1, 37):
        for j in range(1, 37):
                #像素区间判断,0 表示黑像素,1 表示白像素
            if im.getpixel((j, i)) <= n1:
                #随机矩阵用于生成共享份额
                t11 = [1, 1, 0, 0, 1, 1, 0, 0]
                t12 = [1, 0, 1, 0, 1, 0, 1, 0]
                t13 = [0, 1, 1, 0, 0, 1, 1, 0]
                #0,0,0,0,0,0,0,0
                t14 = [1, 1, 1, 1, 0, 0, 0, 0]
                t15 = [0, 0, 1, 1, 1, 1, 0, 0]
                t16 = [1, 1, 0, 0, 1, 1, 0, 0]
            w = 0  #t 数组下标
            z = 0  #外部 8 个像素下标
            #r1 用于交替使用 t11,t12,t13 和 t14,t15,t16
            if r1 == 1:
                r1 = -r1
                #三个份额分别分配 t11,t12,t13
                if q1 % 3 == 1:
                    for x in range(3 * i - 2, 3 * i + 1):
                        for y in range(3 * j - 2, 3 * j + 1):
                            #周围 8 个子像素赋值
                            if z != 4:
                                a[x][y] = t11[w]
                                w = w + 1
                            z = z + 1
```

```
                            print(q1 % 6)
                        if q1 % 3 == 2:
                            for x in range(3 * i - 2, 3 * i + 1):
                                for y in range(3 * j - 2, 3 * j + 1):
                                    if z != 4:
                                        a[x][y] = t12[w]
                                        w = w + 1
                                z = z + 1
                            print(q1 % 6)
                        if q1 % 3 == 0:
                            for x in range(3 * i - 2, 3 * i + 1):
                                for y in range(3 * j - 2, 3 * j + 1):
                                    if z != 4:
                                        a[x][y] = t13[w]
                                        w = w + 1
                                z = z + 1
                    else:
                        r1 = - r1
                        if q1 % 3 == 1:
                            for x in range(3 * i - 2, 3 * i + 1):
                                for y in range(3 * j - 2, 3 * j + 1):
                                    if z != 4:
                                        a[x][y] = t14[w]
                                        w = w + 1
                                z = z + 1
                        if q1 % 3 == 2:
                            for x in range(3 * i - 2, 3 * i + 1):
                                for y in range(3 * j - 2, 3 * j + 1):
                                    if z != 4:
                                        a[x][y] = t15[w]
                                        w = w + 1
                                z = z + 1
                            print(q1 % 6)
                        if q1 % 3 == 0:
                            for x in range(3 * i - 2, 3 * i + 1):
                                for y in range(3 * j - 2, 3 * j + 1):
                                    if z != 4:
                                        a[x][y] = t16[w]
                                        w = w + 1
                                z = z + 1
                            print(q1 % 6)
                    q1 = q1 + 1
                elif im.getpixel((j, i)) > n1 and im.getpixel((j, i)) <= n2:
                    …
                elif im.getpixel((j, i)) > n2 and im.getpixel((j, i)) <= n3:
                    …
                elif im.getpixel((j, i)) > n3 and im.getpixel((j, i)) <= n4:
                    …
                elif im.getpixel((j, i)) > n4:
                    …
        return a
```

（2）生成二级 QR 码函数 QRmake（data，targetImg，endImg）负责将生成的份额图像嵌入一级 QR 码中，从而形成二级 QR 码。其中，data 为份额图像，targetImg 为一级 QR 码，endImg 为生成的二级 QR 码。

```python
def QRmake(data, targetImg, endImg):
    _LIGHT = 255
    _DARK = 0
    img = Image.open(targetImg)
    drw = ImageDraw.Draw(img)
    #width = img.size[0]
    # img.show()
    for i in range(25, 111, 3):
        for j in range(25, 111, 3):
            #跳过定位区域
            if (82 < j < 99) and (82 < i < 99):
                continue
    for x in range(i - 1, i + 2):
        for y in range(j - 1, j + 2):
            #判断字符串是否到结尾
            if x != i or y != j:
                # drw.point((x, y), _DARK)
                if data[x][y] == 0:
                    drw.point((y, x), _DARK)
                elif data[x][y] == 1:
                    drw.point((y, x), _LIGHT)
    #左矩形区域随机打乱
    for i in range(1, 22, 3):
        for j in range(25, 86, 3):
            #Draw pixel
            for x in range(i - 1, i + 2):
                for y in range(j - 1, j + 2):
                    if x != i or y != j:
                        #drw.point((x, y), _DARK)
                        if x != i or y != j:
                            #drw.point((x, y), _DARK)
                            if data[x][y] == 0:
                                drw.point((y, x), _DARK)
                            elif data[x][y] == 1:
                                drw.point((y, x), _LIGHT)

    #上矩形区域随机打乱
    for i in range(25, 86, 3):
        for j in range(1, 22, 3):
            # Normalized j coordinate in bitmap
            # Normalized i coordinate in bitmap
            # Draw pixel
            for x in range(i - 1, i + 2):
                for y in range(j - 1, j + 2):
                    if x != i or y != j:
                        #drw.point((x, y), _DARK)
                        if x != i or y != j:
```

```
                                  # drw.point((x, y), _DARK)
                                  if data[x][y] == 0:
                                      drw.point((y, x), _DARK)
                                  elif data[x][y] == 1:
                                      drw.point((y, x), _LIGHT)
            img.save(endImg)
            return img
```

（3）函数封装 HalftoneQRmake2(im, data1, data2, data3)。

将上述半色调函数以及生成二级 QR 码的函数进行封装得到 HalftoneQRmake2(im, data1, data2, data3)。其中，im 为需要嵌入的秘密图像，data1～data3 分别为用户在一级 QR 码中所输入的信息。

```
def HalftoneQRmake2(im, data1, data2, data3):
im = im.resize((37, 37))                    # 图片缩放至固定大小
    size = im.size                          # 统计矩阵元素的个数

    height, width = int(size[0]), int(size[1])
    im = im.resize((width, height))         # 修改图片尺寸
    im = im.convert('L')                    # 获得灰度图像

    a = np.empty((111, 111))                # 生成空矩阵
    b = np.zeros((111, 111))                # 生成零矩阵
    c = np.zeros((111, 111))

    # 将灰度图分成三个子份额
    d = half.ImageHalftone(im, a, 1, 51, 102, 153, 204)
    e = half.ImageHalftone(im, b, 2, 51, 102, 153, 204)
    f = half.ImageHalftone(im, c, 3, 51, 102, 153, 204)

    # 生成载体 QR 码
    qr1 = qrcode.QRCode(
        version = 5,     # QR 码的大小
        error_correction = qrcode.constants.ERROR_CORRECT_H,
                                            # 30% 以下的错误会被纠正
        box_size = 3,                       # 每个点(方块)中的像素个数
        border = 0,                         # QR 码距图像外围边框距离
    )
    qr1.add_data(data1)                     # 添加 QR 码内容
    img11 = qr1.make_image()                # 生成 QR 码
    img11.save('qrcode1.png')               # QR 码保存位置
    img11 = img11.convert('1')

    # 生成载体 QR 码 2
    qr2 = qrcode.QRCode(
        version = 5,
        error_correction = qrcode.constants.ERROR_CORRECT_E,
        box_size = 3,
        border = 0,
    )
```

```
qr2.add_data(data2)
img22 = qr2.make_image()
img22.save('qrcode2.png')
img22 = img22.convert('1')

# 生成载体 QR 码 3
qr3 = qrcode.QRCode(
    version = 5,
    error_correction = qrcode.constants.ERROR_CORRECT_H,
    box_size = 3,
    border = 0,
)
qr3.add_data(data3)
img33 = qr3.make_image()
img33.save('qrcode3.png')
img33 = img33.convert('1')

plt.subplot(1, 3, 1)
plt.imshow(img111)
plt.xticks([])
plt.yticks([])

plt.subplot(1, 3, 2)
plt.imshow(img222)
plt.xticks([])
plt.yticks([])

plt.subplot(1, 3, 3)
plt.imshow(img333)
plt.xticks([])
plt.yticks([])
plt.show()
return
```

（4）函数调用。

```
if __name__ == '__main__':
    im = Image.open('./picture/003.jpg') #
    data1 = '陕西省'
    data2 = '西安市'
    data3 = '西安科技大学'
    HalftoneQRmake2(im, data1,data2,data3)
```

结果展示如图 10-41 所示。

图 10-41 二级 QR 码

4. 生成三级 QR 码

在二级秘密共享 QR 码的基础上，可以再增加一级信息隐藏，即三级秘密共享 QR 码。在本方案的系统中用户需要输入的是需要隐藏的 4 位数字。需要预先对这 4 位数字进行处理，将 4 位数字中的每一位分别转换为对应的 4 位二进制数组，将 4 个一维数组组合为 4×4 的二值矩阵。例如，输入的数字为 1234，转换为对应的一维数组是 [0,0,0,1],[0,0,1,0],[0,0,1,1],[0,1,0,0]，组合为二值矩阵之后可以表示为

$$m = \begin{bmatrix} 0 & 0 & 0 & 1 \\ 0 & 0 & 1 & 0 \\ 0 & 0 & 1 & 1 \\ 0 & 1 & 0 & 0 \end{bmatrix}$$

$$1 \times 10^3 + 2 \times 10^2 + 3 \times 10 + 4 \times 1 = 1234$$

（1）转换函数 changeMsg()，主要负责将 4 位十进制数据转换为 4×4 的二值矩阵。

```python
def  changeMsg(w):
    S = np.zeros((4, 4)).astype(int)
    for i in range(0, 4):
    c = w % 10
    b = changeBin(c)    # 转换为二进制 4 位的数组
    S[i, : ] = b[ : ]
    w = w // 10
    return S
```

（2）隐藏函数 hideMsg()主要负责利用湿纸码将数据进行信息隐藏，并进行数据纠错。

```python
def  hideMsg(m):
    #[0,4)中随机产生 4 个唯一的数
    S = random.sample(range(0, 4), 4)

    A = np.array([[1, 0, 0, 0],
                  [0, 1, 0, 0],
                  [0, 0, 1, 0],
                  [0, 0, 0, 1]])
    D = np.zeros((4, 4))   # 创建 4×4 零矩阵
    # 将随机生成的二进制数赋给矩阵 D
    for i in range(4):
            a = S[i]
            for j in range(4):
                    D[i][j] = A[a][j]

    np.savetxt('random matrix', D, fmt = '% i')
    b = A

    # 计算 Dv = m - Db
```

```
Db = np.dot(D, b)
Dv = m - Db
# D 矩阵的逆矩阵
D1 = np.linalg.inv(D)
v = np.dot(D1, Dv)
# 计算 b1 = v + b
b1 = v + b

# 插入汉明码的奇偶校验位——偶校验
H = np.zeros((4, 7))
for i in range(4):
        a = b1[i][0] + b1[i][1] + b1[i][3]
        if a % 2 == 0:
                H[i][0] = 0
        else:
                H[i][0] = 1

for j in range(4):
        # H[j][1] = b1[j][1] ^ b1[j][2] ^ b1[j][3]
        a = b1[j][0] + b1[j][2] + b1[j][3]
        if a % 2 == 0:
                H[j][1] = 0
        else:
                H[j][1] = 1
for k in range(4):
        # H[k][3] = b1[k][2] ^ b1[k][3]
        a = b1[k][1] + b1[k][2]
        if a % 2 == 0:
                H[k][3] = 0
        else:
                H[k][3] = 1

for i in range(4):
        H[i][2] = b1[i][0]
        H[i][4] = b1[i][1]
        H[i][5] = b1[i][2]
        H[i][6] = b1[i][3]

a = np.random.randint(0, 2, 4)
H1 = np.zeros((4, 8))
for i in range(4):
        H1[i][7] = a[i]
for i in range(4):
        for j in range(7):
                H1[i][j] = H[i][j]
Q = H1.flatten(order = 'C')   # 按行展开成一维数组
return Q
```

（3）加密函数 sanjijiami() 主要负责将加密后的三级 QR 码通过界面展示出来。其中还调用了 10.7.1 节第 3 部分生成二级 QR 码时，需要用到的 QRmake() 函数。

```
def sanjijiami(Q):
    ♯ 调用 hide()函数
    ♯ 调用 QRmake()函数
    img321 = QRmake(Q, '2L - qr - 1.jpg', 'img321.jpg')
    img321 = img321.convert('1')
    ♯ img321.save('FINAL.png')
    img322 = QRmake(Q, '2L - qr - 2.jpg', 'img322.jpg')
    img322 = img322.convert('1')
    img323 = QRmake(Q, '2L - qr - 3.jpg', 'img323.jpg')
    img323 = img323.convert('1')
    plt.figure()
    plt.subplot(1, 3, 1)
    plt.imshow(img321)
    plt.xticks([])
    plt.yticks([])

    plt.subplot(1, 3, 2)
    plt.imshow(img322)
    plt.xticks([])
    plt.yticks([])

    plt.subplot(1, 3, 3)
    plt.imshow(img323)
    plt.xticks([])
    plt.yticks([])
    plt.show()

    return
```

（4）函数调用。

```
if __name__ == '__main__':
    text = '1234' ♯ 需要嵌入的数字信息
    text = changeMsg(int(text))
    img = hide(text)
    sanjijiami(img)
```

结果展示如图 10-42 所示。

图 10-42　三级 QR 码

5. 解密操作

（1）二级 QR 码的解密函数 HalftoneXOR()。

由于在加密过程中利用到了视觉密码中的随机方格方案,因此,在恢复二级秘密图片时,不需要复杂的计算,仅需采用轻量级的异或操作即可实现对秘密图片的解密。

HalftoneXOR()对共享份 QR 码进行 xor 操作恢复秘密图像。

```
def  HalftoneXOR():
    img = cv2.imread('2L-qr-1.jpg')
    img1 = cv2.imread('2L-qr-2.jpg')
    img2 = cv2.imread('2L-qr-3.jpg')
    img3 = cv2.bitwise_xor(cv2.bitwise_xor(img, img1), img2)    # 图像异或运算
    img3 = cv2.resize(img3, (300, 300))                         # 图像缩放
    cv2.imshow('second', img3)                                  # 显示图片
    cv2.waitKey(0)
if __name__ == '__main__':
        HalftoneXOR()
```

结果展示如图 10-43 所示。

图 10-43　结果展示

(2) 三级 QR 码的解密函数 extract()。

因为在嵌入秘密信息时,是在指定位置进行嵌入的,因此提取数据只需要在该位置进行提取即可。具体代码如下。

```
def extract ():
    _LIGHT = 255
    _DARK = 0
    data = np.empty((1, 32))
    b = np.empty((1, 3))
    im1 = binaryzation ()   # 二值图像处理
    k = 0
    for i in range(25, 28, 3):
        for j in range(1, 12, 3):
            for x in range(i - 1, i + 2):
                for y in range(j - 1, j + 2):
                    if x != i or y != j:
                        if im1[x][y] == 1:
                            data[0][k] = 1
                        else:
                            data[0][k] = 0
                        k = k + 1
    # 提取第三层消息 m1
    data = data.reshape((4, 8))
    b11 = np.empty((4, 4))
```

```
    for i in range(4):
        p3 = data[i][3] + data[i][4] + data[i][5]
        p2 = data[i][1] + data[i][2] + data[i][5] + data[i][6]
        p1 = data[i][0] + data[i][2] + data[i][4] + data[i][6]
        if p3 % 2 == 0:
            if p2 % 2 == 0:
                if p1 % 2 == 0:
                    for j in range(4):
                        b11[j][0] = data[j][2]
                        b11[j][1] = data[j][4]
                        b11[j][2] = data[j][5]
                        b11[j][3] = data[j][6]
                else:
                    data[i][0] = 1 - data[i][0]
                    for j in range(4):
                        b11[j][0] = data[j][2]
                        b11[j][1] = data[j][4]
                        b11[j][2] = data[j][5]
                        b11[j][3] = data[j][6]
            else:
                if p1 % 2 == 0:
                    data[i][1] = 1 - data[i][1]
                    for j in range(4):
                        b11[j][0] = data[j][2]
                        b11[j][1] = data[j][4]
                        b11[j][2] = data[j][5]
                        b11[j][3] = data[j][6]
        else:
            if p1 % 2 == 0:
                if p1 % 3 == 0:
                    data[i][3] = 1 - data[i][3]
                    for j in range(4):
                        b11[j][0] = data[j][2]
                        b11[j][1] = data[j][4]
                        b11[j][2] = data[j][5]
                        b11[j][3] = data[j][6]
                else:
                    data[i][4] = 1 - data[i][4]
                    for j in range(4):
                        b11[j][0] = data[j][2]
                        b11[j][1] = data[j][4]
                        b11[j][2] = data[j][5]
                        b11[j][3] = data[j][6]
            else:
                if p1 % 3 == 0:
                    data[i][5] = 1 - data[i][5]
                    for j in range(4):
                        b11[j][0] = data[j][2]
                        b11[j][1] = data[j][4]
                        b11[j][2] = data[j][5]
                        b11[j][3] = data[j][6]
D = np.loadtxt('random matrix')    #读取在嵌入信息时存入的随机矩阵
m = np.dot(D, b11)
#print("第三层中嵌入的明文消息 m:")
return m
```

结果展示如图 10-44 所示。

图 10-44 三级秘密信息

6. 界面制作

（1）相关库下载。

```
pip install pysimplegui
```

（2）生成窗体。

```
import PySimpleGUI as sg
layout = [[]]                          ♯布局
window = sg.Window('My GUI', layout)   ♯以 layout 为布局创建窗体
event, value = window.read()           ♯监听事件
window.close()                         ♯关闭窗体
```

结果展示如图 10-45 所示。

图 10-45 窗体图

（3）按钮和文本框的添加。

```
import PySimpleGUI as sg
my_text = sg.Text('My Text')
hello_button = sg.Button('Hello')
clear_button = sg.Button('Clean')
layout = [
    [my_text],
    [hello_button, clear_button]
]
window = sg.Window('My GUI', layout)
event, value = window.read()
window.close()
```

结果展示如图 10-46 所示。

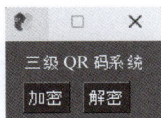

图 10-46 程序示意图

（4）响应事件。

由于 PySimpleGUI 将事件循环暴露给用户自己编写，因此每次调用 window. read()时，程序会出现阻塞，直到用户对窗体做出操作。在上述几段代码中，因为没有使用时间循环，所以单击任何按钮后，程序会向下运行，使窗体关闭。添加了事件循环后的具体响应事件代码如下。

```python
import PySimpleGUI as sg

# layout 布局
my_text = sg.Text('三级 QR 码系统')
hello_button = sg.Button('加密')
clear_button = sg.Button('解密')
layout = [
    [my_text],
    [hello_button, clear_button]
]
window = sg.Window('三级 QR 码系统', layout)

# event
while True:
    event, value = window.read()
    if event == sg.WIN_CLOSED: break
    if event == '加密':
        my_text.update('加密成功')
    if event == '解密':
        my_text.update('解密成功')
window.close()
```

结果展示如图 10-47 所示。

(a) 程序界面图　　　(b) 单击"加密"按钮　　(c) 单击"解密"按钮

图 10-47　简单响应事件图

7. 三级 QR 码系统界面相关代码

将 10.7.1 节关于生成 QR 码相关功能的代码进行整合，可完成三级 QR 码系统，具体界面代码如下。

```python
import cv2
import qrcode
import random
import numpy as np
import PySimpleGUI as sg
from PIL import Image, ImageDraw
# 定义布局,确定行数
```

```
layout = [
    [sg.Text('请输入三个需要隐藏的内容:')],
    [sg.Button('        共享份额一    ', size = (15, 1), button_color = '#6959CD'),
sg.InputText((, size = (40, 1), key = 'one')],
    [sg.Button('        共享份额二    ', size = (15, 1), button_color = '#6959CD'),
sg.InputText((, size = (40, 1), key = 'two')],
    [sg.Button('        共享份额三    ', size = (15, 1), button_color = '#6959CD'),
sg.InputText((, size = (40, 1), key = 'three')],
    [sg.FileBrowse(button_text = '选择二级隐藏图像', size = (15, 1), target = '-IN-',
button_color = '#6959CD'), sg.In(key = '-IN-', size = (40, 1))],
    #[sg.Text('   三级加密信息', size = 14), sg.InputText((), tooltip = '加密信息为
4位数字', size = (40, 1), key = 'four')],
    [sg.Button('三级隐藏信息', size = (15, 1), button_color = '#6959CD'), sg.InputText((),
tooltip = '加密信息为4位数字', size = (40, 1),

key = 'four')],
    [sg.Button('一级QR码', size = (15, 1), button_color = '#6959CD'), sg.Button('二级
隐藏', size = (15, 1), button_color = '#6959CD'),
     sg.Button('三级隐藏', size = (15, 1), button_color = '#6959CD')],
    [sg.Button('二级解密', size = (15, 1), button_color = '#6959CD'), sg.Button('三级解
密', size = (15, 1), button_color = '#6959CD'),
     sg.Button('关闭系统', size = (15, 1), button_color = '#6959CD')],
]
#创建窗口
window = sg.Window('欢迎使用多层安全QR码加密系统', layout)
#事件循环
while True:
    event, values = window.read()    #窗口的读取,有两个返回值(1,事件; 2,值)
    if event is None:
        break
    if event == '一级QR码':
        first = yiji(values['one'], values['two'], values['three'])
    if event == '二级隐藏':
        im = Image.open(values['-IN-'])    #打开图片
        HalftoneQRmake2(im, values['one'], values['two'], values['three'])
    if event == '三级隐藏':
        h = values['four']
        h = int(h)
        A = zhuan(h)
        Q = hide(A)

        sanjijiami(Q)
        sanjijiami1(Q)
    if event == '二级解密':
        #HalftoneXOR()
        yihuo()
    if event == '三级解密':
        k = shijinzhi()
        sg.Popup('第三层中嵌入的明文消息m:', k)
    if event == '关闭系统':
        window.close(),
        sg.Popup('成功关闭系统,欢迎下次使用',
```

```
                    title = '二级加密 QR 码',
                    button_color = '♯6959CD',
                    auto_close = True,
                    auto_close_duration = 3,
                    no_titlebar = True
                    )

♯关闭窗口
window.close()
```

运行结果如图 10-48 所示。

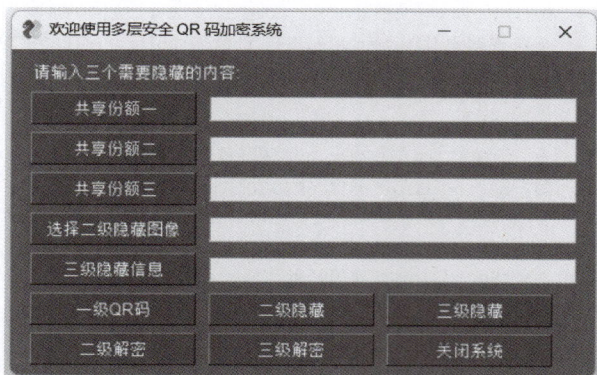

图 10-48　三级 QR 码运行界面

三个初始的普通 QR 码分别为"共享份额一""共享份额二""共享份额三"。输入三条信息分别为"陕西省""西安市""西安科技大学"。选择需要隐藏的图像为含有"XUST"字样的白底黑字图片。需要隐藏的三级信息为"1958"，如图 10-49 所示。

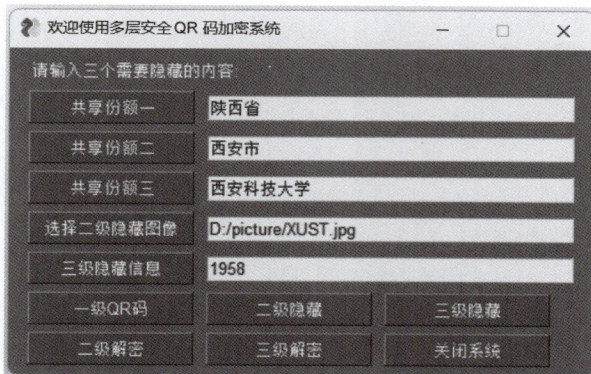

图 10-49　三级 QR 码信息

单击"一级 QR 码"按钮之后，生成三个普通 QR 码，如图 10-50 所示。

将三个普通 QR 码作为载体，再次进行信息隐藏。分别嵌入一幅图片的三幅份额，生成二级 QR 码。实现的结果如图 10-51 所示。

在二级 QR 码的基础上，再将 4 位数字作为三级信息嵌入，生成三级 QR 码。实现的结果如图 10-52 所示。

图 10-50 一级 QR 码

图 10-51 二级 QR 码

图 10-52 三级 QR 码

发送方再发送信息时，仅需要发送三级 QR 码。使用普通的扫描设备即可提取一级 QR 码的公开信息。二级信息和三级信息需要再次进行操作才能获得。

单击"二级解密"按钮即可获取二级信息，结果如图 10-53 所示。

再次单击"三级解密"按钮，即可获取三级信息，运行结果如图 10-54 所示。

图 10-53 二级信息解密

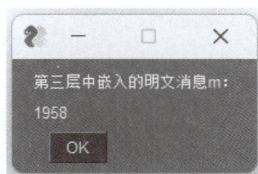

图 10-54 三级信息解密

三级 QR 码演示结束。该 QR 码对信息隐藏效果较好，但是视觉效果仍然存在缺陷，于是提出了可以进行信息隐藏的彩色 QR 码。

10.7.2 彩色 QR 码

该彩色 QR 码首先从用户输入中获取三个数据(data1、data2、data3),使用这些数据创建三个 QR 码(qr1、qr2、qr3)。将每幅图像转换为 RGB 模式,对每幅图像的像素矩阵进行或运算,生成新的像素矩阵。使用新的像素矩阵创建一幅新的图像,并将其保存为 new_img.png。将新的彩色 QR 码转换为黑白 QR 码,并保存为 qrcode.png。加载黑白 QR 码,并创建一个对比度增强器对象。使用对比度增强器增强黑白 QR 码的对比度。显示增强后的黑白 QR 码,并将其保存为 QR.png。

```python
from PIL import ImageEnhance
import qrcode
from PIL import Image
data1 = input("input data1: ")
data2 = input("input data2: ")
data3 = input("input data3: ")
qr1 = qrcode.QRCode(
    version = 5,                                          #QR 码的大小
    error_correction = qrcode.constants.ERROR_CORRECT_H,  #30% 以下的错误会被纠正
    box_size = 3,                                        #每个点(方块)中的像素个数
    border = 0,                                          #QR 码距图像外围边框距离
)
qr2 = qrcode.QRCode(
    version = 5,
    error_correction = qrcode.constants.ERROR_CORRECT_H,
    box_size = 3,
    border = 0,
)
qr3 = qrcode.QRCode(
    version = 5,
    error_correction = qrcode.constants.ERROR_CORRECT_H,
    box_size = 3,
    border = 0,
)
qr1.add_data(data1)                      #添加 QR 码内容
qr2.add_data(data2)                      #添加 QR 码内容
qr3.add_data(data3)                      #添加 QR 码内容
img1 = qr1.make_image()                  #生成 QR 码
img1.show()
img2 = qr2.make_image()                  #生成 QR 码
img2.show()
img3 = qr3.make_image()                  #生成 QR 码
img3.show()
img1 = img1.convert("RGB")               #把图片强制转换成 RGB
img2 = img2.convert("RGB")               #把图片强制转换成 RGB
img3 = img3.convert("RGB")               #把图片强制转换成 RGB
width = img1.size[0]                      #长度
height = img1.size[1]                     #宽度
i = 1
j = 1
```

```
for i in range(0, width):                    #遍历所有长度的点
    for j in range(0, height):               #遍历所有宽度的点
        data1 = (img1.getpixel((i, j)))      #打印该图片的所有点
        data2 = (img2.getpixel((i, j)))      #打印该图片的所有点
        data3 = (img3.getpixel((i, j)))      #打印该图片的所有点
        if data2[0] == 0 and data2[1] == 0 and data2[2] == 0:  #picture2:像素为0,黑
            if data1[0] == 0 and data1[1] == 0 and data1[2] == 0:
                if data3[0] == 0 and data3[1] == 0 and data3[2] == 0:
                    img1.putpixel((i, j), (0, 255, 0))
                    img3.putpixel((i, j), (255, 0, 0))
                if data3[0] == 255 and data3[1] == 255 and data3[2] == 255:
                    img1.putpixel((i, j), (0, 255, 0))
                    img3.putpixel((i, j), (255, 255, 0))
            if data1[0] == 255 and data1[1] == 255 and data1[2] == 255:
                if data3[0] == 0 and data3[1] == 0 and data3[2] == 0:
                    img1.putpixel((i, j), (255, 255, 0))
                    img3.putpixel((i, j), (0, 255, 0))
                if data3[0] == 255 and data3[1] == 255 and data3[2] == 255:
                    img1.putpixel((i, j), (255, 255, 0))
                    img3.putpixel((i, j), (255, 255, 0))

        if data2[0] == 255 and data2[1] == 255 and data2[2] == 255:
                                             #picture1:像素为1,白
            if data1[0] == 0 and data1[1] == 0 and data1[2] == 0:
                if data3[0] == 0 and data3[1] == 0 and data3[2] == 0:
                    img1.putpixel((i, j), (255, 0, 255))
                    img3.putpixel((i, j), (0, 255, 0))
                if data3[0] == 255 and data3[1] == 255 and data3[2] == 255:
                    img1.putpixel((i, j), (255, 0, 0))
                    img3.putpixel((i, j), (150, 255, 255))
            if data1[0] == 255 and data1[1] == 255 and data1[2] == 255:
                if data3[0] == 0 and data3[1] == 0 and data3[2] == 0:
                    img1.putpixel((i, j), (255, 255, 0))
                    img3.putpixel((i, j), (255, 255, 150))
                if data3[0] == 255 and data3[1] == 255 and data3[2] == 255:
                    img1.putpixel((i, j), (255, 255, 255))
                    img3.putpixel((i, j), (255, 255, 255))


img1 = img1.convert("RGB")                   #把图片强制转换成 RGB
img1.show()
img2 = img2.convert("RGB")                   #把图片强制转换成 RGB
img2.show()
img3 = img3.convert("RGB")                   #把图片强制转换成 RGB
img3.show()
#将 QR 码图片转换为像素矩阵
pixels1 = img1.load()
pixels2 = img3.load()
#对每个像素进行或运算,生成新的像素矩阵
new_pixels = []
for i in range(img1.size[1]):
    row = []
    for j in range(img1.size[0]):
```

```
        r1, g1, b1 = pixels1[j, i]
        r2, g2, b2 = pixels2[j, i]
        new_value = (r1 or r2, g1 or g2, b1 or b2)
        row.append(new_value)
    new_pixels.append(row)
#创建新的图片
new_img = Image.new(img1.mode, img1.size)
for i in range(img1.size[1]):
    for j in range(img1.size[0]):
            new_img.putpixel((j, i), new_pixels[i][j])
#显示新的图片
new_img.show()
new_img.save('new_img.png')
#将新的彩色 QR 码转换成黑白
qrcode = new_img.convert('L')
qrcode.save('qrcode.png')
#加载 QR 码
img = Image.open('qrcode.png')
#创建对比度增强器对象
enhancer = ImageEnhance.Contrast(img)
#增强对比度
img_enhanced = enhancer.enhance(258.0)
#显示增强后的图片
img_enhanced.show()
img_enhanced.save('hh.png')
```

同样地，输入初始的三幅普通 QR 码的内容分别为"111""222""333"。生成三个普通 QR 码，分别如图 10-55 所示。

(a) "111"   (b) "222"   (c) "333"

图 10-55　普通 QR 码

彩色 QR 码的编码规则是通过修改第一个和第二个 QR 码的像素值，隐藏第三幅 QR 码图片。处理效果如图 10-56 所示。

(a) "111"   (b) "222"

图 10-56　QR 码隐藏

当接收方得到上述两个彩色 QR 码之后，进行轻量级的异或操作，再通过增强对比度就可以恢复出第三个 QR 码，如图 10-57 所示。第一幅图片是直接进行异或操作得到的 QR 码,此时的 QR 码由于对比度不清晰会导致扫描效率较低。再通过对比度增强之后得到的第二幅图片便可以轻松扫描出原始信息,以此达到通过彩色 QR 码实现信息隐藏的目的。

(a) "111"　　　　　(b) "222"

图 10-57　彩色 QR 码

小结

　　本章主要介绍了安全 QR 码的编码,首先介绍了 QR 码编码的各种实现方法,简单描述了 QR 码整体的编码流程以及 QR 码的源码,并对常用 QR 码的库函数进行演示使用。之后介绍了针对安全 QR 码的信息加密以及图像加密的各种算法,并对其实现代码进行演示。同时,对安全 QR 码信息隐藏进行了简单的介绍。最后通过三级 QR 码以及彩色 QR 码两个实例对安全 QR 码的相关技术进行深入了解。

参 考 文 献

[1] Rabin M O. Digitalized signatures[J]. Foundations of Secure Computation,1978:155-168.

[2] Shamir A. How to share a secret[J]. Communications of the ACM,1979,22(11):612-613.

[3] Blakey G R. Safeguarding cryptographic keys[C]//Managing Requirements Knowledge, International Workshop on IEEE Computer Society,1979:313.

[4] Karnin E,Greene J,Hellman M. On secret sharing systems[J]. IEEE Transactions on Information Theory,1983,29(1):35-41.

[5] Kafri O,Keren E. Encryption of pictures and shapes by random grids[J]. Optics Letters,1987, 12(6):377-379.

[6] Chaum D,Van H E. Group signatures[C]//Advances in Cryptology—EUROCRYPT'91: Workshop on the Theory and Application of Cryptographic Techniques Brighton,UK,April 8-11,1991 Proceedings 10. Springer Berlin Heidelberg,1991:257-265.

[7] Naor M,Shamir A. Visual cryptography[C]//Advances in Cryptology—EUROCRYPT'94: Workshop on the Theory and Application of Cryptographic Techniques Perugia,Italy,May 9-12,1994 Proceedings 13. Springer Berlin Heidelberg,1995:1-12.

[8] Stinson D R. Cryptography:theory and practice[M]. Chapman and Hall/CRC,2005.

[9] Plank J S. A tutorial on Reed-Solomon coding for fault - tolerance in RAID - like systems[J]. Software:Practice and Experience,1997,27(9):995-1012.

[10] Pedersen,TP. Non-interactive and information-theoretic secure verifiable secret sharing[C]. Annual international cryptology conference. Berlin,Heidelberg:Springer Berlin Heidelberg,1991.

[11] Ito R,Kuwakado H,Tanaka H. Image size invariant visual cryptography[J]. IEICE transactions on fundamentals of electronics,communications and computer sciences,1999, 82(10):2172-2177.

[12] Tan K J,Zhu H W. General secret sharing scheme[J]. Computer Communications,1999, 22(8):755-757.

[13] Obaid,A. H. Information hiding techniques for steganography and digital watermarking[J], INTERACTIVE SYSTEMS:Problems of Human-Computer Interaction. 2015,73(4):63-70.

[14] 向茜,刘钊. 伽罗华域上代数运算的最简实现[J]. 电子科技大学学报,2000,29(1):5.

[15] 闫伟齐,丁玮,齐东旭. 基于中国剩余定理的图像分存方法[J]. 北方工业大学学报,2000,12(1):4.

[16] 王爱民,沈兰荪. 图像分割研究综述[J]. 测控技术,2000,19(5):7.

[17] Hofmeister T,Krause M,Simon H U. Contrast-optimal k out of n secret sharing schemes in visual cryptography[J]. Theoretical Computer Science,2000,240(2):471-485.

[18] Blundo C,Bonis A D,Santis A D. Improved schemes for visual cryptography[J]. Designs, Codes and Cryptography,2001,24:255-278.

[19] 聂守平,魏晓燕. 数字图像的奇异值分解[J]. 南京师大学报(自然科学版),2001,24(001): 59-61.

[20] 何明星,范平志. 新一代私钥加密标准 AES 进展与评述[J]. 计算机应用研究,2001(010): 018.

[21] Thien C C,Lin J C. Secret image sharing[J]. Computers & Graphics,2002,26(5):765-770.

[22] Tseng Y C,Chen Y Y,Pan H K. A secure data hiding scheme for binary images[J]. IEEE transactions on communications,2002,50(8):1227-1231.

［23］ Lee S S,Na J C,Sohn S W,et al. Visual cryptography based on an interferometric encryption technique［J］. ETRI journal,2002,24(5)：373-380.

［24］ Hou Y C. Visual cryptography for color images［J］. Pattern recognition,2003,36（7）：1619-1629.

［25］ 费如纯,王丽娜. 基于 RSA 和单向函数防欺诈的秘密共享体制［J］. 软件学报,2003,14(1)：5.

［26］ 刘琚,孙建德. 基于图像独立特征分解的数字水印方法［J］. 电子与信息学报,2003,25(9)：6.

［27］ Lin C C,Tsai W H. Visual cryptography for gray-level images by dithering techniques［J］. Pattern Recognition Letters,2003,24(1-3)：349-358.

［28］ 张旗,梁德群,樊鑫,等. 基于小波域的图像噪声类型识别与估计［J］. 红外与毫米波学报,2004,23(4)：5.

［29］ 颜浩,甘志,陈克非. 可防止欺骗的可视密码分享方案［J］. 上海交通大学学报,2004,38(1)：4.

［30］ 郭洁,颜浩,刘妍,等. 一种可防止欺骗的可视密码分享方案［J］. 计算机工程,2005,31(6)：3.

［31］ Wang M,Liu Z J,Zhang Y S. Secret sharing among weighted participants［J］. Journal of Beijing Electronic Science and Technology Institute,2005,13(2)：1-9.

［32］ Tuyls P,Hollmann H D L,Lint J H V,et al. XOR-based visual cryptography schemes［J］. Designs,Codes and Cryptography,2005,37：169-186.

［33］ 刘宏伟,严妍. 快速响应码的识别和解码［J］. 计算机工程与设计,2005,26(6)：3.

［34］ 庞辽军,王育民. 基于 RSA 密码体制(f,n)门限秘密共享方案［J］. 通信学报,2005,26(6)：4.

［35］ Cimato S,De Santis A,Ferrara A L,et al. Ideal contrast visual cryptography schemes with reversing［J］. Information Processing Letters,2005,93(4)：199-206.

［36］ Yang C N,Chen T S. Size-adjustable visual secret sharing schemes［J］. IEICE Transactions on Fundamentals of Electronics,Communications and Computer Sciences,2005,88(9)：2471-2474.

［37］ Fridrich J,Goljan M,Soukal D. Wet paper codes with improved embedding efficiency［J］. IEEE Transactions on Information Forensics and Security,2006,1(1)：102-110.

［38］ Mielikainen J. LSB matching revisited［J］. IEEE Signal Processing Letters,2006,13（5）：285-287.

［39］ 郭建星,肖亚峰,张海堂,等. 一种基于小波包变换的盲数字水印算法［J］. 武汉大学学报：信息科学版,2006,31(2)：4.

［40］ Horng G,Chen T,Tsai D S. Cheating in visual cryptography［J］. Designs,Codes and Cryptography,2006,38：219-236.

［41］ Wang R Z,Shyu S J. Scalable secret image sharing［J］. Signal Processing：Image Communication,2007,22(4)：363-373.

［42］ Crandall R. Some notes on steganography［J］. Posted on Steganography Mailing List,1998,1998(1)：6.

［43］ Tuyls P,Hollmann H D L,Lint J H V,et al. XOR-based visual cryptography schemes［J］. Designs,Codes and Cryptography,2005,37：169-186.

［44］ 张卫明,李信然,李世取. 线性隐写码的性质与构造［J］. 工程数学学报,2007,24(3)：4.

［45］ Sun M,Si J,Zhang S. Research on embedding and extracting methods for digital watermarks applied to QR code images［J］. New Zealand Journal of Agricultural Research,2007,50(5)：861-867.

［46］ 郁滨,王翠. 像素不扩展的 MSM 视觉密码方案［J］. 信息工程大学学报,2007,8(2)：5. DOI：10.3969/j.issn.1671-0673.2007.02.007.

［47］ Chan C W,Chang C C. A scheme for threshold multi-secret sharing［J］. Applied Mathematics and Computation,2005,166(1)：1-14.

[48] Hu C M,Tzeng W G. Cheating prevention in visual cryptography[J]. IEEE Transactions on Image Processing,2006,16(1)：36-45.

[49] Zhang X,Wang S. Efficient steganographic embedding by exploiting modification direction[J]. IEEE Communications Letters,2006,10(11)：781-783.

[50] 袁磊,冯涛,王毓,等. 基于纹理特征的鲁棒图像水印算法研究[J]. 信息技术,2008,32(6)：128-131.

[51] Lu S,Manchala D,Ostrovsky R. Visual cryptography on graphs[C]//Computing and Combinatorics：14th Annual International Conference,COCOON 2008 Dalian,China,June 27-29,2008 Proceedings 14. Springer Berlin Heidelberg,2008：225-234.

[52] 翟俊海,赵文秀,王熙照. 图像特征提取研究[J]. 河北大学学报（自然科学版）,2009,29(1)：106.

[53] 何俊,葛红,王玉峰. 图像分割算法研究综述[J]. 计算机工程与科学,2009,31(12)：58-61.

[54] Rifà-Pous H,Rifà J. Product perfect codes and steganography[J]. Digital Signal Processing,2009,19(4)：764-769.

[55] 杨福祥. 有限域上本原多项式的研究[D]. 上海：上海交通大学,2009.

[56] 郁滨,徐晓辉,房礼国. 基于累积矩阵的可防欺骗视觉密码方案[J]. 电子与信息学报,2009,31(4)：950-953.

[57] Wang Z,Arce G R,Di Crescenzo G. Halftone visual cryptography via error diffusion[J]. IEEE Transactions on Information Forensics and Security,2009,4(3)：383-396.

[58] Wang D,Yi F,Li X. On general construction for extended visual cryptography schemes[J]. Pattern Recognition,2009,42(11)：3071-3082.

[59] 王鑫,王新梅,韦宝典. 判定有限域上不可约多项式及本原多项式的一种高效算法[J]. 中山大学学报：自然科学版,2009,48(1)：6-9.

[60] Liu F,Wu C,Lin X. Step construction of visual cryptography schemes[J]. IEEE Transactions on Information Forensics and Security,2009,5(1)：27-38.

[61] Chen W Y,Wang J W. Nested image steganography scheme using QR-barcode technique[J]. Optical Engineering,2009,48(5)：057004-057004-10.

[62] 李大伟,杨庚,朱莉. 一种基于身份加密的可验证秘密共享方案[J]. 电子学报,2010,38(9)：7.

[63] 黄宏博. QR 二维条码的纠错编码算法研究及实现[J]. 微计算机信息,2010（30）：36-38.

[64] 王毅. 抗局部图像污染的人脸识别方法研究与实现[D]. 成都：电子科技大学,2010. DOI：10.7666/d. Y1802699.

[65] Wang R Z,Lan Y C,Lee Y K,et al. Incrementing visual cryptography using random grids[J]. Optics Communications,2010,283(21)：4242-4249.

[66] 王滨海,许正飞,陈西广,等. 图像旋转算法的分析与对比[J]. 光学与光电技术,2011,9(2)：4. DOI：10.3969/j. issn. 1672-3392. 2011.02.011.

[67] 陈勤,吕晓蓉,张旻. 基于排列的（2,n）门限彩色视觉密码方案[J]. 计算机应用与软件,2011,28(8)：289-292.

[68] Fu H,Zhou S,Liu L,et al. Animated construction of line drawings[C]//Proceedings of the 2011 SIGGRAPH Asia Conference. 2011：1-10.

[69] 李黎,王瑞玲. 一种适用于 QR 码的数字水印方法[J]. 杭州电子科技大学学报：自然科学版,2011,31(2)：4. DOI：10.3969/j. issn. 1001-9146. 2011.02.012.

[70] 孙丙,高美凤. 基于 QR 码的数字水印算法研究[J]. 计算机与现代化,2011(11)：4. DOI：10.3969/j. issn. 1006-2475. 2011.11.020.

[71] Dhawan S. A review of image compression and comparison of its algorithms[J]. International Journal of electronics & Communication technology,2011,2(1)：22-26.

[72]　Weir J，Yan W Q. Authenticating visual cryptography shares using 2D barcodes［C］// International Workshop on Digital Watermarking. Berlin，Heidelberg：Springer Berlin Heidelberg，2011：196-210.

[73]　王益伟，郁滨，付正欣，等. 像素不扩展的防欺骗视觉密码方案研究［J］. 信息工程大学学报，2011，12(2)：5. DOI：10.3969/j. issn. 1671-0673. 2011.02.005.

[74]　Weir J，Yan W Q. Authenticating visual cryptography shares using 2D barcodes［C］// International Workshop on Digital Watermarking. Berlin，Heidelberg：Springer Berlin Heidelberg，2011：196-210.

[75]　牛万红，柳长青. 一种基于 KL 变换的数字图像水印算法［J］. 济南大学学报：自然科学版，2011，25(3)：310-314.

[76]　冯汉禄，黄颖为，牛晓娇，等. QR 码纠错码原理及实现［J］. 计算机应用，2011，31(A01)：40-42.

[77]　Kao Y W，Luo G H，Lin H T，et al. Physical access control based on QR code［C］//2011 international conference on cyber-enabled distributed computing and knowledge discovery. IEEE，2011：285-288.

[78]　Belussi L，Hirata N. Fast QR code detection in arbitrarily acquired images［C］//2011 24th SIBGRAPI Conference on Graphics，Patterns and Images. IEEE，2011：281-288.

[79]　徐祖娟. 可视密码方案的构造及其应用［D］. 郑州：郑州大学，2011.

[80]　付正欣，郁滨，房礼国. 一种新的多秘密分享视觉密码［J］. 电子学报，2011，39(3)：5. DOI：CNKI：SUN：DZXU. 0. 2011-03-040.

[81]　Mattingley J，Boyd S. CVXGEN：A code generator for embedded convex optimization［J］. Optimization and Engineering，2012，13：1-27.

[82]　王峰，刘青青. 基于噪声污染度的偏振图像质量评价方法［J］. 计算机应用与软件，2012，29(7)：246-248.

[83]　Dey S，Mondal K，Nath J，et al. Advanced steganography algorithm using randomized intermediate QR host embedded with any encrypted secret message：ASA_QR algorithm［J］. International Journal of Modern Education and Computer Science，2012，4(6)：59.

[84]　Li P，Ma P J，Su X H，et al. Multi-threshold image secret sharing scheme［J］. Acta Electronica Sinica，2012，40(3)：518.

[85]　郁滨，沈刚，付正欣. 一种无损多秘密分享视觉密码方案［J］. 电子与信息学报，2012，34(12)：6. DOI：10.3724/SP. J. 1146. 2012. 00300.

[86]　Gao M，Sun B. Blind watermark algorithm based on QR barcode［C］//Foundations of Intelligent Systems：Proceedings of the Sixth International Conference on Intelligent Systems and Knowledge Engineering，Shanghai，China，Dec 2011 (ISKE2011). Springer Berlin Heidelberg，2012：457-462.

[87]　Narayanan A S. QR codes and security solutions［J］. International Journal of Computer Science and Telecommunications，2012，3(7)：69-72.

[88]　Vongpradhip S，Rungraungsilp S. QR code using invisible watermarking in frequency domain［C］// 2011 Ninth International Conference on ICT and Knowledge Engineering. IEEE，2012：47-52.

[89]　陈炯. QRcode 编解码技术的研究与实现［D］. 西安：西安电子科技大学，2012.

[90]　Liu F，Wu C K，Qian L. Improving the visual quality of size invariant visual cryptography scheme［J］. Journal of Visual Communication and Image Representation，2012，23(2)：331-342.

[91]　田博华，吴庆洪. 矩阵式 QR 码的译码系统设计与实现［J］. 辽宁科技大学学报，2013，36(5)：489-494.

[92] Hou Y C,Quan Z Y,Tsai C F, et al. Block-based progressive visual secret sharing[J]. Information Sciences,2013,233：290-304.

[93] 张玉洁,蔡英,李卓.网络编码中抗污染攻击研究[J].北京信息科技大学学报：自然科学版, 2013,28(1)：7.

[94] Shyu S J,Jiang H W. General constructions for threshold multiple-secret visual cryptographic schemes[J]. IEEE Transactions on Information Forensics and Security,2013,8(5)：733-743.

[95] 董昊聪.可视密码及其应用研究[D].西安：西安电子科技大学,2013.

[96] Chang C C,Lu T C,Horng G, et al. A high payload data embedding scheme using dual stego-images with reversibility[C]//2013 9th International Conference on Information, Communications & Signal Processing. IEEE,2013：1-5.

[97] Lin P Y,Chen Y H,Lu E J L, et al. Secret hiding mechanism using QR barcode[C]//2013 international conference on signal-image technology & internet-based systems. IEEE,2013：22-25.

[98] 沈刚,郁滨.基于异或的（k,n）多秘密视觉密码[J].小型微型计算机系统,2013,34(9)：2116-2119.

[99] Chu H K,Chang C S,Lee R R, et al. Halftone QR codes[J]. ACM Transactions on Graphics (TOG),2013,32(6)：1-8.

[100] 王洪君,鲁晓颖,牟晓丽,等.具有伪装图像像素不扩展的（2,2）视觉密码方案[J].吉林大学学报（信息科学版）,2013,31(3)：297-301.

[101] 董昊聪.可视密码及其应用研究[D].西安：西安电子科技大学,2013.

[102] Yang C N,Wang D S. Property analysis of XOR-based visual cryptography[J]. IEEE transactions on circuits and systems for video technology,2013,24(2)：189-197.

[103] Wu X,Sun W. Generalized random grid and its applications in visual cryptography[J]. IEEE Transactions on Information Forensics and Security,2013,8(9)：1541-1553.

[104] Guo T,Liu F,Wu C K. Threshold visual secret sharing by random grids with improved contrast[J]. Journal of Systems and Software,2013,86(8)：2094-2109.

[105] Yang C N,Wang D S. Property analysis of XOR-based visual cryptography[J]. IEEE transactions on circuits and systems for video technology,2013,24(2)：189-197.

[106] Chen C C,Wu W J. A secure Boolean-based multi-secret image sharing scheme[J]. Journal of Systems and Software,2014,92：107-114.

[107] 张焕国,刘金会,贾建卫,等.矩阵分解在密码中应用研究[J].密码学报,2014,1(4)：341-357.

[108] Guo T,Liu F,Wu C K, et al. On (k,n)(k,n) Visual Cryptography Scheme with t t Essential Parties[C]//Information Theoretic Security：7th International Conference,ICITS 2013, Singapore,November 28-30,2013,Proceedings 7. Springer International Publishing,2014：56-68.

[109] 商逸潇.可视密码方案构造与应用研究[D].西安：西安电子科技大学,2014.

[110] Yuan H D. Secret sharing with multi-cover adaptive steganography[J]. Information Sciences,2014,254：197-212.

[111] Wang G,Liu F,Yan W Q. Braille for visual cryptography[C]//2014 IEEE International Symposium on Multimedia. IEEE,2014：275-276.

[112] 付正欣.视觉密码的一般模型及关键问题研究[D].郑州：信息工程大学,2014.

[113] 付正欣,沈刚,李斌,等.一种可完全恢复的门限多秘密视觉密码方案[J].软件学报,2015,26(7)：1757-1771.

[114] Gaikwad A M,Singh K R. Embedding QR code in color images using halftoning technique[C]// 2015 International Conference on Innovations in Information,Embedded and Communication Systems (ICIIECS). IEEE,2015：1-6.

[115] 张舒,李凌.基于可视密码的改进 QR 码方案[J].计算机与数字工程,2015,43(10)：1838-1839,1870.

[116] Thulasidharan P P,Nair M S. QR code based blind digital image watermarking with attack detection code[J]. AEU-International Journal of Electronics and Communications,2015,69(7)：1074-1084.

[117] Liu F,Guo T. Privacy protection display implementation method based on visual passwords[J]. CN Patent App. CN 201410542752,2015.

[118] Shyu S J,Chen M C. Minimizing pixel expansion in visual cryptographic scheme for general access structures[J]. IEEE Transactions on Circuits and Systems for Video Technology,2015,25(9)：1557-1561.

[119] Tkachenko I,Puech W,Destruel C,et al. Two-level QR code for private message sharing and document authentication[J]. IEEE Transactions on Information Forensics and Security,2015,11(3)：571-583.

[120] Yan X,Wang S,Niu X,et al. Halftone visual cryptography with minimum auxiliary black pixels and uniform image quality[J]. Digital Signal Processing,2015,38：53-65.

[121] Tkachenko I,Puech W,Destruel C,et al. Two-level QR code for private message sharing and document authentication[J]. IEEE Transactions on Information Forensics and Security,2015,11(3)：571-583.

[122] Yang C N,Liao J K,Wu F H,et al. Develo** visual cryptography for authentication on smartphones[C]//Industrial IoT Technologies and Applications：International Conference,Industrial IoT 2016,GuangZhou,China,March 25-26,2016,Revised Selected Papers. Springer International Publishing,2016：189-200.

[123] Wang G,Liu F,Yan W Q. 2D barcodes for visual cryptography[J]. Multimedia tools and applications,2016,75(2)：1223-1241.

[124] Lin P Y. Distributed secret sharing approach with cheater prevention based on QR code[J]. IEEE Transactions on Industrial Informatics,2016,12(1)：384-392.

[125] Liu K,Zhang Y,Wang X P,et al. Restoration from noise pollution for quantum images[C]// Mechanics and Mechanical Engineering：Proceedings of the 2015 International Conference (MME2015). 2016：1085-1094.

[126] Bai J,Chang C C. A High Payload Steganographic Scheme for Compressed Images with Hamming Code[J]. Int. J. Netw. Secur. ,2016,18(6)：1122-1129.

[127] Lin P Y. Distributed secret sharing approach with cheater prevention based on QR code[J]. IEEE Transactions on Industrial Informatics,2016,12(1)：384-392.

[128] Liu Y，Fu Z，Wang Y. Two-level information management scheme based on visual cryptography and QR code[J]. Application Research of Computers，2016，33（11）：3460-3463.

[129] Chow Y W,Susilo W,Yang G,et al. Exploiting the error correction mechanism in QR codes for secret sharing[C]//Information Security and Privacy：21st Australasian Conference,ACISP 2016,Melbourne,VIC,Australia,July 4-6,2016,Proceedings,Part Ⅰ 21. Springer International Publishing,2016：409-425.

[130] Chow Y W,Susilo W,Yang G,et al. Exploiting the error correction mechanism in QR codes

for secret sharing[C]//Information Security and Privacy：21st Australasian Conference，ACISP 2016，Melbourne，VIC，Australia，July 4-6，2016，Proceedings，Part Ⅰ 21. Springer International Publishing，2016：409-425.

[131] Bala Krishna M，Dugar A. Product authentication using QR codes：a mobile application to combat counterfeiting[J]. Wireless Personal Communications，2016，90：381-398.

[132] 刘莺迎，付正欣，王益伟.基于视觉密码和 QR 码的两级信息管理方案[J]. Application Research of Computers/Jisuanji Yingyong Yanjiu，2016，33(11).

[133] Judith I D，Mary G J J. An Advance Halftone Secure Secret Sharing Scheme with Error Diffusion Technique in Visual Cryptography[J]. International Journal of Computer Applications，2016，142(7).

[134] Chow Y W，Susilo W，Yang G，et al. Exploiting the error correction mechanism in QR codes for secret sharing[C]//Information Security and Privacy：21st Australasian Conference，ACISP 2016，Melbourne，VIC，Australia，July 4-6，2016，Proceedings，Part Ⅰ 21. Springer International Publishing，2016：409-425.

[135] Biró A，Kristó G，Reményi P. Security element and method to inspect authenticity of a print：U. S. Patent 9,594,994[P]. 2017-3-14.

[136] 吴彩丽，林家骏，李鲁明.抗打印攻击的 QR 码隐写研究[J].计算机应用与软件，2017，34(3)：87-92.

[137] 张国利.QR 码美化算法及安全机制研究[D].杭州：杭州电子科技大学，2017.

[138] Jana B，Giri D，Mondal S K. Partial reversible data hiding scheme using (7,4) hamming code[J]. Multimedia Tools and Applications，2017，76：21691-21706.

[139] Lin P Y，Chen Y H. High payload secret hiding technology for QR codes[J]. EURASIP Journal on Image and Video Processing，2017，2017(1)：1-8.

[140] 庞鹏佳.彩色 QR 码应用系统的设计与实现[D].上海：上海交通大学，2017.

[141] Chao H C，Fan T Y. XOR-based progressive visual secret sharing using generalized random grids[J]. Displays，2017，49：6-15.

[142] Lin P Y，Chen Y H. High payload secret hiding technology for QR codes[J]. EURASIP Journal on Image and Video Processing，2017，2017(1)：1-8.

[143] Wang S，Zhang Y，Zhang Y. A blockchain-based framework for data sharing with fine-grained access control in decentralized storage systems[J]. Ieee Access，2018，6：38437-38450.

[144] Cheng Y，Fu Z，Yu B，et al. A new two-level QR code with visual cryptography scheme[J]. Multimedia Tools and Applications，2018，77：20629-20649.

[145] 向刚.基于混沌映射的 QR 码安全研究[D].重庆：重庆大学，2018.

[146] Cheng Y，Fu Z，Yu B，et al. A new two-level QR code with visual cryptography scheme[J]. Multimedia Tools and Applications，2018，77：20629-20649.

[147] 王超，冉鑫泽，刘毅.可拆分彩色 QR 码方案设计[J].计算机应用与软件，2018，35(7)：4. DOI：10. 3969/j. issn. 1000-386x. 2018. 07. 018.

[148] Yang Z，Xu H，Deng J，et al. Robust and fast decoding of high-capacity color QR codes for mobile applications[J]. IEEE Transactions on Image Processing，2018，27(12)：6093-6108.

[149] 葛娅敬，赵礼峰.基于奇异值分解的 QR 码加密算法[J].计算机科学，2018，45(B11)：3. DOI：CNKI：SUN：JSJA. 0. 2018-S2-070.

[150] Wu X，Weng J，Yan W Q. Adopting secret sharing for reversible data hiding in encrypted images[J]. Signal Processing，2018，143：269-281.

[151] 王洪君，赵腾飞，尚大龙，等.具有掩盖图像的像素不扩展的（2,2）视觉密码方案[J].南京大

学学报：自然科学版,2018,54(1)：157-162.

[152] Wan S,Lu Y,Yan X,et al. Visual secret sharing scheme for（k,n）threshold based on QR code with multiple decryptions[J]. Journal of Real-Time Image Processing,2018,14（1）：25-40.

[153] Wan S,Lu Y,Yan X,et al. Visual secret sharing scheme for（k,n）threshold based on QR code with multiple decryptions[J]. Journal of Real-Time Image Processing,2018,14（1）：25-40.

[154] Cheng Y,Fu Z,Yu B. Improved visual secret sharing scheme for QR code applications[J]. IEEE Transactions on Information Forensics and Security,2018,13(9)：2393-2403.

[155] X Liu X,Wang S,Sang J,et al. A novel lossless recovery algorithm for basic matrix-based vss[J]. Multimedia Tools and Applications,2018,77：16461-16476.

[156] Hodeish M E,Humbe V T. An optimized halftone visual cryptography scheme using error diffusion[J]. Multimedia tools and applications,2018,77：24937-24953.

[157] Melgar M E V,Farias M C Q. A（2,2）XOR-based visual cryptography scheme without pixel expansion［J］. Journal of Visual Communication and Image Representation,2019,63：102592.

[158] Salah K,Nizamuddin N,Jayaraman R,et al. Blockchain-based soybean traceability in agricultural supply chain[J]. Ieee Access,2019,7：73295-73305.

[159] Fu Z,Cheng Y,Liu S,et al. A new two-level information protection scheme based on visual cryptography and QR code with multiple decryptions[J]. Measurement,2019,141：267-276.

[160] Ramalho J F C B,Correia S F H,Fu L,et al. Luminescence Thermometry on the Route of the Mobile - Based Internet of Things（IoT）：How Smart QR Codes Make It Real［J］. Advanced Science,2019,6(19)：1900950.

[161] 郭俊.基于预测误差的加密图像可逆信息隐藏算法研究[D].成都：西南交通大学,2019.

[162] 刘思佳.基于 QR 码的图像分存方案研究与设计[D].郑州：信息工程大学,2019.

[163] Xu Q,Wang Z,Wang F,et al. Multi-feature fusion CNNs for Drosophila embryo of interest detection[J]. Physica A：Statistical Mechanics and its Applications,2019,531：121808.

[164] Liu S,Yu M,Li M,et al. The research of virtual face based on Deep Convolutional Generative Adversarial Networks using TensorFlow［J］. Physica A：Statistical Mechanics and its applications,2019,521：667-680.

[165] 刘海峰,刘洋,梁星亮.一种结合优化后 AES 与 RSA 算法的 QR 码加密算法[J].陕西科技大学学报,2019,37(6)：7.DOI：CNKI：SUN：XBQG.0.2019-06-26.

[166] 张明,杨辉,黄炳家,等.基于 QR 码图书版权保护的数字水印算法[J].计算机系统应用,2019,28(9)：6.DOI：CNKI：SUN：XTYY.0.2019-09-28.

[167] 李国和,陈晨,吴卫江,等.面向 QR 码的数字水印置入与提取方法[J].计算机工程与应用,2019,55(10)：6.DOI：10.3778/j.issn.1002-8331.1802-0160.

[168] Liu S,Fu Z,Yu B. Rich QR codes with three-layer information using hamming code[J]. IEEE Access,2019,7：78640-78651.

[169] Zou G,Li T,Li G,et al. A visual detection method of tile surface defects based on spatial-frequency domain image enhancement and region growing［C］//2019 Chinese Automation Congress（CAC）. IEEE,2019：1631-1636.

[170] Yu B,Fu Z,Liu S. A novel three-layer QR code based on secret sharing scheme and liner code[J]. Security and Communication Networks,2019,2019：1-13.

[171] Liu S,Fu Z,Yu B. A two-level QR code scheme based on polynomial secret sharing[J].

Multimedia Tools and Applications,2019,78：21291-21308.

[172] Fu Z,Cheng Y,Liu S,et al. A new two-level information protection scheme based on visual cryptography and QR code with multiple decryptions[J]. Measurement,2019,141：267-276.

[173] 郁滨,刘思佳,付正欣.基于快速响应码的灰度视觉密码方案设计[J].计算机辅助设计与图形学学报,2020,32(4)：8. DOI：10.3724/SP.J.1089.2020.17881.

[174] Yu B,Liu S,Fu Z. Design of gray visual cryptography based on fast response code[J]. J. Comput. Aided Des. Graphics,2020,32：635-642.

[175] 郁滨,刘思佳,付正欣.基于快速响应码的灰度视觉密码方案设计[J].计算机辅助设计与图形学学报,2020,32(4)：8. DOI：10.3724/SP.J.1089.2020.17881.

[176] El-Taj H R,Alhadhrami R. CryptoQR System based on RSA[J]. Int. J. Comput. Sci. Inf. Secur,2020,18(6).

[177] Chang C C. Adversarial learning for invertible steganography[J]. IEEE Access,2020,8：198425-198435.

[178] 乔明秋,赵振洲.可变可视密码[J].密码学报,2020,7(1)：48-55.

[179] 周能,张敏情,刘蒙蒙.基于秘密共享的同态加密图像可逆信息隐藏算法[J].科学技术与工程,2020,20(19)：7780-7786.

[180] 肖帅,王绪安,潘峰.无模逆运算的椭圆曲线数字签名算法[J].计算机工程与应用,2020. DOI：10.3778/j.issn.1002-8331.1911-0456.

[181] Wu H,Li X,Zhao Y,et al. Improved PPVO-based high-fidelity reversible data hiding[J]. Signal Processing,2020,167：107264.

[182] 郭松鸽,吕东辉,戴玉静,等.基于异或解密的 (k,n) 视觉密码方案[J].上海大学学报（自然科学版),2020,26(1)：21-32.

[183] 孙瑞,付正欣,李小鹏,等.一种基于两级阈值的像素不扩展视觉密码方案[J].秘密学报,2021,8(4)：572-581.

[184] 陈贺,金长松.矩阵多项式问题的两种解法[J]. Pure Mathematics,2021,11：310.

[185] 韩孝明.矩阵奇异值分解算法及应用研究[J].兰州文理学院学报（自然科学版),2021,35(1)：14.

[186] 任花,牛少彰,王茂森,等.基于奇异值分解的同态可交换脆弱零水印研究[J].计算机科学,2022(049-003). DOI：10.11896/jsjkx.210800015.

[187] 齐向东,姜博,尹乃潇.一种防共谋欺骗的可视密码方案[J].计算机应用与软件,2021,38：6.

[188] Chen X,Hong C. An efficient dual-image reversible data hiding scheme based on exploiting modification direction［J］. Journal of Information Security and Applications,2021,58：102702.

[189] 谭文龙.基于单多直方图平移的可逆信息隐藏技术研究[D].广州：广东工业大学,2021.

[190] Jain V,Jain Y,Dhingra H,et al. A systematic literature review on qr code detection and pre-processing[J]. International Journal on Technical and Physical Problems of Engineering,2021,13(1)：111-119.

[191] Sensarma D,Sarma S S. Partial Reversible Data Hiding Scheme Using Graphical Code[C]// International Conference on Communication,Devices and Computing. Singapore：Springer Nature Singapore,2021：283-295.

[192] Li F,Zhang L,Qin C,et al. Reversible data hiding for JPEG images with minimum additive distortion[J]. Information Sciences,2022,595：142-158.

[193] Zhang L,Li F,Qin C. Efficient reversible data hiding in encrypted binary image with

Huffman encoding and weight prediction［J］. Multimedia Tools and Applications，2022，81(20)：29347-29365.

［194］　高军涛,岳浩,曹菁.基于随机网格的视觉多秘密共享方案［J］.电子与信息学报,2022,44(2)：573-580.

［195］　韩妍妍,周义昆,刘欣阳.一种有意义分享且无像素扩展的彩色(2,2)视觉密码方案［J］.北京电子科技学院学报,2022,30(01)：62-74.

［196］　王斯琴.结合 QR 码应用的多信息隐藏技术研究［D］.南昌大学［2023-11-01］.DOI：CNKI：CDMD：2.1017.239160.

［197］　Tsai C S,Chen H L,Wu H C,et al. A Puzzle-Based Data Sharing Approach with Cheating Prevention Using QR Code［J］. Symmetry,2021,13(10)：1896.

［198］　Picard J,Landry P,Bolay M. Counterfeit detection with qr codes［C］//Proceedings of the 21st ACM Symposium on Document Engineering. 2021：1-4.

［199］　俞吉儿. QR 码的安全认证研究及应用［D］.杭州：杭州电子科技大学,2023.

［200］　Pan J S,Liu T,Yan B,et al. Using color QR codes for QR code secret sharing［J］. Multimedia Tools and Applications,2022,81(11)：15545-15563.

［201］　Pan J S,Liu T,Yang H M,et al. Visual cryptography scheme for secret color images with color QR codes［J］. Journal of Visual Communication and Image Representation,2022,82：103405.